BIBLIOTHÈQUE DE LA NATURE

publiée sous la direction

DE M. GASTON TISSANDIER

L'ÉLECTRICITÉ DANS LA MAISON

1279-84. — Corbeil. Typ. et stér. Crété.

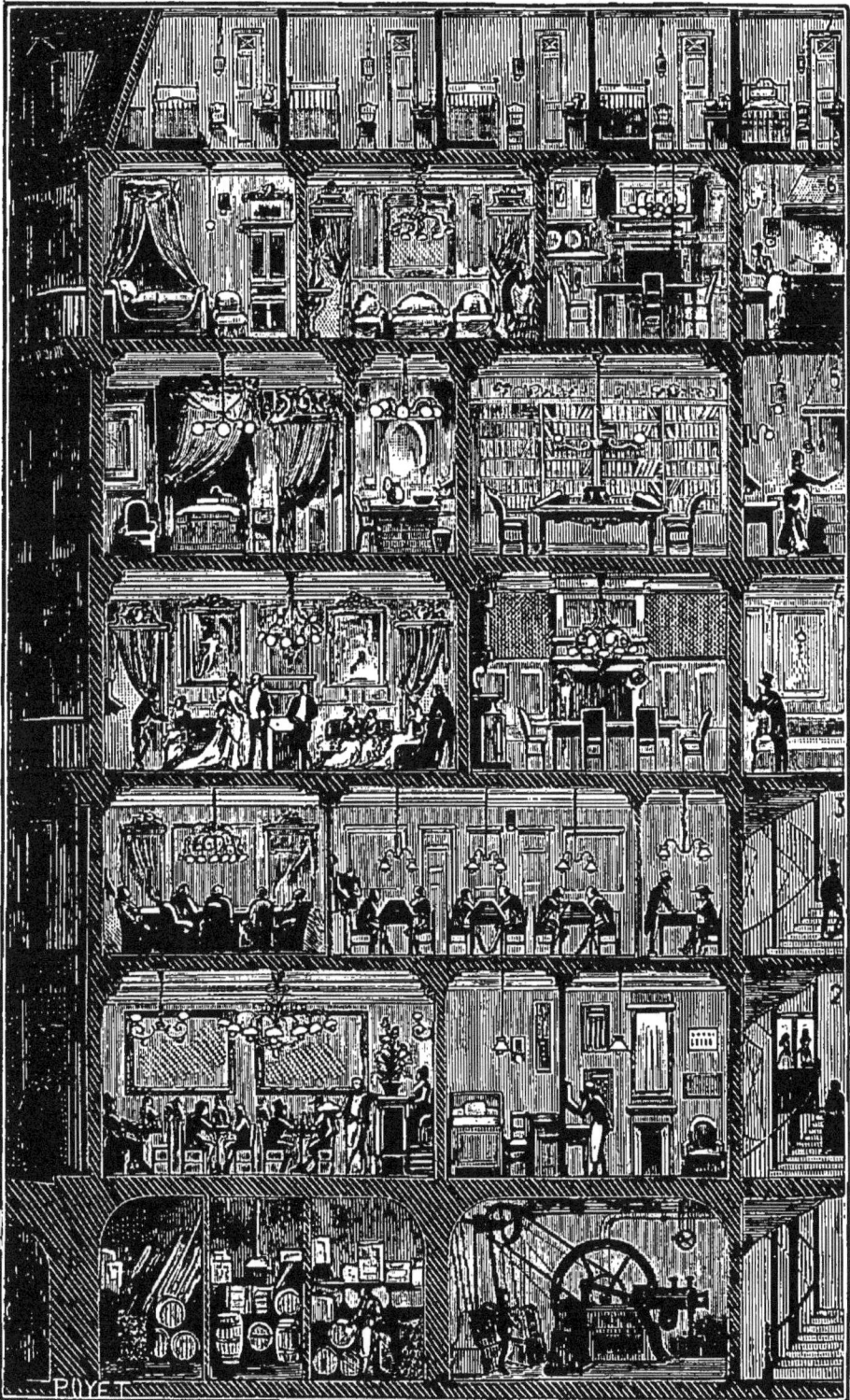

LES MOTEURS, L'ÉCLAIRAGE, LES TÉLÉPHONES, LES AVERTISSEURS,
LES ALLUMOIRS ET LES SONNERIES.

BIBLIOTHÈQUE DE LA NATURE

LA PHYSIQUE MODERNE

L'ÉLECTRICITÉ
DANS LA MAISON

PAR

E. HOSPITALIER

RÉDACTEUR EN CHEF DE *L'ÉLECTRICIEN*

PILES INTERMITTENTES ET CONTINUES — SONNERIES
AVERTISSEURS — TÉLÉPHONES
HORLOGERIE — ALLUMOIRS — ÉCLAIRAGE ÉLECTRIQUE DOMESTIQUE
MOTEURS ET LOCOMOTION — RÉCRÉATIONS ÉLECTRIQUES
APPLICATIONS DIVERSES

Avec 159 gravures dans le texte.

PARIS

G. MASSON, ÉDITEUR

LIBRAIRE DE L'ACADÉMIE DE MÉDECINE

120, boulevard Saint-Germain, en face de l'École de médecine.

1885

PRÉFACE

Tout le monde est d'accord aujourd'hui pour reconnaître les immenses avantages que présenterait une distribution d'électricité à domicile, et l'on peut espérer qu'avant peu cette distribution, en voie de réalisation partielle à New-York, sera un fait accompli dans un certain nombre de grandes villes de l'Europe, initiatrices du progrès.

Mais il se passera encore bien des années avant que cette distribution devienne générale, comme l'est aujourd'hui celle du gaz d'éclairage. Tout en envisageant l'avenir avec confiance, il serait bon de se préoccuper aussi du présent, et pour familiariser le public, par anticipation, avec les nombreux avantages que présente la distribution *en grand* de l'électricité, n'y-a-t-il pas lieu d'examiner ce qu'on pourrait dès aujourd'hui en tirer *en petit?*

C'est dans le but de répondre à la question ainsi posée que ce livre, de prétentions modestes comme son titre, a été écrit.

L'Électricité dans la maison pourrait aussi bien porter pour titre l'*Électricien amateur*, ou l'*A B C de l'Électricien :* que les électriciens de profession ne jugent pas ce livre avec trop de

sévérité, en considération du but poursuivi et de la classe de
lecteurs auxquels il s'adresse.

En consultant la table des matières, on verra que les applications étudiées sont toutes essentiellement domestiques; dans
bien des cas les amateurs pourront construire eux-mêmes les
appareils décrits, ou tout au moins les installer et les entretenir
en bon état de fonctionnement : ce sera pour eux une occupa-
tion, une utilité et une distraction. Conformément au principe
d'Horace, ils pourront ainsi mêler l'utile à l'agréable, et prendre
goût plus sûrement à une science dans laquelle la pratique aura
guidé leurs premiers pas.

Paris, octobre 1884.

E. H.

L'ÉLECTRICITÉ

DANS LA MAISON

PRÉLIMINAIRES

Comme toutes les autres forces physiques, l'électricité ne se révèle à nous que par ses effets ; nous savons utiliser ces effets, les plier à nos besoins, mesurer leurs grandeurs, mais la cause qui les fait naître nous échappe. N'essayons donc pas de dissimuler notre ignorance sous des théories trompeuses et souvent décevantes, et contentons-nous des résultats : aussi bien ces résultats sont-ils assez intéressants et assez curieux pour nous faire facilement oublier l'obscurité qui cache leur origine.

En dehors de toute hypothèse, l'*électricité* sera pour nous une désignation vague sous laquelle on comprend une série de phénomènes et d'actions physiques qu'on appelle des *phénomènes électriques*. L'électricité n'est pas et ne saurait être un fluide, pas plus que les autres forces physiques dans lesquelles elle se transforme ou qui lui donnent naissance : chaleur, lumière, travail mécanique ou action chimique. C'est, pour employer l'expression si juste de Tyndall, un *mode de mouvement* particulier,

capable de reproduire, dans certaines conditions données, tout
autre mode de mouvement.

Ce sont ces transformations mutuelles que nous allons tout
d'abord mettre en évidence, à l'aide d'un générateur électrique
fort bien approprié pour cette démonstration : sans nous occuper
pour l'instant de sa constitution intime, considérons-le seule-

Fig 1. — Générateur mécanique d'électricité destiné à montrer les effets magnétiques, mécaniques, lumineux, calorifiques, physiologiques, etc., de l'énergie électrique. Modèle scolaire de M. A. Gérard. (Nom technique : machine dynamo-électrique
à courants redressés.)

ment comme un appareil capable de produire des phénomènes
électriques par la rotation d'une manivelle (fig. 1).

Ce générateur va nous permettre de réaliser les expériences
fondamentales de l'électricité, et de voir avec quelle facilité s'o-
pèrent ses différentes transformations.

La première, la plus frappante, se fait avec la machine seule,
sans accessoires. Elle montre nettement la transformation du
travail mécanique en énergie électrique. Tant que le circuit est
ouvert, la mise en rotation de la machine ne demande qu'un

faible effort, juste nécessaire pour vaincre les frottements des organes. Vient-on à fermer le circuit en réunissant les deux bornes par un conducteur, on sent aussitôt une résistance considérable, et force est à l'expérimentateur de modérer son allure.

Les actions *magnétiques* du courant se montrent à l'aide d'une petite boussole (fig. 2, n° 7) qui, placée au-dessus ou au-dessous du fil, se met en croix avec le courant. Le principe des télégraphes électriques est mis en évidence avec un électro-aimant vertical (n° 3) animé par la machine, et un bouton commutateur (n° 1) intercalé dans le circuit que l'on manœuvre à volonté pour produire des signaux Morse.

Pour les actions *calorifiques*, on emploie une petite lampe à incandescence de Swan (n° 12) montée sur un porte-lampe approprié ou des pinces à incandescence (n° 4) qui permettent de faire rougir et volatiliser des fils fins de platine ou de fer et de porter à l'incandescence de petits crayons de charbon (n° 9).

Il suffit de faire varier la vitesse de la machine pour faire varier l'incandescence de la lampe ou des fils. C'est encore parmi les actions calorifiques qu'il faut placer les petites fusées (n° 6) que la machine fait détoner dès qu'on ferme le circuit.

L'emmagasinement de l'énergie électrique sous forme chimique est réalisé à l'aide d'un petit accumulateur genre Planté (n° 10) dans lequel les lames sont formées chacune par un fil de plomb roulé sur lui-même pour augmenter la surface. Cet accumulateur chargé par la machine peut ensuite actionner l'électro-aimant, faire rougir des fils, etc. Un voltamètre à lames de platine (n° 5), des cuves à nickelure, argenture et galvanoplastie (n° 11) et des bains tout préparés, complètent le matériel destiné à montrer les actions *chimiques* du courant.

Des poignées en cuivre argenté (n° 2) servent à donner des secousses assez fortes et à montrer les actions *physiologiques*, actions qu'on peut varier à volonté en modifiant l'allure de la machine. Les secousses sont produites ici par l'*extra-courant*, et il faut, pour les provoquer, établir le commutateur entre les bornes et faire des fermetures et des ouvertures de circuit successives, ou bien faire toucher les poignées entre elles et les séparer ensuite.

Les petits accessoires peuvent varier à l'infini : citons encore une sonnerie, un petit moteur, une bobine d'induction, un tube de Geissler, un solénoïde, un galvanomètre, etc., etc.

Après avoir embrassé l'ensemble de tous ces phénomènes, de toutes ces manifestations de l'énergie électrique, il va nous être plus facile de les comprendre, de les comparer et de les appliquer.

Dans toutes les expériences que la petite machine de M. A. Gérard nous a permis de répéter, nous avons toujours interposé entre les deux bornes de la machine un système qui, considéré dans ses parties essentielles, se nomme un *conducteur*. Ce conducteur a été le siège de phénomènes électriques divers, et l'on nomme *courant électrique* le mouvement spécial de nature inconnue qui a donné naissance aux phénomènes que nous avons observés.

A titre de *représentation matérielle* de ce courant électrique, il est commode — et cette convention a été universellement adoptée — d'assimiler le courant à un véritable écoulement produit dans le conducteur, et de comparer cet écoulement hypothétique à un écoulement d'eau dans une conduite. C'est là, nous le répétons, une pure convention, équivalente à celle que l'on fait en parlant de la droite et de la gauche d'un objet, du sens de la rotation des aiguilles d'une montre, etc.

Cette convention une fois admise, et le sens du courant établi, comme un écoulement d'eau se produit en vertu d'une différence de pression ou de niveau, le courant électrique se produit également en vertu d'une différence de niveau ou de pression électrique, d'une différence de *potentiel*.

Ce courant hypothétique et figuratif va du point où le niveau électrique, le potentiel, est le plus élevé, ou *pôle positif*, au point où le potentiel est le moins élevé, ou *pôle négatif*.

Dans toutes les piles usuelles, le pôle négatif est toujours la lame de zinc, le pôle positif est l'autre lame, cuivre, charbon ou

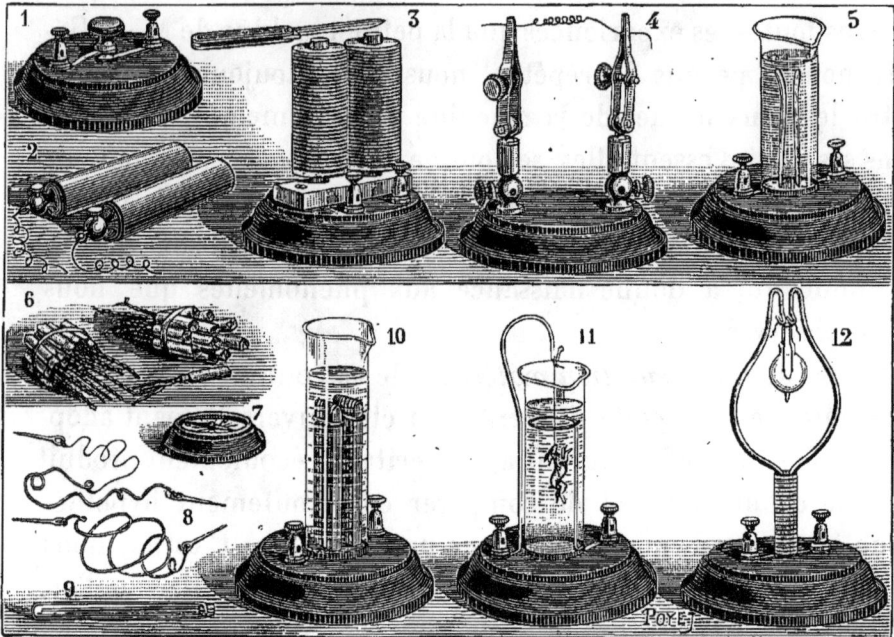

Fig. 2. — Accessoires d'enseignement de la machine de M. A. Gérard.

1. Bouton commutateur. — 2. Poignées. — 3. Électro-aimant. — 4. Pince double pour incandescence. — 5. Voltamètre. — 6. Fusées. — 7. Boussole. — 8. Fils conducteurs. — 9. Crayons de charbon. — 10. Accumulateur. — 11. Bain d'argenture. — 12. Lampe à incandescence avec son support.

platine. Lorsqu'on réunit les deux pôles par un conducteur, le courant électrique va du pôle + (cuivre, charbon, platine) au pôle — (zinc) à travers ce conducteur.

Nous indiquerons tout à l'heure une règle d'Ampère qui permet de déterminer exactement le sens du courant qui traverse un conducteur donné.

Continuant notre comparaison entre le courant électrique et un écoulement d'eau dans une conduite, nous allons pouvoir définir et matérialiser en quelque sorte les trois facteurs les plus importants de cette circulation.

Dans un écoulement d'eau, nous avons à considérer la pression ou différence de niveau en vertu de laquelle cet écoulement se produit; le débit de la conduite, exprimé par le nombre de litres d'eau qui le traversent pendant l'unité de temps, et enfin le frottement de la conduite qui s'oppose à l'écoulement et tend à diminuer le débit.

De même, dans un courant électrique, la différence de *potentiel* entre deux points donnés d'un circuit est équivalente à la différence de niveau. La *force électromotrice* est la cause inconnue qui produit cette différence de potentiel.

L'*intensité* du courant est le débit de la conduite, et la *résistance* du conducteur est l'obstacle qu'il oppose au passage du courant; c'est un facteur analogue au frottement dans la conduite d'eau qui nous sert de comparaison.

On conçoit que le débit, l'intensité du courant sera d'autant plus grand que la pression sera plus élevée et que la résistance opposée par le conducteur au passage du courant sera plus petite.

Ces relations entre les trois grandeurs électriques, force électro-motrice, résistance et intensité, s'expriment à l'aide d'une loi fort simple établie mathématiquement par *Ohm* en 1827, et démontrée expérimentalement par *Pouillet* quelques années après. Cette loi, qui porte le nom de *loi de Ohm*, s'exprime par la formule très simple :

$$I = \frac{E}{R}.$$

Elle exprime que l'intensité du courant (I) dans un circuit électrique est proportionnelle à la force électromotrice (E) et inversement proportionnelle à la résistance du circuit (R).

UNITÉS ÉLECTRIQUES

Pour pouvoir utiliser cette relation simple entre les trois principales grandeurs électriques, il faut une commune mesure pour les comparer.

Cette commune mesure des grandeurs électriques est aujourd'hui universellement reconnue et adoptée, grâce au *Congrès international des Électriciens*, tenu à Paris en 1881, et aux décisions de la *Commission internationale pour la détermination des unités électriques*, prises dans sa séance générale de clôture du 3 mai 1884.

L'ensemble du système d'unités électriques porte le nom de SYSTÈME C. G. S., qui rappelle son origine, car il est basé sur les trois unités fondamentales : centimètre, masse du gramme et seconde.

Nous n'entreprendrons pas d'indiquer ici la filiation de toutes les unités électriques entre elles et avec les unités fondamentales. Le congrès et la Commission ont arrêté à l'unanimité les grandeurs des unités pratiques C.G.S., ainsi que les noms qui les distinguent des unités C.G.S. dont elles sont des multiples ou des sous-multiples (1), et nous ne parlerons ici que des unités pratiques, les seules qui interviendront dans nos calculs, dans nos expériences et dans nos indications.

Unité de force électromotrice. — L'unité pratique de force électromotrice est le VOLT. On peut se faire assez facilement une idée du volt par comparaison avec les piles connues. La force électromotrice d'un élément Dianell est voisine de 1 volt ; d'une pile Leclanché *neuve* de 1,48 volt ; d'une pile Bunsen de 1,8 à 1,9 volt ; d'un accumulateur Planté de 1,9 à 2 volts.

(1) Voir pour les définitions des unités C. G. S. la troisième édition des *Principales applications de l'électricité*, par M. E. HOSPITALIER, pages 5 à 12.

Unité de résistance. — L'unité pratique de résistance est l'оhм. C'est la résistance à 0° C. d'une colonne de mercure de 1 millimètre carré de section et de 106 centimètres de longueur. Un fil de cuivre de 48 mètres de longueur et de 1 millimètre de diamètre a 1 ohm de résistance. Il faut environ 100 mètres de fil de fer de 4 millimètres de diamètre pour une résistance de 1 ohm (1).

Unité d'intensité. — L'unité pratique d'intensité est l'AMPÈRE. C'est le courant qui traverse un circuit de 1 ohm de résistance avec une différence de potentiel de 1 volt à ses deux extrémités.

$$1 \text{ ampère} = \frac{1 \text{ volt}}{1 \text{ ohm}}.$$

Les sonneries ordinaires fonctionnent à un quart d'ampère, les petites lampes à incandescence exigent de 0,8 à 2 ampères, les arcs voltaïques prennent, suivant leur puissance, de 5 à 120 ampères, les grosses machines d'Édison pour l'éclairage produisent jusqu'à 1000 ampères, et certaines machines à galvanoplastie fournissent jusqu'à 3000 ampères.

Par contre, les courants téléphoniques ne se chiffrent que par des millionièmes d'ampère.

Quantité d'électricité et unité de quantité. — Lorsqu'une conduite laisse couler de l'eau pendant un certain temps, la quantité d'eau qui l'a traversée est proportionnelle au débit de la conduite et au temps d'écoulement.

De même, lorsqu'un courant électrique traverse un conducteur avec une intensité I pendant un temps t, la quantité d'électricité Q qui a traversé le conducteur est proportionnelle au produit I t. On arrive ainsi à la notion de quantité d'électricité et à la définition de l'unité de quantité.

---

(1) Le *kilomètre de fil télégraphique* vaut donc environ 10 ohms. Il ne faut que 40 mètres de fil de cuivre du commerce de bonne qualité et de 1 millimètre de diamètre pour 1 ohm. On voit donc que le fil du commerce est plus résistant que le fil de cuivre pur. Les fils de cuivre à bon marché sont encore beaucoup plus résistants que ne l'indique le chiffre ci-dessus.

L'unité pratique de quantité est le COULOMB. C'est la quantité d'électricité qui traverse un conducteur pendant une seconde lorsque l'intensité du courant est de 1 ampère.

La *loi de Faraday* qui relie Q, I et *t* s'écrit :

$$Q = It.$$

Elle donne pour l'unité pratique de quantité :

$$1 \text{ coulomb} = 1 \text{ ampère} \times 1 \text{ seconde}.$$

Les industriels ont adopté une autre unité de quantité directement dérivée du coulomb : l'AMPÈRE-HEURE. L'ampère-heure est la quantité d'électricité qui traverse un conducteur pendant une heure ou 3600 secondes lorsque l'intensité du courant est de 1 ampère, c'est-à-dire lorsqu'il passe un coulomb par seconde dans le conducteur. Il résulte de cette définition que

$$1 \text{ ampère-heure} = 3600 \text{ coulombs}.$$

Ces notions générales suffisent à l'électricien amateur pour effectuer les calculs simples qu'il pourra rencontrer dans les applications ; elles deviendront plus nettes et plus précises à mesure que nous passerons ces applications en revue, et que nous développerons des exemples.

LA PRODUCTION DU COURANT ÉLECTRIQUE.

Avant de passer en revue les différentes applications auxquelles se prête facilement l'électricité ou, plus exactement, l'*énergie électrique*, nous devons apprendre à produire cette énergie électrique.

Les actions auxquelles nous pourrons avoir recours pour la produire se réduisent à trois :

L'*action chimique*, utilisée dans les piles *hydro-électriques* ou piles proprement dites ;

L'action *calorifique* ou *thermique*, utilisée dans les piles *thermo-électriques;*

L'action *mécanique*, employée dans les machines si improprement nommées *statiques*, les machines *magnéto-électriques* et les machines *dynamo-électriques*.

Les piles thermo-électriques ne sont pas encore arrivées à un degré de perfection suffisant pour entrer dans la pratique courante, et ne peuvent être actuellement d'aucun secours à l'amateur électricien; les machines dites statiques ne servent qu'à des expériences scientifiques ou amusantes ; nous en dirons quelques mots à propos des récréations électriques ; les machines magnéto et dynamo-électriques exigent l'emploi d'une *force motrice* dont l'amateur ne disposera que très rarement.

Nous n'aurons donc à examiner que les piles hydro-électriques, qui constituent jusqu'ici le seul générateur véritablement pratique de l'électricien amateur.

Au point de vue des applications dont elles sont susceptibles, on peut subdiviser les piles hydro-électriques en deux classes parfaitement distinctes ; les unes destinées aux applications qui ne demandent qu'une source électrique peu puissante, ne nécessitant que peu de soins ou d'entretien, les autres qui exigent une puissance plus grande et une constance relative. Nous les distinguerons, pour fixer les idées, en *piles intermittentes et piles continues*.

1° — PILES INTERMITTENTES

Les piles intermittentes conviennent plus spécialement aux sonneries, appareils avertisseurs, téléphones domestiques, allumoirs, et à certaines expériences amusantes que nous décrirons par la suite.

Les qualités essentielles pour ces diverses applications sont les suivantes : prix d'achat modéré, montage, entretien et surveillance faciles, longue durée, absence de toute action chimique locale lorsque la pile ne fonctionne pas, pour ne pas être obligé de renouveler trop souvent les éléments actifs, enfin puissance suffisante pour satisfaire aux exigences multiples des appareils desservis.

La pile qui, à notre avis, remplit le mieux toutes les conditions exigées par la première série d'applications que nous passerons en revue est la pile Leclanché à *agglomérés*, dont la figure 4 représente une des dispositions les plus employées pour les sonneries électriques. Nous conseillons l'emploi d'une boîte de quatre éléments à trois plaques agglomérées et à zinc à grande surface, montés en tension; on peut obtenir momentanément avec ces éléments une intensité assez grande sur un circuit peu résistant.

Il n'est pas indispensable d'employer le nombre et la nature des éléments que nous indiquons pour installer chez soi les différents appareils électriques domestiques dont nous parlerons par la suite : nous avons choisi cette base, parce que, après expérience faite, les éléments que nous recommandons nous ont paru les mieux appropriés à ces applications multiples. Il est bien évident cependant que si l'installation se réduit à une sonnette et un bouton placés sur un circuit de quelques mètres, il suffira de deux éléments ordinaires à vase poreux ou à sulfate de plomb.

Pile Leclanché à vase poreux. — L'élément se compose d'une lame de charbon entourée d'un mélange de poudre gros-

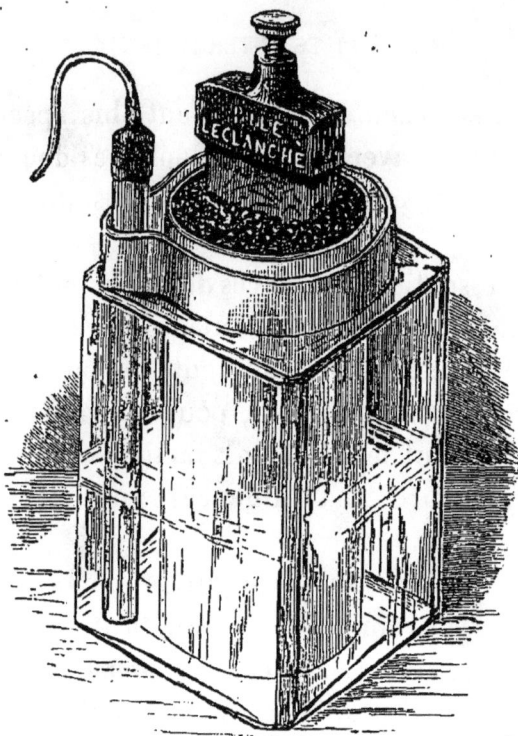

Fig. 3. — Pile Leclanché à vase poreux.

sière, de peroxyde de manganèse et de charbon, le tout renfermé dans un vase poreux cylindrique bouché avec du brai. Le pôle négatif est un crayon de zinc amalgamé d'un centimètre de diamètre, placé dans un vase extérieur en verre renfermant une solution de chlorhydrate d'ammoniaque.

Pour opérer le montage de la pile à vase poreux, on place celui-ci au centre du vase en verre ; on met ensuite dans ce dernier et autour du vase poreux la quantité de sel ammoniac néces-

saire (200 grammes pour l'élément disque, 100 grammes pour
le n° 1 et 80 grammes pour le n° 2).

On ajoute alors dans le vase en verre le volume d'eau qui convient, c'est-à-dire environ les 2/3 de la hauteur du vase ; puis on
place le cylindre de zinc dans ce verre, à l'endroit du bec, et on
le fait plonger jusqu'au fond.

On assure ensuite la connexion avec l'élément suivant, ce qui

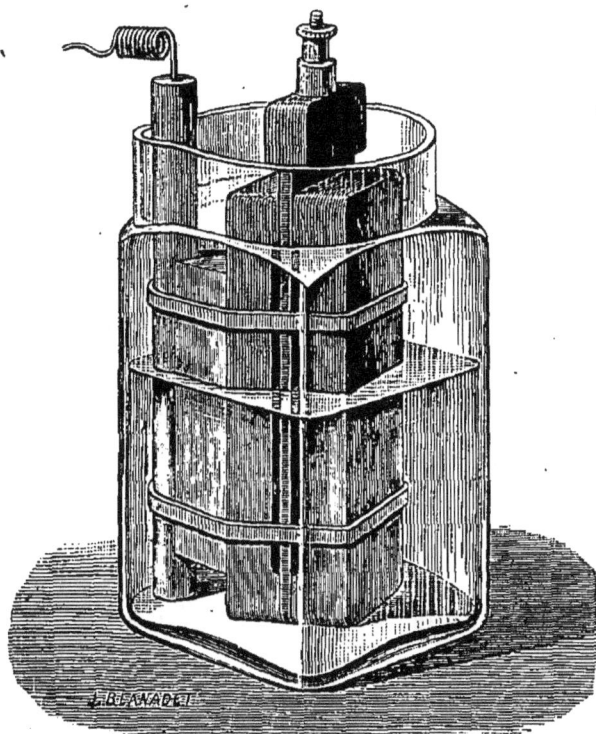

Fig. 4. — Pile Leclanché à agglomérés.

se fait en recourbant en crochet l'extrémité du fil métallique qui
prolonge le cylindre de zinc et, après avoir engagé ce crochet entre la tête de plomb et la vis du charbon suivant, on
serre à la main cette vis, de façon à produire un contact énergique.

Pile Leclanché à agglomérés. — Le mélange de charbon
et de peroxyde de manganèse est remplacé par deux plaques
obtenues en soumettant le mélange à une pression considérable

dans des moules en acier surchauffés. Ce sont les plaques ainsi obtenues qu'on applique contre le charbon en les maintenant par des jarretières en caoutchouc.

La pile Leclanché à vase poreux ou à agglomérés convient surtout pour les services *intermittents :* elle se polarise facilement et rapidement lorsqu'elle travaille d'une façon *continue* sur un circuit un peu court, aussi ne doit-on jamais s'en servir pour l'éclairage électrique, la galvanoplastie ou toute autre application en circuit fermé *continu.* Les agglomérés servent à produire la dépolarisation jusqu'à leur épuisement presque complet; il suffit, pour les renouveler, de changer les plaques maintenues par les jarretières en caoutchouc, ce qui est une opération des plus simples.

Montage des éléments agglomérés à plaques mobiles. — On place directement sur le charbon de cornue le bloc aggloméré, du côté concave, puis l'isolateur en porcelaine sur le côté plat du bloc et enfin le crayon de zinc dans la gorge de ce support isolateur ; tout le système est réuni par deux bracelets de caoutchouc et plonge dans la dissolution de sel ammoniac contenue dans le vase extérieur. Avoir soin que le caoutchouc supérieur soit immergé.

Pour l'élément à deux plaques, placer en plus la deuxième plaque de l'autre côté de la lame de graphite.

Pour l'élément à trois plaques, placer une plaque de chaque côté du charbon de cornue, la troisième sur une tranche de celui-ci et le support de porcelaine avec son zinc sur l'autre tranche, le tout maintenu par des bracelets de caoutchouc. Il est bon de placer sur le haut du zinc un bout de tuyau de caoutchouc de façon à éviter le contact de ce zinc avec la tête métallique du charbon monté.

Il faut observer que l'aggloméré doit toujours être isolé de son zinc par une cloison, un support en bois ou en terre poreuse, ou encore par des rondelles de caoutchouc, afin d'éviter que la pile marche à circuit fermé, ce qui arriverait si le zinc touchait l'aggloméré dans l'intérieur de l'élément.

Les charges de sel ammoniac pour ces éléments sont de 100 grammes pour l'élément à grande surface, dit *élément-disque* et le n° 1, et de 60 grammes pour le n° 2.

Il est essentiel de n'employer que du sel ammoniac exempt de sels métalliques, surtout de plomb, car ce dernier se déposerait à l'état métallique, en une masse noire spongieuse, sur le zinc des éléments, qui se trouverait rapidement rongé et exposerait la pile à s'user en pure perte.

Pour assurer à la pile le bon fonctionnement et la durée qu'on est en droit d'en exiger, il faut :

1° Placer les éléments dans un endroit sec et de température moyenne ;

2° Enduire intérieurement le col du vase en verre, s'il n'a été préalablement paraffiné, d'une couche d'huile ou de suif, sur une hauteur de 2 à 3 centimètres, pour éviter les sels grimpants ;

3° Veiller à ce que les contacts soient toujours bien propres et les fils conducteurs bien isolés ;

4° Quand, par suite de l'évaporation, le niveau de l'eau s'est trop abaissé, en ajouter de façon à ramener ce niveau jusqu'aux 2/3 de la hauteur du vase ; pour les piles à plaques, avoir soin que le caoutchouc supérieur soit toujours immergé : on évitera ainsi très souvent sa rupture ;

5° Lorsque le liquide, de limpide qu'il était, devient laiteux ou opalin, c'est un indice qu'il manque de sel ammoniac et qu'il faut en mettre de nouveau ;

6° Gratter les cristaux qui se déposent parfois sur les zincs ou sur les éléments, surtout lorsqu'il y a excès de sel ammoniac.

La durée des piles Leclanché. — Il est impossible d'apprécier, *par le temps seulement,* la durée des éléments Leclanché, et, par suite, de dire quelle sera la durée de fonctionnement d'une pile Leclanché et, en général, d'une pile quelconque.

Une pile Leclanché, chargée à neuf, représente une certaine provision de combustible, le zinc, et une certaine provision de comburant constitué ici, d'une part, par le chlorhydrate d'ammoniaque, et, d'autre part, par une partie de l'oxygène renfermé dans le bioxyde de manganèse.

Dès que l'un de ces corps, zinc, chlorhydrate d'ammoniaque ou bioxyde de manganèse, sera épuisé, la pile cessera de fonctionner, et il faudra renouveler la provision, c'est-à-dire recharger la pile, en remplaçant le zinc, la solution ou les agglomérés. Supposons, pour fixer les idées, que la provision de chlorhydrate soit suffisante pour fournir une quantité d'électricité égale à 25000 coulombs, et que la pile soit consacrée exclusivement au fonctionnement d'une sonnerie domestique marchant à un quart d'ampère. La sonnerie dépensera un quart de coulomb par seconde ; la pile pourra donc l'actionner pendant une durée totale de

$$25\,000 \times 4 = 100\,000 \text{ secondes.}$$

Si nous faisons en moyenne 25 appels par jour, de 4 secondes chacun, nous dépenserons juste 1 coulomb par appel et 25 coulombs par jour ; la pile marchera donc 1000 jours, c'est-à-dire près de 3 ans. Si nous faisons 100 appels par jour, la charge sera épuisée au bout de 8 mois, mais, dans tous les cas, lorsque la durée totale du fonctionnement aura été de 100000 secondes où, plus exactement, lorsque la pile aura fourni 25000 coulombs d'électricité.

Si la ligne est mal isolée, qu'il s'y produise des fuites, des faux contacts, etc., la pile pourra s'épuiser lentement et d'une manière continue sans que le travail utile corresponde à la quantité totale d'électricité représentée par le poids de substances actives introduites dans la pile au moment de la charge, et c'est là une cause fréquente de mécomptes. Lorsque la ligne est mal isolée, le seul remède efficace est de la *refaire* entièrement, en prenant toutes les précautions et les soins nécessaires.

Une autre cause de mécomptes provient de ce que lorsque, dans une installation déjà établie, on substitue des éléments agglomérés aux éléments à vases poreux anciens, on observe un

épuisement *plus rapide* de la pile qui fait quelquefois rejeter
le nouveau modèle. Cela est dû uniquement à ce que les éléments
à agglomérés présentant une résistance intérieure *moins grande*
que les anciens éléments à vase poreux, fournissent, sur un circuit extérieur égal, un courant *plus intense*, et, par suite, s'épui-
sent plus rapidement. Le remède consiste, suivant les cas, dans
l'emploi de sonneries plus résistantes, ou dans la diminution du
nombre des éléments.

Piles sèches. — Pour éviter le renversement des liquides,
M. *Desruelles*, d'une part, et M. *Thiébaut*, d'autre part, ont imaginé
de dessécher les piles, c'est-à-dire de placer dans le liquide actif
une matière spongieuse qui le retient entre ses pores ; le premier
emploie à cet effet de l'amiante, le second une pâte de plâtre et
de chlorure de calcium destiné à entretenir l'humidité de la pâte.
Nous ne saurions conseiller l'emploi de ces piles desséchées, pour
plusieurs raisons, sauf dans des cas tout spéciaux. La présence de
substances inertes à l'intérieur des éléments augmente leur résistance intérieure tout en diminuant le volume du liquide actif,
et enfin l'obstacle que cette matière inerte oppose à la circulation
des solutions et à leur renouvellement dans les parties placées
directement en contact avec les plaques rend la polarisation plus
rapide.

Nous devons signaler comme disposition originale de la pile
Thiébaut, qui n'est autre chose qu'une pile Leclanché desséchée,
la suppression du vase en verre et son remplacement par un gobelet en zinc de 20 centimètres de hauteur et de 5 centimètres
de diamètre qui sert à la fois de récipient à la pâte de plâtre,
chlorure de calcium et chlorhydrate d'ammoniaque, et de pôle
négatif de l'élément.

Piles au bichromate de potasse. — Pour produire des
effets intermittents de courte durée et de grande puissance, la
pile au bichromate de potasse à un liquide ou à deux liquides
est la plus convenable et la plus énergique. A propos de l'éclairage électrique, nous décrirons les types les plus connus et les
plus employés.

Lorsqu'on n'a besoin d'un courant assez énergique que pendant quelques minutes, il est commode de faire usage de la pile *Grenet* ou pile-bouteille représentée figure 5.

On en construit de toutes les dimensions, depuis un quart de litre jusqu'à cinq litres et plus. Elle se compose en principe d'une lame de zinc amalgamé placée entre deux lames de charbon.

Cette lame de zinc est suspendue à une tige de laiton qui glisse dans une garniture à frottement, et permet de l'introduire dans le liquide ou de la retirer à volonté.

Le liquide excitateur est composé de bichromate de potasse en dissolution dans de l'eau acidulée sulfurique, à raison de 100 grammes de bichromate et 50 grammes d'acide sulfurique par litre d'eau (Voir la préparation de la solution, page 123).

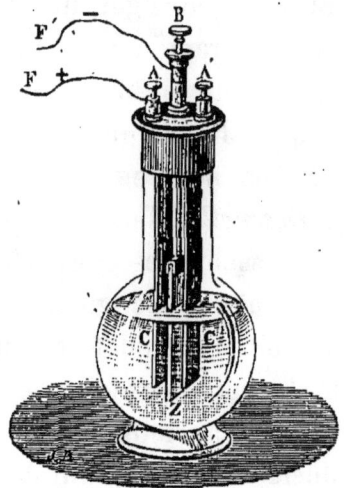

Fig. 5. — Pile-bouteille au bichromate de potasse.

On fait aussi usage de *sel excitateur* ou *sel Dronier*, mélange composé de un tiers de bichromate de potasse et deux tiers de bisulfate de potasse. Ce mélange dissous dans l'eau fournit directement le liquide excitateur.

2°. — PILES CONTINUES

Lorsqu'on demande aux piles un service de quelque durée, comme pour la galvanoplastie, l'éclairage électrique domestique, la charge des accumulateurs, etc., il faut qu'elles présentent des qualités spéciales assez difficiles à réunir dans le même appareil.

L'une des piles le plus anciennement connues est la pile de Daniell, tellement connue qu'il nous semble inutile de la décrire.

On l'emploie aujourd'hui de préférence sous une forme spéciale connue sous le nom de *pile Callaud*, dans laquelle la solution de sulfate de cuivre est séparée de la solution de sulfate de zinc en vertu de la différence de densité de ces deux solutions.

Pile Callaud. — Il existe un grand nombre de modèles de piles Callaud. Celui que nous représentons (fig. 6) offre une très grande simplicité, et par suite un bon marché en rapport avec cette simplicité. Le vase de verre n'a que 12 centimètres de haut et 7 de diamètre. Le zinc est retenu par trois saillies ou plis faits avec une pince. Le cuivre est formé par une spirale de fil de cuivre plate qui se relève verticalement au milieu du vase ; cette partie verticale est protégée par un petit tube de verre. La liaison

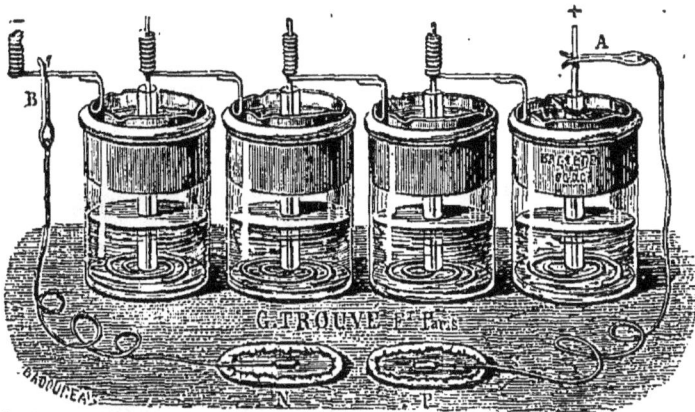

Fig. 6. — Pile Callaud, modèle Trouvé.

des éléments a lieu au moyen d'un petit boudin qui termine le fil de cuivre soudé au zinc et dans lequel s'engage le fil de cuivre qui constitue le rhéophore de l'élément suivant.

L'inconvénient des piles Daniell ou Callaud est de s'user en circuit ouvert.

Modification de la pile Callaud. — Cette modification présente l'avantage d'un entretien plus facile et d'une action locale moins grande. Elle fonctionne au service télégraphique des chemins de fer de l'Est, et peut être très utile aux électriciens amateurs pour les opérations galvanoplastiques et la charge lente des petits accumulateurs.

Cette pile étudiée par M. Cabaret, contrôleur principal du télégraphe des chemins de fer de l'Est et construite par M. Desruelles, diffère de la pile Callaud proprement dite par le remplacement de l'électrode positive, c'est-à-dire de la plaque de cuivre, par un tube de plomb ouvert à ses deux extrémités et plongeant dans le liquide de la pile, comme l'indique la figure. Le plomb, n'étant pas attaqué, peut servir indéfiniment ; il se maintient dans sa position verticale, car il est muni à sa partie inférieure de pattes, obtenues en entaillant les parois à la cisaille et en recourbant les languettes ainsi formées ; ces pattes ont encore pour fonction d'empêcher le tube de plomb de venir toucher le zinc, puisqu'elles le maintiennent en équilibre.

Pour charger l'élément ainsi constitué, il suffit de remplir le tube de plomb avec des cristaux de sulfate de cuivre et de verser de l'eau dans le vase de verre, jusqu'à ce que son niveau arrive à 1 centimètre et demi du bord supérieur du zinc. Au bout d'une heure, les cristaux de sulfate de cuivre se sont suffisamment dissous pour que la pile entre en fonction.

L'expérience a démontré que, quelle que soit la provision de sulfate qu'on ait

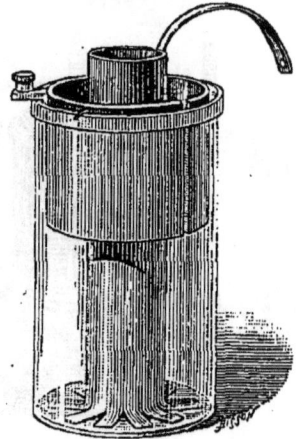

Fig. 7. — Pile Callaud, modèle Cabaret.

emmagasinée dans le tube de plomb, la dissolution saturée de ce sulfate *n'atteint jamais le zinc*, même à circuit ouvert.

Cette disposition nouvelle donnée à l'élément Callaud présente le grand avantage : 1° de permettre d'en confier l'entretien au premier venu, puisque cet entretien consiste simplement à introduire dans le tube central des cristaux de sulfate de cuivre, lorsqu'on s'aperçoit que la teinte bleue du liquide inférieur disparaît ; 2° de proportionner la dépense au travail réellement produit.

Piles à oxyde de cuivre de MM. F. de Lalande et G. Chaperon. — Les piles de Lalande réunissent à la fois les qualités de durée des piles Leclanché et la puissance de débit des piles au bichromate de potasse.

Elles varient de formes et de dimensions suivant les applications auxquelles on les destine. En principe, elles comprennent toujours une lame ou un cylindre de zinc amalgamé comme métal actif, une solution de 30 ou 40 p. 100 de potasse caustique comme liquide excitateur, et de l'oxyde de cuivre en contact direct avec une lame de fer ou de cuivre comme dépolarisant.

Grâce au choix des produits, la pile peut travailler sur un circuit fermé continu, pendant plusieurs jours, sans polarisation notable et presque jusqu'à complet épuisement des produits : la transformation de la potasse en zincate alcalin et la réduction progressive de l'oxyde de cuivre s'opèrent sans que les constantes varient sensiblement. La force électro-motrice initiale, quelques heures après le montage de l'élément, est légèrement inférieure à 1 volt ; en service courant continu, elle est d'environ 0,85 volt et se maintient bien à cette valeur.

La résistance intérieure varie avec les dimensions de l'élément ; la durée du service dépend à la fois du débit et

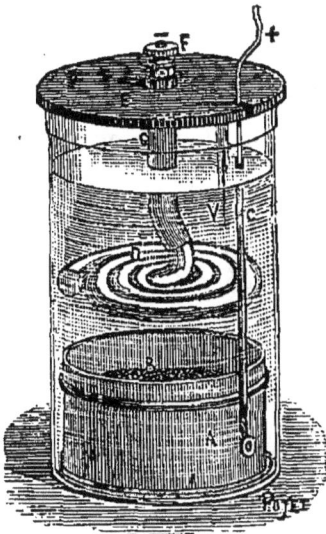

Fig. 8. — Élément à spirale.

A. Boîte en tôle servant à contenir la potasse solide pendant le transport, et l'oxyde de cuivre lorsque la pile est montée. — B. Oxyde de cuivre. — C. Fil de cuivre recouvert d'un tube de caoutchouc isolant et rivé sur la boîte A. Ce fil traverse le couvercle pour former le pôle positif. — D. Spirale de zinc amalgamé (supportée par une lame de laiton). — E. Couvercle mobile. — F. Borne du pôle négatif. — V. Vase en verre.

de la quantité de matières actives, zinc, potasse caustique et oxyde de cuivre que renferme l'élément au moment de son montage.

La figure 8 représente l'*élément à spirale* grand modèle destiné aux applications qui ne demandent qu'un courant peu intense : télégraphie, téléphonie. Il a 18 centimètres de hauteur et 10 centimètres de diamètre et peut fournir 200 000 coulombs ou 55 ampères-heure avec un débit qui, pour ce type d'élément, ne doit pas dépasser un demi-ampère.

Les éléments *à grand débit* (fig. 9) présentent la forme d'une auge rectangulaire en tôle de fer qui sert à la fois de récipient et de pôle. Le fond de l'auge est recouvert de bioxyde de cuivre, et la lame de zinc amalgamé est disposé horizontalement au-dessus du bioxyde à l'aide de quatre supports en ciment disposés aux quatre angles . Une couche de pétrole lourd placée au-dessus de la solution assure la fermeture de l'élément et soustrait la potasse à l'action de l'air.

Le petit modèle a 25 centimètres de longueur, 14 centimètres de largeur et 10 centimètres de hauteur. Il peut débiter 6 ampères et fournir environ 800000 coulombs, ce qui correspond à un

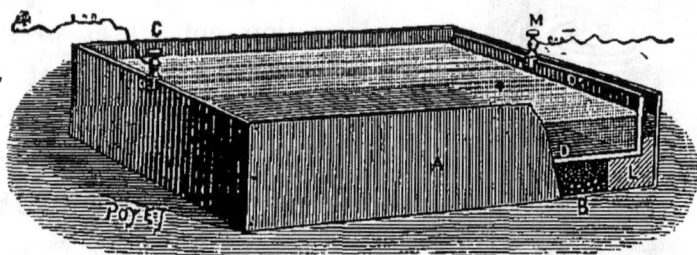

Fig. 9. — Élément à auge (Longueur, 0^m,40).

A. Auge en tôle de fer. — B. Couche d'oxyde de cuivre recouvrant le fond de l'auge. — C. Borne du pôle positif se fixant contre la plaque de cuivre portée par l'auge. — D. Plaque de zinc amalgamé. — L. Supports isolateurs de la plaque de zinc. — M. Borne du pôle négatif.

dépôt de 250 grammes de cuivre. Le grand modèle a 40 centimètres de longueur, 20 centimètres de largeur et 10 centimètres de hauteur. Son débit atteint 15 à 18 ampères et la quantité d'électricité qu'il peut fournir est de 1.800000 coulombs, soit 500 ampères-heure. Ce modèle à grand débit peut fournir à volonté 1 ampère pendant 500 heures, 10 ampères pendant 50 heures ou 15 ampères pendant 33 heures.

Les éléments à grand débit conviennent dans toutes les applications où l'on emploie la pile Bunsen, à la condition de remplacer chaque élément Bunsen de 20 centimètres par deux éléments à l'oxyde de cuivre en tension pour avoir la même force électromotrice. Ils peuvent être utilisés à l'éclairage électrique par l'arc ou l'incandescence, les grosses bobines d'induction, la galvanoplastie, la charge des accumulateurs, etc. Ils présentent sur les éléments Bunsen l'avantage de ne dégager ni vapeurs nuisibles ni odeur désagréable ; la pile fonctionne sans entretien ni nettoyage jusqu'à épuisement, et surtout, qualité essentielle, ne consomme pratiquement rien en circuit ouvert. On n'est donc astreint à aucune manœuvre pour la faire passer de la période de travail à la période de repos, et c'est là sa supériorité sur les piles au bichromate de potasse. La seule critique qu'on puisse lui adresser est de faire usage d'une solution caustique comme la potasse ; il faut avoir soin de reléguer la pile en un endroit où le renversement accidentel d'un élément ne puisse avoir de graves inconvénients.

Éléments hermétiques en fonte. — Ces nouveaux modèles ont l'avantage d'être hermétiquement clos, d'être assez facilement transportables et de posséder une grande solidité, caractère des plus importants pour des éléments renfermant un liquide caustique.

Dans le modèle de 9 centimètres ou à *petit débit* (fig. 10), le vase extérieur en fonte a l'aspect d'un obus.

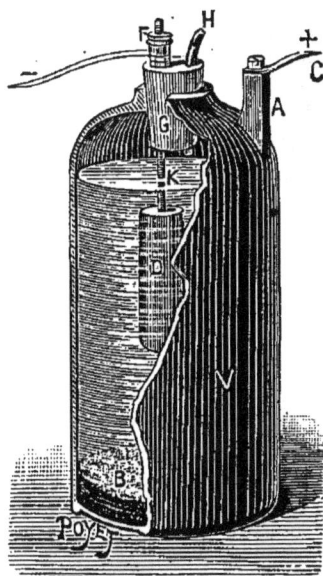

Fig. 10. — Élément hermétique en fonte. — Modèle à petit débit.

Il constitue le pôle positif de l'élément : un tenon A, venu de fonte, sert à fixer la lame conductrice AC destinée aux jonctions. L'extérieur du vase est paraffiné à chaud, de façon à le rendre inoxydable et à empêcher les dérivations. Le zinc D est formé par un cylindre de $0^m,02$ de diamètre soudé à une tige de laiton K fixée au bouchon de caoutchouc G, et portant la borne F. Le bouchon est, en outre, traversé par un tube métallique terminé par une soupape H formée par un tube de caoutchouc fendu.

Ces éléments sont généralement livrés remplis de la solution de potasse, de sorte que, pour les monter, il suffit d'y verser la dose convenable d'oxyde de cuivre qui se répartit sur le fond, en B, et de fermer l'élément au moyen du bouchon de caout-chouc portant le zinc.

Cette disposition est particulièrement convenable pour le service intérieur des appartements (téléphones, sonneries). Ce modèle peut donner un débit allant jusqu'à 2 ampères. Un plus petit modèle de 5 centimètres de diamètre suffit amplement pour un service de plusieurs années sur une sonnerie d'appartement.

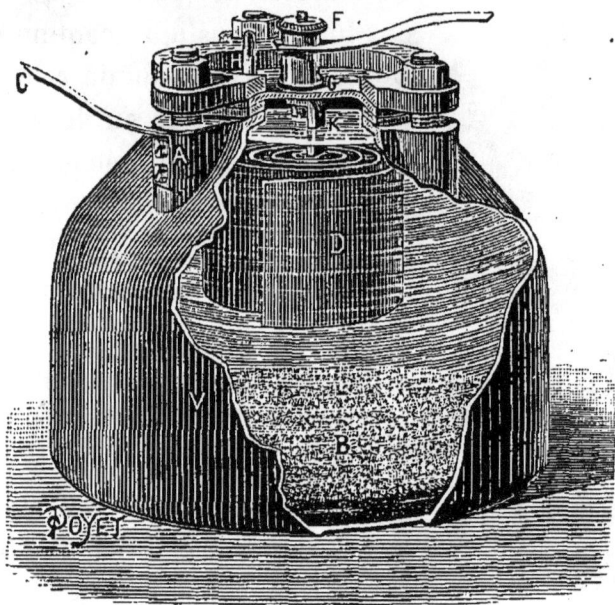

Fig. 11. — Pile à oxyde de cuivre. — Modèle hermétique à grande surface.

La figure 11 représente un autre type d'élément hermétique à *grand débit* ($0^m,22$ de diamètre) pouvant fournir jusqu'à 8 ampères, ce qui permet de l'employer aux mêmes usages que les piles Bunsen, au bichromate, etc. (charges des accumulateurs, éclairage domestique, galvanoplastie, nickelage, bobines d'induction, analyse spectrale, etc.). La disposition de cet élément ressemble d'ailleurs beaucoup à celle du précédent. L'oxyde de cuivre B est également réparti sur le fond du vase; le zinc D, constitué par une longue lame enroulée sous forme de spirale, pour présenter une grande surface, est suspendu à un couvercle d'ébo-

nite G, fixé sur l'ouverture du vase au moyen d'une bride évidée
en fer et de trois écrous : une rondelle de caoutchouc souple assure l'étanchéité du joint.

Ces éléments de grand modèle renferment la même charge
que les grands éléments à auge (2 kilogrammes de potasse et
$0^{kg},900$ d'oxyde de cuivre) et peuvent les remplacer dans toutes
les applications. Ils peuvent donner un travail considérable.
Par exemple, une batterie d'éléments à auge a pu fournir plus
de deux cents heures d'éclairage sur une lampe Edison de
5 bougies. En employant 6 éléments on a pu, pendant près
de deux mois, faire un travail de nikelage, à raison de
sept heures par jour,
qui nécessitait l'emploi
de 3 éléments Bunsen :
ceux-ci devaient être re-
montés tous les deux
jours et étaient loin de
donner un courant aussi
constant, ce qui causait des difficultés nombreuses.

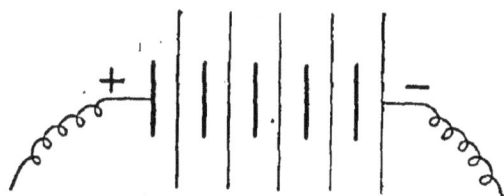

Fig. 12. — Signe conventionnel des piles.

Ces modèles en fonte présentent la propriété remarquable de
pouvoir donner sans polarisation un débit plus considérable que
des éléments correspondants non métalliques dont la surface
conductrice *en contact avec l'oxyde de cuivre* serait aussi grande.
Comme il ne se dégage pas d'hydrogène sur la fonte, MM. de Lalande et Chaperon pensent que sa grande surface doit néanmoins se charger d'hydrogène occlus qui se transporte progres-
sivement jusqu'à l'oxyde de cuivre et concourt aussi d'une façon
continue à l'action dépolarisante.

Signe conventionnel des Piles. — Une notion commode, et
dont l'usage tend à se généraliser, consiste à représenter les piles
par le signe conventionnel représenté figure 12. Le trait gros
indique le pôle positif, le trait mince le pôle négatif, et le nombre de traits, gros ou minces, le nombre des éléments. La figure
12, par exemple, représente une pile de *cinq* éléments, dont le
pôle positif est à gauche et le pôle négatif à droite.

Couplage des piles. — Les amateurs et les praticiens eux-mêmes se trouvent quelquefois embarrassés pour savoir comment ils doivent coupler une pile dont ils possèdent un nombre déterminé d'éléments, dans le but d'obtenir, sur un circuit de résistance donnée, la plus grande intensité de courant possible avec ce nombre déterminé d'éléments. Ce sont les méthodes qui permettent d'établir sûrement ce montage, dans chaque cas particulier, que nous allons exposer, en évitant les formules compliquées, et en donnant quelques exemples pratiques qui en facilitent l'usage aux électriciens, même les moins habitués aux opérations algébriques.

La détermination du meilleur mode de montage est liée à trois

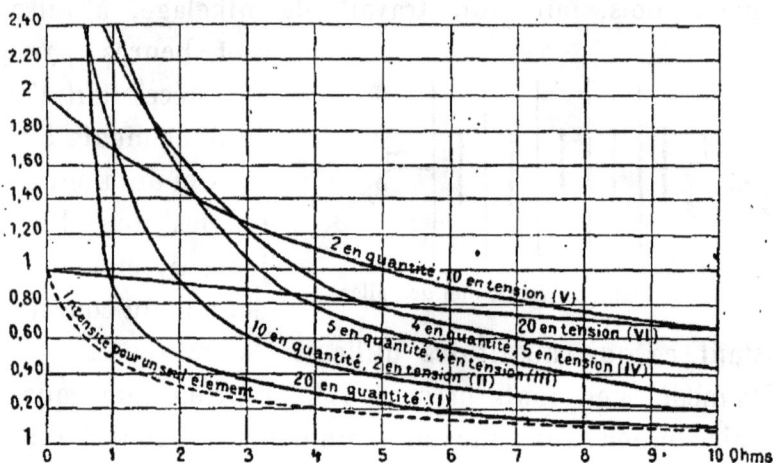

Fig. 13. — Courbe des variations de l'intensité des courants avec les variations de résistance du circuit.

quantités qui doivent être exprimées en unités électriques, volts, ohms, afin de pouvoir être introduites dans les formules. Ces quantités sont :

1° La force électro-motrice d'un élément E, exprimée en volts (1).

2° La résistance intérieure de cet élément r, exprimée en ohms.

Ces deux quantités, qui se nomment les *constantes* de la pile, sont le plus souvent fournies par les constructeurs ; elles varient avec la nature et les dimensions de chaque élément.

3° La résistance du circuit extérieur R, exprimée en ohms.

Cette résistance comprend d'ailleurs la résistance des conducteurs

(1) Nous supposons, ce qui est le cas général, que tous les éléments employés sont *identiques*.

et celle de l'électro-aimant si c'est une sonnerie ou un télégraphe, de la spirale de platine si c'est un allumoir électrique, etc. .

Dans le cas le plus simple, où un seul élément se trouve placé dans le circuit, l'intensité I du courant exprimée en ampères est alors :

$$I = \frac{E}{r + R}.$$

Lorsqu'on dispose de plusieurs éléments, on peut faire plusieurs montages dont voici les extrêmes :

1° Tous les éléments montés en *quantité*, en *batterie*, ou en *surface*, c'est-à-dire les zincs reliés entre eux, de façon à former une pile dont la force électro-motrice est celle d'un seul élément, mais dont la résistance intérieure est d'autant plus petite que le nombre des éléments est plus grand ;

2° Tous les éléments montés en *tension*, c'est-à-dire le zinc du premier élément relié au charbon du second, le zinc du second au charbon du troisième et ainsi de suite. On multiplie ainsi à la fois la . force électro-motrice et la résistance intérieure par *le nombre des éléments.*

Entre ces montages extrêmes s'en place un certain nombre d'intermédiaires que nous allons préciser par un exemple.

Supposons que nous disposions de vingt éléments; ces vingt éléments donneront lieu aux six combinaisons suivantes :

1° 20 éléments en quantité, 1 en tension. — II° 10 éléments en quantité, 2 en tension. — III° 5 éléments en quantité, 4 en tension. — IV° 4 éléments en quantité, 5 en tension. — V° 2 éléments en quantité, 10 en tension. — VI° 1 élément en quantité, 20 en tension.

Il convient d'adopter l'un ou l'autre de ces montages, suivant la résistance du circuit extérieur. On peut représenter par une courbe la variation de l'intensité du courant lorsque l'on fait varier la résistance extérieure. La figure 13 représente ces courbes tracées en portant en abscisses les résistances du circuit extérieur en ohms, et en ordonnées les intensités correspondantes en ampères. Pour simplifier les calculs de ces courbes, nous avons supposé une pile type dont la force électro-motrice serait exactement de 1 volt et la résistance intérieure de 1 ohm. C'est l'élément volt-ohm. Dans la pratique, ce type correspondrait à très peu près à un élément Daniell de grandes dimensions.

En consultant les courbes, on voit, par exemple, que sur un circuit extérieur dont la résistance extérieure est de 5 ohms, c'est-à-dire cinq fois celle d'un élément, l'on obtient l'intensité maximum en disposant 10 éléments en tension et 2 en quantité ; elle est alors de 1 ampère. En disposant les 20 éléments en quantité, on aurait seulement $1 = 0,22$, pas beaucoup plus que ne donnerait un seul élément. Ces courbes mettent donc bien en relief l'influence du montage des piles sur l'intensité du courant. Elles montrent déjà une loi générale, que nous formulerons tout à l'heure, et qu'on peut indiquer en disant que le montage en quantité convient aux faibles résistances et le montage en tension aux grandes résistances. En comparant la courbe pointillée qui correspond à un seul élément, à la courbe VI, on voit que sur un circuit sans résistance, 20 éléments en tension ne donnent pas plus d'intensité qu'un seul. La comparaison de la courbe pointillée et de la courbe I montre, d'autre part, que, pour les grandes résistances, un seul élément donne autant d'intensité que 20 éléments en quantité. Les points de croisement de ces courbes indiquent les résistances pour lesquelles il est indifférent d'adopter l'un ou l'autre des montages correspondant aux deux courbes qui se coupent.

Voici maintenant les formules qui permettent de déterminer le montage qui donne le travail extérieur maximum et la valeur de l'intensité correspondante :

Soit t le nombre des éléments disposés en tension,

q le nombre des éléments disposés en quantité,

n le nombre total des éléments :

$$n = tq.$$

L'intensité du courant dans un circuit extérieur de résistance R sera, si E est la force électro-motrice d'un élément et r sa résistance intérieure :

$$I = \frac{tE}{\frac{t}{q}r + R} \qquad (a)$$

En faisant varier t et q de telle sorte que le produit tq reste constant, on aura un maximum pour le travail extérieur lorsque

$$\frac{t}{q} = \frac{R}{r} \qquad (b)$$

Le travail extérieur est maximum lorsque le nombre des éléments montés en tension est au nombre des éléments disposés en quantité (q) dans le même rapport que la résistance extérieure (R) est à la résistance de chaque élément (r).

Exemple numérique. — Quel est le meilleur montage d'une pile de 8 éléments Daniell (E $= 1,07$ volts, $r = 6$ ohms) pour actionner une sonnerie électrique dont la résistance est de 10 ohms placée sur une ligne dont la résistance est de 4 ohms ?

D'après les données du problème : R $= 10 + 4 = 14$ ohms. La formule (*b*) donne :

$$\frac{t}{q} = \frac{14}{6} = 2,33.$$

En pratique, il faut prendre pour *t* et *q* les nombres entiers qui se rapprochent le plus de ce rapport. Dans le cas particulier, c'est en prenant $t = 4$, $q = 2$, que l'équation sera le mieux satisfaite.

Dans ces conditions, l'intensité du courant, calculée par la formule (*a*), sera :

$$I = \frac{4 \times 1,07}{\frac{4}{2} \times 6 + 10} = \frac{4 \times 1,07}{12 + 10}$$

$$I = 0,19 \text{ ampère.}$$

En montant les 8 éléments en tension, $t = 8$, $q = 1$, la formule (*a*) donne :

$$I' = \frac{8 \times 1,07}{8 \times 6 + 14} = 0,14 \text{ ampère.}$$

En montant les 8 éléments en quantité, $t = 1$, $q = 8$, la formule (*a*) donne :

$$I'' = \frac{1,07}{\frac{6}{8} + 14} = 0,07 \text{ ampère.}$$

On voit que ce dernier montage donnerait une intensité près de trois fois moins grande que celui qui correspond au maximum.

Les formules (*a*) et (*b*) permettent donc, lorsqu'on connaît les constantes des piles, le nombre d'éléments dont on dispose et la résistance du circuit extérieur, de déterminer le rapport entre *t* et *q* qui rend I maximum, et de calculer exactement la valeur de cette intensité correspondant à chaque montage particulier.

Nous donnerons en terminant quelques chiffres pratiques relatifs aux piles les plus employées dans les applications domestiques, et qui pourront servir de guide lorsqu'on voudra installer soi-même des sonneries électriques, des allumoirs, etc.

Les piles *Leclanché* à vase poreux ont une force électromotrice de 1,4 volts et une résistance intérieure de 5 ohms. Les nouveaux éléments Leclanché à plaques agglomérées ont la même force électromotrice, mais la résistance intérieure n'est plus que de 1,2 ohm. Lorsqu'ils sont usés, la force électromotrice tombe à 1 volt et la résistance intérieure atteint 2,5 ohms.

Les éléments *Daniell* ont une force électromotrice de 1,07 volt. Leur résistance varie beaucoup avec leurs dimensions. Le grand modèle rond de 20 centimètres de hauteur a 3 ohms de résistance ; les modèles employés dans la télégraphie varient entre 5 et 20 ohms de résistance.

La pile *Reynier* a pour constantes $E = 1,35, r = 0,08$.

La pile *Bunsen* a pour force électro-motrice 1,8 volt, le modèle rond de 20 centimètres de hauteur a pour résistance 0,25 ohm. Le modèle plat de Ruhmkorff n'a que 0,06 ohm de résistance intérieure.

L'élément au chlorure de chaux de M. *Niaudet* a pour constantes $E = 1,6, r = 5$.

La pile au bichromate de potasse a une force électro-motrice de 2 volts au commencement de sa charge, la pile-bouteille de un litre a une résistance d'environ 1 ohm.

Ces chiffres ne sont qu'approximatifs, du moins pour ceux qui se rapportent à la résistance intérieure, très variable avec la saturation des liquides, la surface des plaques, leur distance, etc. ; en tout cas, ils peuvent servir de guide dans les mesures et dans les applications, et permettent d'éviter des erreurs grossières.

L'intensité des courants est très variable, suivant la nature des applications. Pour nous en tenir aux applications domestiques et télégraphiques, nous citerons quelques chiffres, résultats d'expériences.

Les allumoirs à pile à bichromate de potasse fonctionnent avec des courants qui varient entre un ampère et un dixième d'ampère, suivant la grosseur de la spirale incandescente.

Les sonneries domestiques fonctionnent très bien avec deux éléments Leclanché à plaques agglomérées ($E = 1,4, r = 1,2$) montés en tension, la résistance des fils ne dépasse pas 2 ohms, celle de la sonnerie varie entre 5 et 10 ohms.

Dans ces conditions moyennes l'intensité est donc :

$$I = \frac{2 \times 1,4}{2 \times 1,2 + 10} = 0,23 \text{ ampère.}$$

La polarisation des éléments, les mauvais contacts, etc., réduisent cette intensité à 0,20 ampère ou 200 milliampères. Les courants télégraphiques, dans les conditions ordinaires, n'ont pas plus de 10 milliampères d'intensité, soit vingt fois moins. L'attraction de l'armature est la même dans les deux cas. Cette différence tient à ce que, dans les sonneries domestiques, le fil relativement gros fait un petit nombre de tours sur l'électro-aimant, tandis que dans les appareils télégraphiques le nombre de tours du fil est beaucoup plus grand. La puissance attractive dépendant à la fois de ces deux facteurs, on gagne par l'intensité ce que l'on perd par le nombre de tours, et réciproquement, les électro-aimants des sonneries domestiques étant disposés pour des circuits courts, les électro-aimants télégraphiques étant, au contraire, établis pour des lignes très résistantes.

Il faudra donc, avant d'établir des éléments de pile sur un appareil donné, déterminer exactement sa résistance propre et l'intensité de courant nécessaire à son bon fonctionnement.

La formule (a) fera connaître alors le nombre d'éléments d'une pile dont les constantes E et r sont connues, nécessaire pour produire une intensité I dans le circuit de l'appareil, car en la combinant avec la formule (b), on aura un système de deux équations à deux inconnues toujours résoluble. En effet, les formules (a) et (b) donneront t et q, la valeur de n sera le produit, à condition de prendre pour t et q les nombres entiers immédiatement supérieurs à la valeur exacte, les éléments de pile ne pouvant être fractionnés. Dans le cas où le nombre d'éléments n est déterminé à l'avance, la formule (b) fera connaître le montage qui donne l'intensité maximum, et la formule (a) donnera la valeur de cette intensité. On saura alors si elle est supérieure ou inférieure à celle qu'exige l'appareil pour bien fonctionner.

LES SONNERIES ÉLECTRIQUES

L'application la plus simple, la plus directe et la plus pratique vers laquelle l'électricien amateur pourra diriger son activité et sur laquelle il pourra exercer avec fruit les premières connaissances électriques et en tirer rapidement des résultats tangibles... et bruyants, est sans contredit la pose des sonneries électriques destinées au service d'un appartement, d'un hôtel, d'une maison de campagne, etc. C'est donc par elles que nous commencerons notre revue des applications de l'amateur, en indiquant minutieusement tous les points nécessaires à connaître dans cette première et décisive manifestation électrique, *la pose d'une sonnerie électrique*. Réduit à sa plus simple expression, le système comprendra toujours au moins quatre parties : le générateur électrique qui, ici, sera toujours une *pile ;* la canalisation, formée de *conducteurs* convenablement isolés ; le *contact*, destiné à établir une communication électrique ou un circuit fermé entre la pile et la sonnerie, et enfin la *sonnerie* elle-même. Nous passerons ensuite en revue les *montages* les plus employés dans les cas ordinaires de la pratique.

Piles. — La pile qui convient le mieux aux sonneries électriques est la pile Leclanché. Les éléments à vase poreux suffisent lorsqu'on ne veut faire usage exclusivement que de sonneries ; lorsqu'on veut installer en même temps des allumoirs, des avertisseurs d'incendie, des horloges électriques, etc., nous conseillons l'emploi de l'*élément disque* à trois plaques agglomérées. Quatre éléments disque en tension suffisent dans la plupart des cas.

Le petit modèle des piles de Lalande et Chaperon convient également bien pour les sonneries ; il suffit aussi de trois à quatre éléments en tension pour actionner une sonnerie dans un appartement, la place occupée par la pile est alors excessivement restreinte. Nous renvoyons à ce que nous avons dit précédemment sur ces piles pour leur montage, leur mode d'emploi, leur durée, etc.

Pose des conducteurs. — Les conducteurs placés à l'intérieur des maisons sont presque exclusivement en cuivre rouge. On les enduit d'un mélange de poix, de bitume et de gomme laque ; on les garnit encore d'une gaine dé gutta-percha plus ou moins épaisse pour les isoler.

On peut aussi se servir, pour des installations de peu de longueur et dans des endroits bien secs, de fil simplement recouvert de soie ou de coton, ou même de fil de cuivre nu, dont le prix est moins élevé, mais l'installation des fils demande alors des précautions toutes particulières pour l'isolement, et l'on préfère en général le fil recouvert de gutta et de coton, qui est le meilleur et le plus facile à installer. En France, on désigne les fils par un numéro. C'est là un système que nous n'adopterons pas, pour deux raisons. Le numéro d'un fil n'indique rien à l'esprit relativement à son diamètre, surtout pour les amateurs qui n'ont pas souvent occasion d'en faire usage ; d'autre part il existe, en France seulement, deux jauges différentes, la *jauge décimale* et la *jauge carcasse*, et si on n'a pas soin de bien spécifier le nom de la jauge, il en résulte des confusions.

Nous désignerons donc les fils par leur diamètre en dixièmes ou en centièmes de millimètre, ce diamètre se rapportant au fil de cuivre *nu*, sans sa gaine de gutta, de soie ou de coton. Nous ne saurions trop engager les amateurs à faire leurs commandes de fil en ne désignant la grosseur que par le diamètre, pour faire perdre aux fabricants la déplorable habitude du numérotage, qui n'a de raison d'être que l'empirisme et la routine.

Les grosseurs des fils à employer dans les installations varient avec la longueur du circuit, la nature des appareils desservis et le nombre des éléments dont on dispose. Nous donnerons quelques chiffres qu'on peut considérer comme des *moyennes* dans la pratique.

Prenons pour exemple une installation, assez fréquente à présent, et qui consiste à placer une pile de trois ou quatre éléments dans le sous-sol ou dans la loge du concierge d'une maison pour actionner toutes les sonneries de porte d'entrée et des intérieurs de différents étages.

Dans ces conditions, on fera usage de trois grosseurs de fils :

1° Entre la pile placée dans le sous-sol et l'escalier on mettra du fil de onze dixièmes (sous-entendu de millimètre) ;

2° Dans les escaliers, comme colonne montante, du fil de dix dixièmes ou d'un millimètre ;

3° Pour les communications à l'intérieur des appartements, le fil de neuf dixièmes sera très suffisant.

En principe, sauf la réserve relative au prix d'achat du fil, il ne faut pas craindre d'employer du fil trop gros.

Dans le cas où nous nous sommes placés, on peut, dans les grandes villes, d'ailleurs économiser la moitié de ce fil en reliant le *négatif* de la pile aux tuyaux d'eau et de gaz ainsi que tous les branchements qui aboutissent à ce pôle négatif; les tuyaux d'eau et de gaz jouent ainsi parfaitement le rôle de fil de retour et simplifient l'installation.

Les fils recouverts de soie et de coton de toutes nuances s'assortissent très facilement aux papiers et aux tentures. On doit les poser en les tendant sur les murs en évitant autant que possible qu'ils les touchent, surtout dans les parties saillantes qui finiraient par couper l'isolant ; on les dissimule dans les moulures, les corniches, les coins, et quelquefois dans des baguettes creuses, pour les installations de luxe.

Pour maintenir les fils en place, on se sert pour les parties droites d'isolateurs en os (fig. 14, n° 1) maintenus sur le mur à l'aide de clous, et on y arrête le fil en lui faisant faire un tour sur lui-même ; pour les angles rentrants on se sert de crochets émaillés (fig. 14, n° 2) de grosseur convenable. On s'est servi aussi de clous recourbés en U ou cavaliers (fig. 14, n° 3) dont la pose est des plus simples et le prix très modique, mais on y renonce parce qu'ils coupent l'isolant et quelquefois même le conducteur. Cependant ils peuvent rendre de réels services, surtout dans les installations provisoires, ou lorsqu'on sait les poser avec soin et discernement.

Lorsque les fils traversent les murs, il est important de les préserver de l'humidité ; on les recouvre alors d'un tube en caoutchouc d'un diamètre convenable et dépassant de deux ou trois centimètres de chaque côté du mur, pour préserver les fils du contact des arêtes vives du percement.

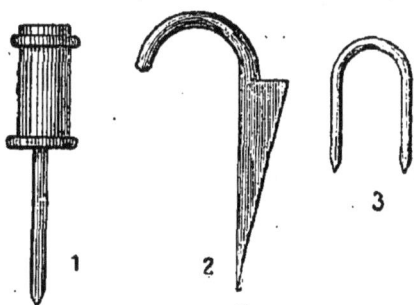

Fig. 14. — Pose des conducteurs.

1. Clou et isoloir en os. — 2. Clou à crochet émaillé. — 3. Cavalier.

Les *jonctions* des fils entre eux se font en dénudant les deux extrémités à jonctionner sur une longueur de 4 à 5 centimètres, on les nettoie avec du papier de verre et on corde les deux bouts en enroulant le fil n° 1 cinq ou six fois sur le n° 2 et réciproquement.

On recouvre ensuite la jonction d'une feuille mince de gutta ramollie en la roulant entre les doigts, et ensuite avec une garniture de coton analogue à l'enveloppe des fils reliés. Lorsque le fil est double, il est prudent de ne pas faire les jonctions à la même hauteur, on les espace alors de 5 à 6 centimètres, juste assez pour qu'elles ne soient plus en regard, une fois le fil tendu. L'on doit éviter avec soin que ces jonctions se trouvent à l'intérieur des percements.

Il est souvent commode d'employer deux fils recouverts de gutta enfermés dans la même gaine de coton ou de soie.

Il est facile d'utiliser ces fils doubles, sans augmentation sensible de prix, comme avertisseurs automatiques d'incendie en les établissant comme le fait M. Charpentier. Les deux conducteurs parallèles sont séparés par un fil mince d'alliage fusible. En cas d'incendie, l'isolant brûle, l'alliage fusible fond rapidement et établit une communication électrique permanente entre les deux conducteurs. La sonnerie correspondante fonctionne alors d'une manière continue et avertit de l'accident.

La liaison des fils avec les paillettes des contacts ou les bornes de sonnerie ne présente aucune difficulté. Bien que les fils de cuivre recouverts de gutta soient généralement employés dans les installations domestiques, on se sert quelquefois de câbles ou de fils galvanisés tendus sur poteaux lorsque les distances sont un peu grandes ; mais ces installations se font surtout pour la pose

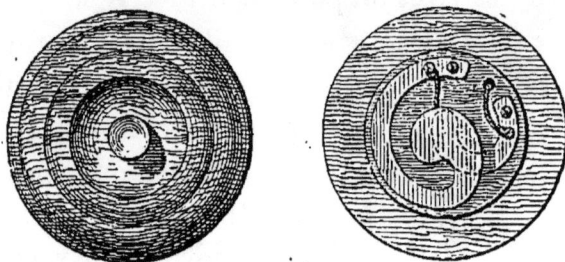

Fig. 15. — Bouton ordinaire à deux paillettes.

des communications téléphoniques, et nous en parlerons à propos des téléphones.

Contacts. — On désigne sous le nom général de *contact* tout appareil qui, par un simple mouvement mécanique, permet d'établir une communication électrique, de *fermer* un circuit sur un appareil ou une série d'appareils déterminés.

La disposition la plus simple du contact est le bouton ordinaire à deux paillettes (fig. 15). Il est assez connu pour que nous nous dispensions de le décrire : il varie de forme, de grandeur, de nature, etc., avec les besoins. On le fait en bois, en ébonite, en porcelaine, en bronze, en cuivre, en ivoire, en celluloïd, etc. Le modèle le plus simple coûte 50 centimes. On le fixe simplement contre un mur, un panneau, etc., à l'aide de deux vis à bois, en ayant soin de *tamponner* préalablement, si le bouton est fixé contre un mur. Pour les portes extérieures on emploie des boutons dont le contact ne se fait pas à l'aide de paillettes, mais

à l'aide de pièces métalliques glissantes, de forme conique (fig. 16).
On emploie aussi dans le même but des *coulisseaux*.

Ces contacts extérieurs sont plus solides, plus rustiques, moins
facilement démontables que les boutons ordinaires; ils sont aussi

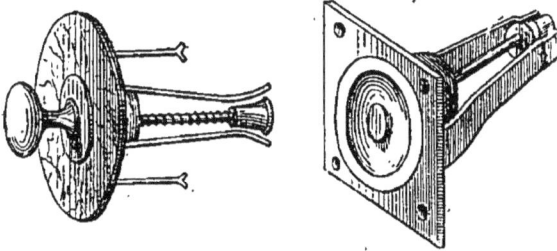

Bouton à tirage.   Bouton à pression.
Fig. 16. — Boutons de porte d'entrée.

moins exposés à se déranger par l'oxydation, car le contact se fait
par glissement et frottement, ce qui produit un décapage permanent des surfaces.

Dans les bureaux, les administrations, les hôtels, etc., où l'on
a besoin d'appeler plusieurs personnes différentes, on emploie

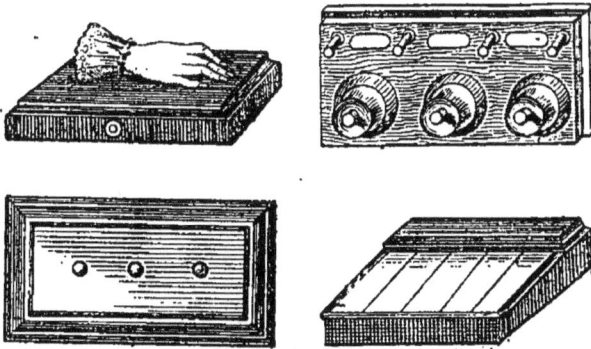

Fig. 17. — Contacts multiples pour bureaux.

des *contacts multiples*, dont la figure 17 indique quelques dispositions. La main constitue un système à contacts multiples presse-
papier. On fait les appels en appuyant sur l'une ou l'autre des
pierres du bracelet. Un fil souple à plusieurs conducteurs établit
les communications nécessaires.

Il est quelquefois plus commode et plus pratique d'avoir un contact mobile ; on le place alors à l'extrémité d'un conducteur

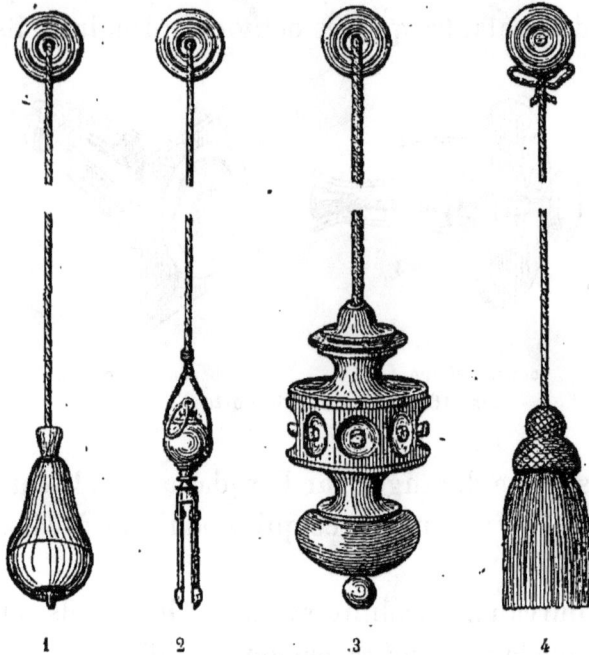

Fig. 18. — Contacts mobiles.

1. Poire pour salle à manger. — 2. Presselle pour malade. — 3. Bouton à plusieurs directions pour bureaux. — 4. Tirage avec son cordon.

souple. La figure 18 représente quelques-unes des dispositions employées. Le n° 4 de la figure 18 donne le type d'un système à

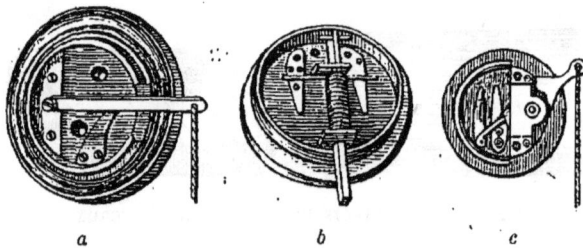

Fig. 19. — Tirages de côté et en dessous.

tirage. Le contact électrique est placé à la partie supérieure, dissimulé le mieux possible près des corniches du plafond, et le contact s'obtient en exerçant une traction sur un cordon plus ou moins ornementé. Le cordon de tirage offre l'avantage d'être plus

facile à trouver et à manœuvrer, il est très utile dans une antichambre, par exemple, lorsqu'en rentrant le soir on veut se procurer facilement et rapidement de la lumière à l'aide d'allumoirs
électriques dont nous décrirons quelques types. Les dispositions
intérieures de ces tirages sont très variées ; la figure 19 en montre
quelques-uns ; *a* et *c* sont des tirages *de côté; b* est un tirage *en
dessous,* qui permet de mieux dissimuler la boîte qui le contient à l'aide d'une rosace faite avec le cordon lui-même, ou d'une garniture de passementerie fixée à la partie supérieure.

*Contact à soulèvement de M. Char-
pentier.* — Nous devons signaler, à propos des contacts, une disposition assez
ingénieuse due à M. Charpentier, dans
laquelle le bouton de tirage ou plutôt le
bouton de soulèvement, comme nous
allons le voir, sert à la fois de contact ordinaire et d'avertisseur d'incendie. A
cet effet, le cordon, assez léger et *combustible,* est suspendu en C (fig. 20); il
supporte un poids assez grand pour
que la bague métallique D soit abaissée
au-dessous des deux points A et B. On
établit le contact en *soulevant* le poids
suspendu en C, car sous l'action d'un
ressort, la bague D remonte et établit la
communication métallique comme le

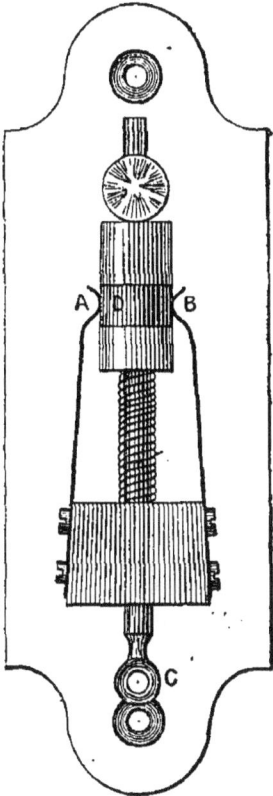

Fig. 20. — Contact à soulèvement de M. Charpentier.

montre la figure. L'avantage de cette disposition consiste en ce
que, si le fil qui supporte le poids vient à brûler, le poids tombe,
la rondelle D remonte et établit le contact d'une façon continue
et fait fonctionner la sonnerie en sonnerie d'alarme.

A propos des avertisseurs d'incendie, nous décrirons d'autres
contacts combinés pour jouer à la fois les deux rôles.

Pour terminer, nous signalerons encore deux dispositions de

pédales de parquet pour bureaux et salle à manger (fig. 21), dont on devine sans peine le fonctionnement, et les contacts de portes (fig. 22) destinés à faire fonctionner automatiquement une sonnerie lorsqu'on ouvre ou que l'on ferme une porte.

Le contact de feuillure (fig. 22) rompt le circuit lorsque la porte est fermée et le fait fonctionner tout le temps que la porte reste ouverte, ce qui est quelquefois un inconvénient auquel on re-

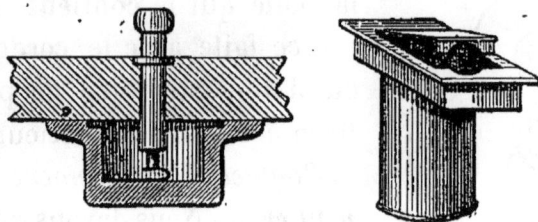

Fig. 21. — Pédales de parquet.

médie en intercalant un commutateur à main quelque part dans le circuit entre le contact et la sonnerie ou la pile. Le contact de porte ne fonctionne qu'un instant chaque fois que la porte est

Contact de feuillure.   Contact de porte.
Fig. 22. — Contacts automatiques.

ouverte ou fermée. La disposition représentée qui fournit un contact *par frottement* donne beaucoup de sûreté.

Lorsque la sonnerie ne doit fonctionner qu'en *ouvrant* la porte, et non pas en la fermant, on emploie une disposition spéciale dite *pied-de-biche*, qui supprime le contact électrique au moment de la fermeture.

Tels sont les principaux contacts employés dans la pratique; leurs dispositions peuvent varier à l'infini suivant les applications qu'on a en vue : ce que nous en avons dit suffit pour ré-

soudre tous les cas que rencontrera l'amateur voulant établir lui-
même ses sonneries électriques.

Sonneries. — L'on emploie le plus souvent les sonneries
tremblcuses, dont la figure 23 représente une forme des plus
simples et d'un prix très modique. Elle se compose d'une pièce
en fonte malléable en forme d'équerre, qui constitue, en

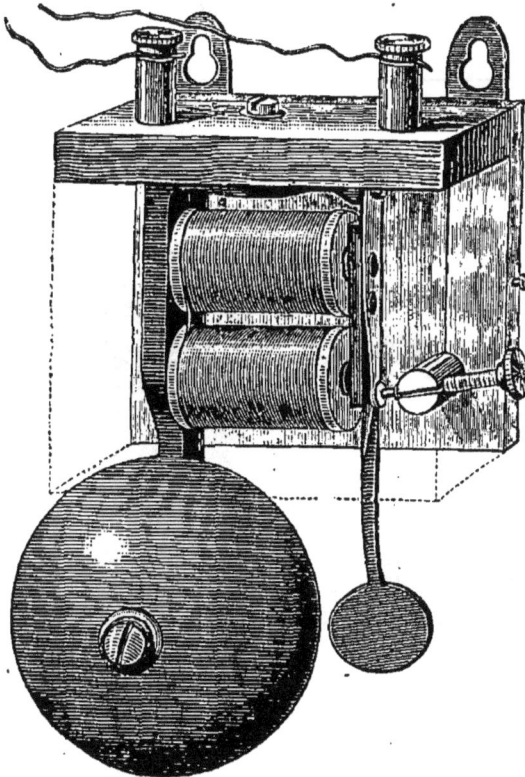

Fig. 23. — Sonnerie tremblcuse, modèle simple.

quelque sorte, la carcasse du système, car elle supporte à la fois
le timbre, l'électro-aimant, le ressort antagoniste, l'armature et le
marteau. L'interrupteur avec sa vis de réglage est fixé sur une
petite planchette en chêne sur laquelle vient se fixer la boîte
qui protège le système de la poussière. La sonnerie se fixe
sur le mur à l'aide de deux clous à crochet et de deux
agrafes.

Dans des dispositions plus soignées, mais plus chères, le sup-

port de la vis de réglage du contact est placé sur le même support métallique que l'électro-aimant et le timbre ; on a ainsi un
système presque indéréglable, surtout lorsque la vis de réglage
est maintenue fortement serrée par un contre-écrou.

On construit sur ce dernier modèle des sonneries de toutes
dimensions, avec des timbres dont le diamètre varie entre 5
et 30 centimètres. Pour distinguer les sonnettes entre elles, et
suivant le goût des clients, on construit ces timbres en bronze

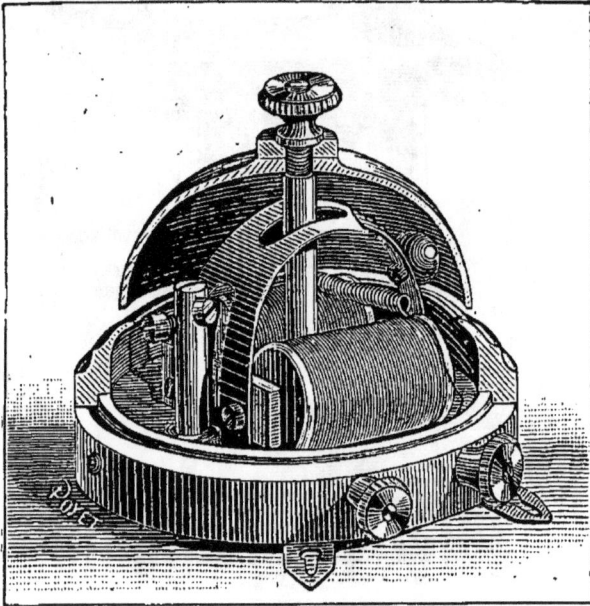

Fig. 24. — Sonnerie système de Redon.

sous forme de timbres, de clochettes, de grelots, en bois de gaïac,
qui donne un son mat tout spécial, ou même en cristal. Nous
n'avons pas à décrire ici le mode de fonctionnement des sonneries trembleuses qui est bien connu ; la tendance actuelle est de
les construire entièrement sur plaque métallique pour éviter le
déréglage.

Lorsqu'on n'emploie pas de tableaux indicateurs, on munit
quelquefois la sonnerie d'un index ou *lapin* qui se déclanche et
tombe lorsque la sonnerie a fonctionné, indiquant ainsi l'appel
par un signal permanent lorsque la personne à laquelle l'appel

s'adresse s'est absentée un instant. On efface le signal en renclanchant le lapin.

La sonnerie de M. *de Redon* a été combinée dans le but de marcher dans toutes les positions, posée à plat sur une table, accrochée contre un mur, ou placée sur un véhicule soumis à des trépidations. Tout le mécanisme (fig. 24) est disposé dans une petite boîte ronde dont le couvercle hémisphérique est constitué par le timbre : on obtient ainsi un appareil très portatif, peu encombrant, et qui, par ses formes symétriques, peut se prêter à un certain effet décoratif.

L'électro-aimant est placé sur le fond de la boîte et agit sur une armature fixée à un ressort replié en demi-cercle.

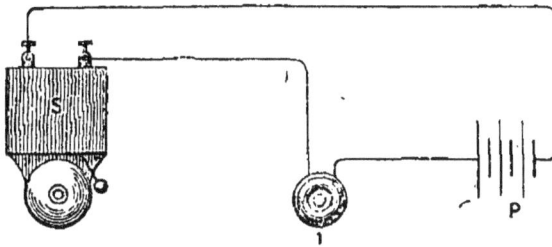

Fig. 25. — Montage simple d'une sonnerie et d'un bouton.

Une petite languette découpée sur ce ressort sert d'interrupteur vibrant et une petite boule de laiton diamétralement opposée constitue le marteau.

Chaque fois que l'armature est attirée, le ressort s'infléchit, et le marteau est lancé contre le timbre : lorsque le courant cesse, le ressort reprend sa forme primitive et ramène le marteau en arrière.

Montages. — La figure 25 représente le diagramme du montage le plus simple qu'on puisse imaginer : une pile P, un bouton de contact 1 et une sonnerie S.

La figure 26 montre le montage d'une pile unique alimentant plusieurs sonneries distinctes actionnées par plusieurs boutons distincts.

La figure 27 représente le montage d'une pile P faisant fonc-

tionner une sonnerie S actionnée par trois boutons distincts 1,
2, 3. Si le gaz est installé dans l'appartement, le fil représenté

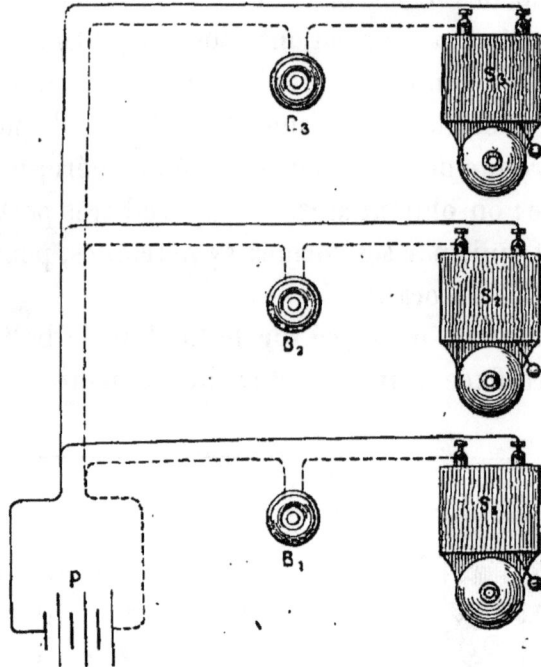

Fig. 26. — Installation d'une pile dans le sous-sol pour alimenter les
différents étages d'une maison.

par une ligne ponctuée sur la figure peut être facilement supprimé; il suffit de relier la borne de gauche de la sonnerie S et
le pôle négatif de la pile aux tuyaux de gaz.

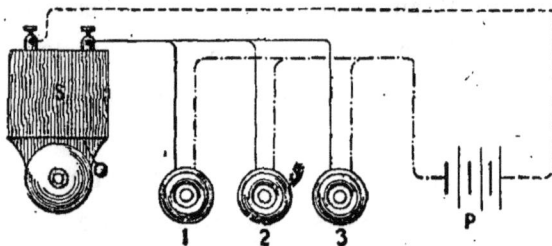

Fig. 27. — Montage d'une sonnerie unique actionnée par plusieurs
boutons distincts.

A l'aide de trois fils et d'une seule pile il est possible d'établir
deux boutons et deux sonneries réciproques, c'est-à-dire qu'en

appuyant sur le bouton 1 (fig. 28), la sonnerie S₁ fonctionne seule, et que le bouton 2 n'actionne que la sonnerie S₂. Le diagramme suffit pour indiquer le montage.

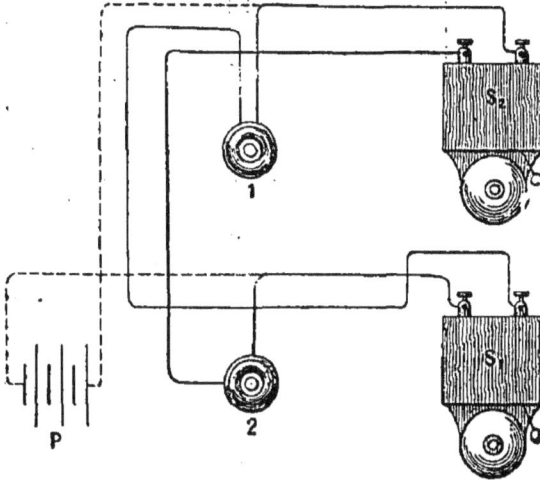

Fig. 28. — Montage de deux sonneries réciproques.

Dans certains cas où l'on dispose d'une sonnerie et où l'on a

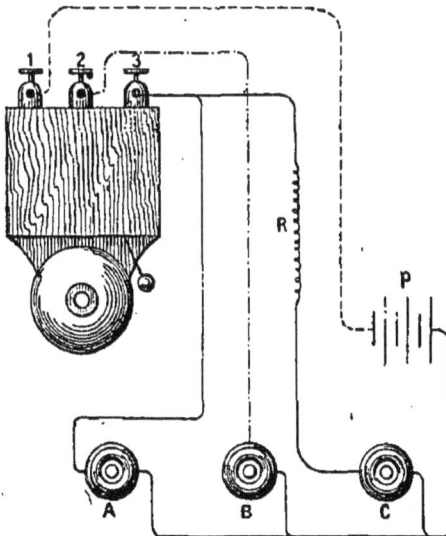

Fig. 29. — Montage d'un appel à trois directions distinctes.

besoin de faire *trois* appels distincts, A, B et C (fig. 29), il est fa-cile d'utiliser cette sonnerie unique, *sans tableau d'appel*, pour distinguer facilement quel est le bouton A, B ou C qui a appelé. Pour cela, il suffit de prendre une sonnerie ordinaire (fig. 30) et de lui ajouter une borne 2 reliée électriquement au support de l'armature. On établit le montage comme l'indique la figure 29 en ayant soin d'intercaler une résistance R de longueur convenable entre la borne 3 de la sonnerie et le bouton C. On aura alors trois appels distincts et bien caractérisés:

1° En appuyant sur A, le son sera celui d'une *trembleuse ordinaire puissante;*

2° En appuyant sur B, l'armature sera attirée une seule fois et frappera un coup unique, on aura ainsi une sonnerie *à un coup;*

3° En appuyant sur C, la trembleuse donnera un son affaibli par la résistance R, et qu'il sera impossible de confondre avec celui de A.

Il sera pratique d'établir le contact B comme *timbre* à la porte d'entrée, le contact à trembleuse ordinaire pour le salon ou la chambre à coucher, et le contact affaibli dans la salle à manger, parce qu'à l'heure où l'on en fait

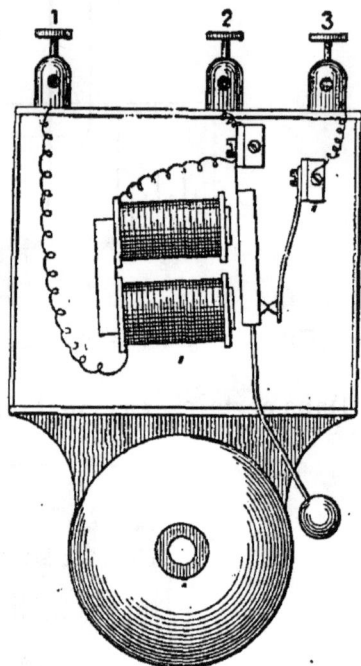

Fig. 30. — Sonnerie double, à un coup et trembleuse.

usage, la personne à qui l'appel s'adresse se trouve toujours, par la nature de son service, à proximité de la sonnerie et n'a pas besoin par conséquent d'un appel bruyant. On évite ainsi la dépense d'un tableau indicateur à trois numéros pour les petites installations, ce qui constitue une certaine économie.

La sonnerie à trois bornes, mais un peu modifiée dans son réglage et son montage (fig. 31), permet de réaliser une *sonnerie continue.* Chaque fois qu'on appuie sur le contact, quelle que soit la durée de ce contact, la sonnerie continue fonctionne jus-

qu'à ce qu'on soit venu arrêter son fonctionnement par une manœuvre spéciale, ce qui constitue, dans bien des cas, une sécu-
rité ou un contrôle.

Il suffit de jeter un coup d'œil sur la figure 31 pour comprendre le montage. En temps ordinaire, le commutateur T intercalé
entre la borne 1 de la sonnerie et le pôle positif de la pile ferme
le circuit, mais il n'y a pas contact entre le grain de l'armature
et celui du ressort relié à la borne 3, la sonnerie ne fonctionne
donc pas. En appuyant
sur le contact B, le cou-
rant de la pile passe par
2 et 1, l'armature est attirée et reste appliquée
contre l'électro-aimant ;
lorsqu'on cesse d'appuyer,
elle s'éloigne en vertu de
l'élasticité du ressort auquel elle est fixée, mais,
par suite de la vitesse ac-
quise, elle dépasse la position primitive, les deux
grains se touchent, il
passe alors un courant
dans l'électro par 3 et 1,

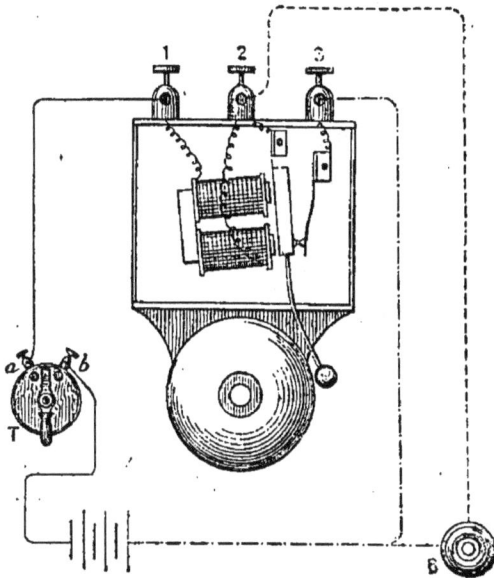

Fig. 31. — Sonnerie continue.

l'armature est attirée, le contact se rompt, l'armature recule,
rétablit le contact, est attirée de nouveau, et ainsi de suite, jusqu'à ce que l'on ait interrompu pendant un instant le circuit en
T et que l'armature ait repris sa position de repos.

Voici un cas où ce montage est fort utile. Lorsqu'une maison
de campagne est un peu éloignée de la grille d'entrée, les domestiques laissent souvent le visiteur sonner sans répondre. Avec
la sonnerie continue, si l'on a la précaution de placer l'interrupteur *près de la grille*, il faudra forcément que l'on aille à la
porte pour faire cesser la sonnerie continue.

La disposition est aussi à recommander pour une boîte aux

lettres; chaque fois que le facteur apportera des papiers, il soulèvera la petite porte oblongue qui ferme l'entrée de la boîte ; on peut utiliser ce contact pour faire fonctionner la sonnerie continue... jusqu'à ce que le domestique soit venu recueillir les lettres.

Comme il est à craindre que le domestique *oublie sciemment* de rétablir le contact en T, il est facile de *forcer* sa bonne volonté en disposant ce contact de telle sorte qu'il soit obligé de le rompre pour ouvrir la grille ou la porte de la boîte aux lettres et qu'il soit obligé de le rétablir pour refermer la grille ou la boîte.

On voit par ces quelques exemples que le montage des sonneries électriques peut varier à l'infini et ne présente pas de difficultés bien sérieuses. Il suffit d'un peu de soin et d'attention pour la pose des fils.

Les indications générales ci-dessus s'appliquent également bien aux *tableaux indicateurs* dont la pose est aussi facile que celle des sonneries simples.

AVERTISSEURS AUTOMATIQUES

A côté des appareils de sonnerie et d'indication se placent tout naturellement les *avertisseurs automatiques* destinés, comme leur nom l'indique, à indiquer automatiquement et à prévenir les intéressés de la production d'un phénomène ou d'un accident quelconque.

Leur nombre et leurs dispositions varient à l'infini, nous nous contenterons d'en indiquer quelques-uns, à titre d'exemple; car l'électricité est un champ fécond en ressources de ce côté: les inventeurs l'ont exploité avec passion, et un volume entier ne suffirait pas à passer en revue les systèmes mis au jour avec plus ou moins de succès.

Indicateurs thermométriques. — Concevons une tige en platine pouvant glisser à l'intérieur du tube d'un thermomètre dont l'extrémité inférieure peut être arrêtée en regard d'un degré quelconque. On comprend que dès que la température atteindra ce degré, le mercure viendra en contact avec la tige et qu'on pourra utiliser ce contact métallique à fermer le circuit sur une sonnerie d'alarme, un électro commandant un robinet de gaz ou tout autre appareil convenable.

Avertisseurs d'incendie. — La plupart des avertisseurs d'incendie sont fondés sur le même principe que les indicateurs thermométriques.

L'avertisseur de MM. *Gaulne* et *Mildé* présente l'avantage de servir en même temps d'appel ordinaire pour le service domestique, il ne demande donc pas d'installation spéciale.

L'avertisseur de M. *G. Dupré* se trouve dans le même cas.

Pour transformer les contacts ordinaires en appareils avertisseurs, M. Dupré adapte, au-dessus de la lame de contact inférieure du bouton, une petite pièce de butée munie d'un morceau d'alliage fusible, assez épais pour empêcher, en temps ordinaire, le contact des deux ressorts de l'interrupteur. Dans ces conditions, le *bouton de sonnerie fonctionne comme un bouton ordinaire*, mais quand le morceau d'alliage fusible vient à fondre à la température jugée convenable qui est environ 37° c., le ressort inférieur, dégagé de l'obstacle qui l'empêchait de se soulever, se relève et se met en contact continu avec le ressort supérieur, et la son-

Fig. 32. — Bouton ordinaire.   Fig. 33. — Tirage.

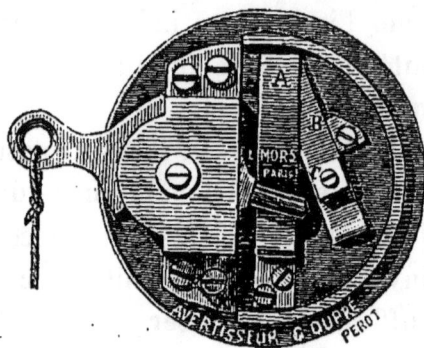

Boutons avertisseurs d'incendie de M. G. Dupré.

nerie tinte d'une manière continue, prévenant ainsi qu'un échauffement atteignant 37° s'est produit près du bouton.

Dans la figure 32, A représente le ressort supérieur, B la lame inférieure qui est recourbée en forme de V pour faire ressort et qui, abandonnée à elle-même, viendrait se mettre en contact avec A. Le morceau d'alliage fusible est en C et se trouve maintenu appliqué sur le ressort par une vis qui traverse la lame B.

Dans la figure 33, le dispositif est à peu près le même. Le ressort inférieur est en B, le morceau d'alliage fusible en C, et le ressort supérieur A recourbé en S subit les effets de la traction exercée sur le cordon de sonnerie par l'intermédiaire d'un doigt logé dans la partie creuse du ressort. Quand le cordon est abaissé, le doigt frotte sur la partie bombée du ressort, l'abaisse contre le ressort inférieur, et le contact étant produit, la sonnerie correspondante retentit. Au contraire, quand le cordon restant fixe l'alliage fusible disparaît, le ressort B vient toucher le ressort A d'une manière continue et prévient de l'accroissement subit de la température.

Pyroménites de M. Forgeot. — Ces appareils avertisseurs

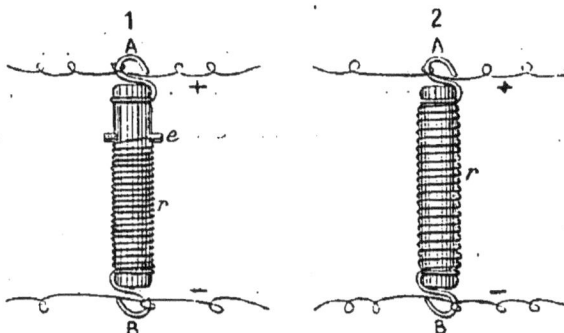

Fig. 34. — Pyroménite Forgeot.
1. Circuit ouvert. — 2. Cas d'incendie, circuit fermé.

du feu sont aussi fondés sur l'élévation de température produite par l'incendie en un point donné.

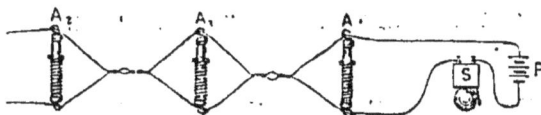

Fig. 35. — Pyroménites.
A,A₁,A₂.... disposés en série. — S. Sonnerie. — P. Pile.

Une tige cylindrique en porcelaine, ivoire, ou tout autre matière isolante, de 2 centimètres environ de longueur, de 3 à 4 millimètres de diamètre, porte à ses deux extrémités deux montures métalliques munies de crochets A et B, où viennent s'attacher les rhéophores de la pile qui met en action une sonnerie électrique. Que les deux montures A et B viennent à être mises en communication métallique et aussitôt, le circuit étant fermé, la sonnerie fonctionne.

Voici maintenant dans quelles circonstances et par quel procédé se fait la communication électrique :

Un ressort métallique à boudin *r* entoure la tige isolante et s'appuie d'un côté sur la monture B, de l'autre sur une petite goupille *e* en métal fusible, insérée dans un trou qui traverse la tige à 2 ou 3 millimètres de la monture A. Quand le ressort est ainsi tendu, le circuit est ouvert; mais dès que la température de fusion de l'alliage (55°) est dépassée, la goupille fond, le ressort se détend et va toucher la monture A : le circuit est fermé et la sonnerie se met en branle.

On comprendra maintenant aisément la disposition à donner à l'appareil pour qu'il s'acquitte de son rôle d'avertisseur du feu. Quand, dans un appartement quelconque, on fixe une série de ces appareils minuscules, tous reliés ensemble et à la pile de la sonnerie par des fils communs, fils que leur enveloppe de soie permet d'enchevêtrer pour diminuer autant que possible l'espace qu'ils occupent, l'on peut être assuré qu'aussitôt qu'une température anormale, provoquée par un commencement d'incendie, se fera sentir en un point de cette ligne de vedettes, la sonnerie donnera instantanément le signal du danger.

Le point de fusion de la goupille est 55°; mais on peut faire varier ce point en modifiant la composition de l'alliage fusible; on sait, par exemple, que l'alliage Darcet ne fond qu'à 94°. Une haute température pourrait détruire l'élasticité du ressort, mais le contact électrique serait établi bien avant qu'une telle limite fût atteinte.

Un point important, c'est d'assurer l'intimité de ce contact entre les spires extrèmes du ressort et les montures qui reçoivent les rhéophores. Dans ce but, ces montures et le ressort lui-même sont dorés ou nickelés et préservés ainsi de l'oxydation. Mais le contact peut encore être empêché par les poussières, les toiles d'araignée qui, à moins d'un nettoyage fréquent et assujettissant, ne manqueront pas de se déposer entre l'extrémité du ressort tendu par la goupille et la monture voisine. Pour obvier à cet inconvénient, chaque appareil peut être enveloppé d'une baudruche très fine tendue de manière à ne gêner en rien le mouvement du ressort, comme l'indique la figure 36.

M. Jules Forgeot fait de son appareil, par un simple changement dans la substance qui compose la goupille (en employant une matière *soluble*, au lieu d'une matière *fusible*), un avertisseur des voies d'eau, pour les caves, les cales des navires, etc. Le pyroménite devient alors un *hydroménite*.

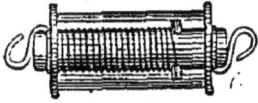

Fig. 36. — Pyroménite préservé des poussières par une enveloppe en baudruche.

Avertisseur d'incendie E. H. — Tous les appareils décrits jusqu'ici comme avertisseurs d'incendie sont plutôt des avertisseurs de *température*. Ils risquent, si le réglage n'est pas convenable, de ne pas fonctionner l'hiver ou de fonctionner trop tard, et l'été de donner de fausses alarmes. Un anonyme d'Amiens nous a envoyé à l'*Électricien*, en janvier 1882, la description d'un avertisseur dont nous lui laisserons développer lui-même le principe .

« Ce qui frappe le plus dans un incendie, dit M. E. H. d'Amiens,

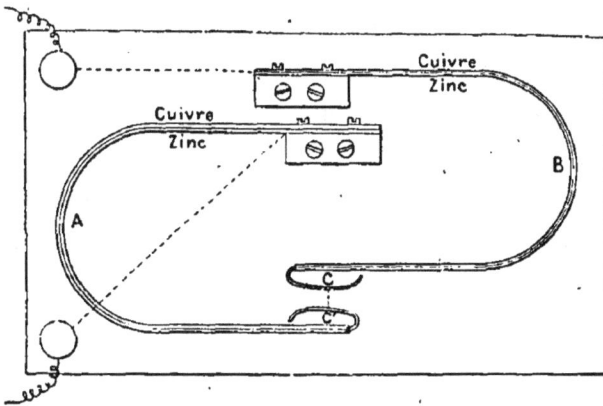

Fig. 37. — Avertisseur d'incendie de M. E. H. d'Amiens.

c'est la *rapidité* avec laquelle il se déclare ; ce n'est donc pas sur l'élévation de température ; mais sur la rapidité de cette élévation de température dans les incendies que doit se baser tout avertisseur.

« C'est en me basant sur ce principe que j'ai construit le petit appareil suivant :

« Cet appareil, d'une simplicité remarquable, et qui serait d'un prix très modique, se compose de deux couples thermoscopiques distincts. Ce sont deux lames métalliques en forme d'U ; chacune de ces lames est composée d'une lame de cuivre et d'une lame de zinc soudées ensemble. Les couples zinc et platine 'sont les plus sensibles; mais le platine coûte plus cher que le cuivre, et il est difficile de trouver une soudure dont le coefficient de dilatation soit moyenne proportionnelle entre $\delta.Zn$ et $\delta.Pt$.

Coefficients de dilatation...
$\begin{cases}
\text{Zinc} & 0,000029 \\
\text{Laiton} & 0,000018 \\
\text{Platine} & 0,000008
\end{cases}$

« L'un des couples est très épais, et l'autre excessivement mince ; dans l'appareil qui m'a servi à faire mes expériences, l'un des couples a un cinquième de millimètre d'épaisseur, et l'autre un millimètre et demi; il est aussi plus large. Ils sont d'ailleurs de longueurs rigoureusement égales ; les deux lames de zinc sont à l'intérieur de cette sorte d'U ou de lyre.

« Dès que la température s'élève, les lames s'échauffent et se dilatent; se dilatant inégalement, les deux branches de l'U tendent à s'écarter; mais comme l'une est fixe, tout l'effort est porté sur la seconde des branches, qui tend à s'écarter du point fixe. Mais la lame B, dont le volume est plus petit, se met plus promptement en équilibre de température avec l'air ambiant, de sorte que si l'élévation est brusque et suffisamment forte, comme il arrive toujours dans les commencements d'incendie, elle arrivera au contact de la lame A, et le courant électrique sera transmis à la sonnerie. Si, au contraire, l'air s'échauffe par des causes ordinaires, l'échauffement étant toujours plus lent, la lame A aura le temps de se dilater et les deux contacts CC' ne se toucheront pas. Ces contacts sont formés par des lames d'argent ou de platine recourbées, pour que le contact puisse avoir lieu dans toutes les positions des lames. La construction des lames et la détermination de la distance CC' sont les seules difficultés que présente la construction de l'appareil. Ses avantages sont : sa simplicité, sa sensibilité, son bas prix et son réglage automatique qui permet d'éviter les erreurs et les fausses alertes. »

Un indicateur proposé récemment par M. *Giuseppe Ravaglia* est fondé sur le même principe, mais les deux lames d'inégale capacité calorifique sont remplacées par deux ampoules de verre remplies d'air, dont l'une est à nu et l'autre recouverte d'une substance mauvaise conductrice de la chaleur, comme le drap blanc. Ces deux ampoules sont reliées par un tube de verre horizontal renfermant du mercure. Si l'échauffement est *lent*, l'air se dilatera en même temps dans les deux ampoules et le mercure restera immobile; si l'échauffement est *rapide*, l'air de l'ampoule *à nu* s'échauffera plus vite et chassera le mercure qui servira à établir un contact électrique.

Avertisseur de caisse, système Breguet. — L'idée d'utiliser un contact électrique pour prévenir automatiquement qui de droit de l'ouverture insolite d'une porte d'appartement ou de coffre-fort n'est certes pas nouvelle.

Mais si les systèmes sont déjà nombreux, il en est fort peu d'efficaces, et l'on peut dire que les voleurs, nés malins par état, ou devenus tels par profession, connaissent la plupart de ces mécanismes et s'en souciaient fort peu jusqu'ici. Un fil adroitement coupé et la sonnerie gênante était aussitôt réduite au silence.

Avec l'avertisseur Breguet, cette dernière ressource est enlevée à messieurs les crocheteurs de caisse ; le fil coupé trahira aussitôt leur présence, en faisant résonner la sonnerie d'alarme, et si le fil n'est pas coupé, le premier mouvement de la porte produira exactement le même effet. Grâce à la combinaison nouvelle, la caisse devient donc un objet de respect forcé, une idole à laquelle on ne peut toucher sans que son gardien en soit aussitôt averti.

L'idée fondamentale et nouvelle du système est aussi simple qu'ingénieuse : c'est l'application du courant continu et l'utilisation de la rupture du circuit dans lequel circule ce courant continu à la production de l'avertissement. Une sonnerie ordinaire, une pile à courant continu, une pile Leclanché ordinaire et des contacts intérieurs qui se *rompent* lorsque la caisse est entr'ouverte, constituent tous les éléments du système. La pile à courant continu est placée soit dans la caisse, soit dans tout autre endroit convenable; elle constitue la source électrique d'un circuit complété par les bobines de l'électro-aimant de la sonnerie ordinaire, les fils qui arrivent à la caisse et le contact ou les contacts dont la rupture doit produire l'avertissement.

La sonnerie est, d'autre part, en relation avec une pile Leclanché, à la manière ordinaire, mais sans bouton intercalé dans le circuit. Le courant continu qui circule dans l'électro de la sonnerie maintient l'armature du marteau collée contre cet électro, et, par suite, maintient ouvert le circuit de la pile Leclanché puisque le ressort du trembleur et sa vis de butée ne sont pas en contact. Mais si, pour une cause quelconque, le circuit du courant continu se trouve rompu, l'armature retombe, il se produit un contact au trembleur et la sonnerie fonctionne énergiquement *jusqu'à ce que le courant continu soit rétabli.* Rien n'empêche de multiplier les sonneries et les appels en les répartissant sur plusieurs points. Il suffira que le circuit du courant continu soit interrompu en un point quelconque pour faire tinter aussitôt toutes les sonneries établies sur ce circuit.

L'emploi du courant continu sert aussi à vérifier à chaque instant les bonnes conditions d'établissement du système, car si, par négligence, on laisse épuiser la pile continue, le tintement de la sonnerie d'alarme avertira aussitôt qui de droit.

- Cette pile continue peut d'ailleurs fonctionner longtemps sans entretien : la maison Breguet a adopté pour cette application la pile humide de M. Trouvé dont le débit, eu égard à la résistance totale du circuit, est insignifiant ; son rôle se réduit, en effet, à maintenir une armature d'électro-aimant *au contact*, et l'on sait qu'il suffit d'un courant très faible pour obtenir ce résultat.

Grâce à ce système, les honnêtes gens sont assurés contre les voleurs, et nous ne croyons pas ces derniers en possession d'une science électrique assez profonde pour déjouer la combinaison nouvelle dont nous venons d'exposer le principe.

Coffres-forts photographes. — Les coffres-forts de New-York avec sonnerie électrique sont dépassés. Avis aux banquiers et commerçants. Un mécanicien allemand, lisons-nous dans la *Revue chronométrique*, vient d'inventer une espèce de *safe* qui non seulement produit une sonnerie dès qu'on y touche, mais encore projette un jet de lumière électrique, à l'aide duquel un appareil photographique prend instantanément les traits du voleur. (*Pour extrait conforme d'un journal américain!*)

Avertisseur à ébranlement. — L'on peut aussi utiliser à l'avertissement de l'ouverture insolite d'un coffre-fort le contact à mercure à ébranlement construit par M. Morse pour les chemins de fer (fig. 38). Il suffit de fixer le petit appareil contre la porte à protéger pour que le moindre ébranlement communi-

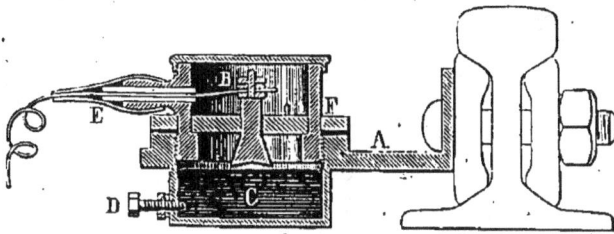

Fig. 38. — Contact à ébranlement.

que au mercure renfermé en C un mouvement qui le met en contact avec B et ferme le circuit d'une pile sur une sonnerie. La vis D sert à régler le niveau du mercure et à rendre l'appareil plus ou moins sensible.

Appel magnéto-électrique de M. Abdank-Abakano-wicz. — On a souvent intérêt, dans bon nombre d'applications, à supprimer les piles qui actionnent les sonneries, annonciateurs, etc., et à les remplacer par un système magnéto-électrique dans lequel le travail nécessaire à la mise en action du signal est emprunté à l'énergie musculaire de l'opérateur. Dans une communication téléphonique à transmetteur magnétique, par exemple, on simplifiera beaucoup l'installation en faisant usage d'un appareil magnétique pour actionner la sonnerie d'avertissement

Pour la téléphonie à grande distance, la mise en action d'une sonnerie demande un nombre d'éléments qui augmente proportionnellement à la distance, tandis qu'un appel magnétique d'un prix donné fonctionne à de très grandes distances ; il y a donc économie à en faire usage à partir d'une distance donnée, même conjointement avec un transmetteur microphonique, puisque pour

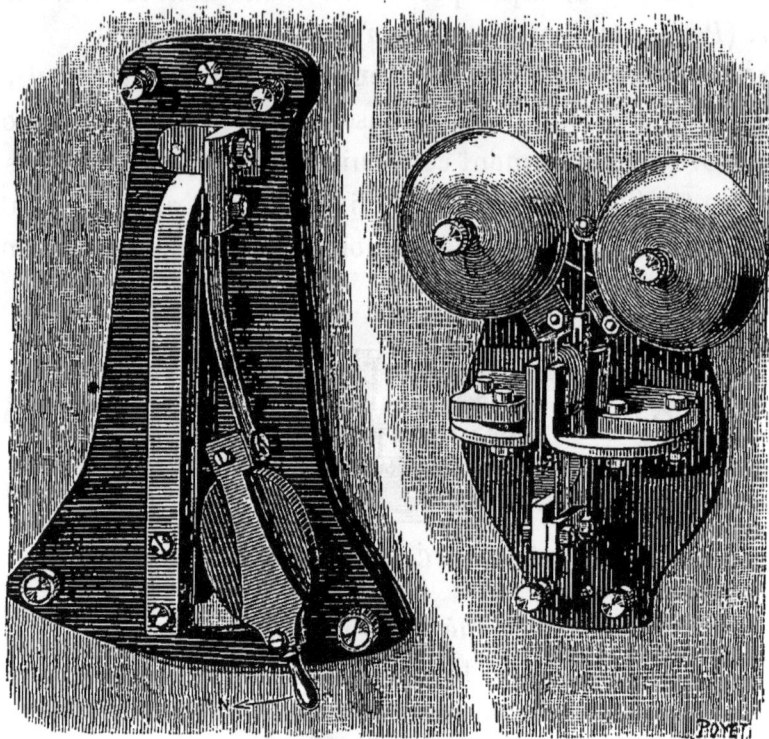

Transmetteur.   Récepteur.

Fig. 39. — Appel magnéto-électrique de M. Abdank-Abakanowicz.

ce dernier le nombre d'éléments nécessaires est presque constant.

L'appareil combiné par M. Abdank-Abakanowicz remplit parfaitement les conditions imposées par les applications que nous venons de signaler et bien d'autres qu'il est facile de concevoir.

La figure 39 représente le transmetteur et la sonnerie réceptrice qui l'actionne.

Le transmetteur se compose d'un aimant en U entre les branches duquel se déplace une bobine garnie en son milieu d'un

noyáu de fer et fixée à l'extrémité d'un ressort dont l'autre extrémité est solidement assujettie au support de l'appareil. On
écarte la bobine de sa position d'équilibre entre les branches de
l'aimant en U; en poussant un bouton en forme de manette disposé à la partie inférieure de la bobine et on l'abandonne à
elle-même; sous l'action du ressort, la bobine oscille rapidement
comme un pendule entre les branches de l'aimant et le fil qui
la compose se trouve alors traversé par une série de courants alternatifs *ondulatoires;* ces courants durent quelques secondes,
jusqu'à ce que la bobine soit revenue à sa position de repos.

Les courants ondulatoires ainsi développés arrivent dans le récepteur formé d'une seconde bobine, roulée sur une feuille de
tôle taillée en forme de double T et se mouvant dans un champ
magnétique constitué par deux aimants permanents. Cette pièce
en double T portant la bobine est fixée sur un ressort qui permet
de régler ses vibrations et de les rendre sensiblement *synchroni-*
ques avec celles du transmetteur, ce qui augmente la sensibilité
de l'appareil. L'autre extrémité est munie d'une petite boule de
laiton qui vient frapper alternativement les deux timbres lorsque
la bobine est traversée par les courants ondulatoires fournis par
le transmetteur.

L'appel ainsi constitué est très-simple de maniement et de
fonctionnement, il fonctionne dans toutes les positions et ne demande aucun entretien. Il suffit de fixer solidement le transmetteur sur une table ou contre un mur et de le relier au récepteur qu'il doit desservir. Pour le manœuvrer, on écarte la manette de sa position jusqu'à ce qu'elle vienne presque toucher le
buttoir qui limite sa course, et on l'abandonne à elle-même : les
courants ondulatoires développés par ce système présentent le
grand avantage de ne produire aucun bruit d'induction sur les
lignes voisines, à cause même de leur nature et de la durée de
leur phase de vibration qui dépasse $\frac{1}{16}$ de seconde, limite inférieure des sons perceptibles. C'est là une qualité précieuse qui
en recommande l'emploi pour le service des communications
téléphoniques.

LA TÉLÉPHONIE DOMESTIQUE

Quoique d'invention récente, le téléphone est une des applications de l'électricité qui a reçu jusqu'ici le développement le plus considérable et à laquelle est réservé peut-être le plus grand avenir. Les réseaux téléphoniques couvrent déjà les grandes villes, et de récentes découvertes qui permettent d'établir une communication téléphonique et une communication télégraphique simultanément par un seul et même fil vont rendre bientôt son emploi universel.

C'est dans une sphère d'action beaucoup plus modeste que nous nous proposons d'étudier ici les téléphones, en les considérant comme un utile et précieux auxiliaire des autres appareils d'électricité domestique que nous avons déjà examinés.

Nous irons, comme toujours, du simple au composé, et nous supposerons tout d'abord que les communications se font dans l'intérieur des habitations mêmes, entre les différentes pièces d'un bureau, d'un atelier, d'une usine, ou les différents étages d'une maison.

La première question qui se pose est le choix d'un système. Auquel donner la préférence ? A notre avis, lorsque les distances ne sont pas très grandes, au-dessous de 100 mètres, par exemple, pour fixer les idées, il est préférable d'employer les téléphones magnétiques, dont l'appareil de M. Graham Bell est le type. On y trouve à la fois simplicité, économie de prix d'achat et facilité d'installation. Les téléphones à pile produisent certainement des effets plus intenses, mais ils coûtent plus cher et demandent plus de soin et de surveillance.

POSTES TÉLÉPHONIQUES SANS PILE.

Les sons produits par les téléphones magnétiques sont peu intenses, il est donc indispensable, pour établir une communication téléphonique entre deux postes, d'avertir préalablement le·poste récepteur à l'aide d'une *sonnerie d'appel*.

L'installation la plus simple de sonnerie d'appel que nous connaissions est celle faite par un de nos amis pour relier sa maison de campagne à la loge du gardien placée à l'entrée de la propriété. C'est une *sonnette à tiraude* ordinaire, dans laquelle les équerres de renvoi sont isolées; le fil de fer qui agit sur la sonnette sert de conducteur aux téléphones magnétiques, le retour s'effectuant par la terre. L'installation représente ainsi le maximum de simplicité et d'économie.

Ici se placent tout naturellement les *appels magnétiques*, ce que les Américains appellent *magneto-calls*, avec lesquels la sonnerie d'appel est commandée par un générateur magnétique à manivelle. L'appel électro-magnétique de M. Abdank-Abaka-nowicz convient aussi très bien avec les téléphones magnétiques, car l'installation une fois faite fonctionne presque indéfiniment sans entretien.

Dans le cas le plus général, il faut que chaque poste puisse appeler l'autre ; une communication téléphonique complète entre deux postes comprendra donc finalement, à chaque poste: un téléphone transmetteur pouvant servir de récepteur, ou mieux une paire de téléphones, un bouton d'appel, une sonnerie d'appel et une pile. Tous ces appareils peuvent être groupés entre eux de différentes façons qui présentent chacune leurs avantages et leurs inconvénients ; le choix à faire entre ces différents groupements ou *montages* dépend des exigences spéciales à l'installation projetée.

Si la communication téléphonique doit être mise entre les

mains de tout le monde, et c'est le cas, par exemple, d'une communication entre un locataire à un étage élevé et son concierge,
dont la loge est souvent occupée par des voisins, des parents ou
des amis peu expérimentés, on doit rechercher avant tout la
simplicité d'installation. Dans ce cas, il faut absolument supprimer
mer tout commutateur qu'on oublie trop souvent de manœuvrer,
en mettant un nombre de fils suffisant, quatre au maximum,
ou trois en prenant les conduites d'eau ou de gaz comme fil de
retour ; il suffit du bouton d'appel et du téléphone pour établir
la communication complète sans erreur possible. L'emploi du
triple fil avec retour par les tuyaux d'eau ou de gaz présente
même un autre avantage, celui de n'exiger qu'une seule pile
pour desservir les deux postes. Il est alors commode de prendre,
soit la pile établie chez le concierge pour desservir les sonneries
de la maison, soit la pile établie chez le particulier pour son
usage personnel. C'est ce montage que représente la figure 40.

En jetant un coup d'œil sur le diagramme, il est facile de
suivre les communications des différents appareils entre eux :
boutons, sonneries, téléphones, pile et fils de ligne.

Pour éviter toute erreur dans le montage, il est commode
d'attacher d'abord les quatre fils à quatre bornes numérotées sur
une planchette disposée à chaque poste, et d'établir ensuite les
liaisons en partant de ces quatre bornes. La borne et le fil n° 4
peuvent être remplacés par les conduites d'eau et de gaz. Le
diagramme (fig. 40) suppose les appareils à la suite les uns des
autres pour permettre de suivre facilement les communications.
En pratique, on les place comme on peut, en utilisant les boutons, sonneries et téléphones dont on dispose.

Lorsqu'on veut faire quelques concessions à l'élégance, on
fixe symétriquement tous les appareils sur une planchette en
chêne ou en acajou. On trouve dans le commerce certains postes
téléphoniques dans lesquels toutes les communications sont réalisées à l'avance; il suffit d'attacher les fils de ligne, de pile et
des téléphones aux bornes marquées sur la planchette pour que
l'installation soit terminée. L'un des plus simples est le poste du

modèle de M. Trouvé. La planchette porte le bouton d'appel, la sonnerie et une paire de téléphones Bell, du modèle de M. Trouvé, avec vis de réglage se mouvant sur un cadran gradué pour régler la distance de l'aimant à la plaque.

Le système ne comporte que deux fils de ligne, mais il demande une pile à chaque poste pour actionner les sonneries. La commutation se fait automatiquement en décrochant les téléphones lorsque le poste appelant entend la réponse du poste appelé. Cette disposition est simple, mais elle demande que les télé-

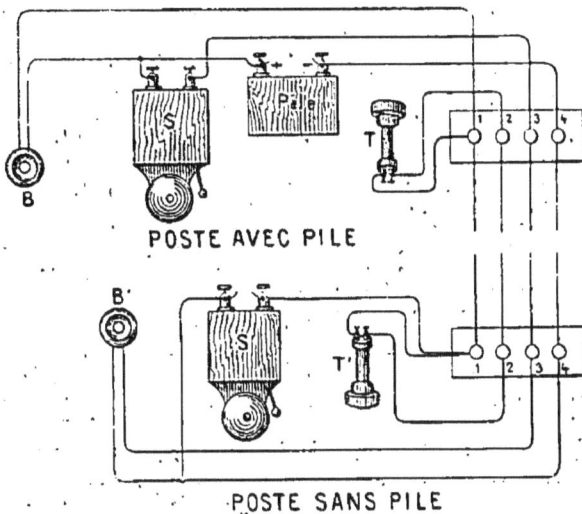

Fig. 40. — Diagramme du montage d'un poste avec quatre fils, et une seule pile, sans commutateurs.

phones soient soigneusement remis sur les lyres de suspension, une fois la conversation terminée, ce que les personnes négligentes ne font pas toujours ; chaque fois que la ligne n'est pas trop longue, nous préférons le triple fil qui dispense de l'emploi de tout commutateur, automatique ou non.

Lorsque les distances deviennent un peu grandes, le prix d'un fil supplémentaire devient un facteur de plus en plus important, il y a alors lieu de se demander s'il vaut mieux satisfaire aux exigences de l'économie qu'à celles de la simplicité. C'est là une affaire de pure appréciation.

La nature des téléphones joue peu de rôle lorsque les distances sont petites. Les téléphones de Bell, à main, modèle ordinaire, conviennent parfaitement : leur prix varie entre 10 francs et 50 francs la paire, suivant le fini du travail et les soins apportés aux détails de construction.

L'on a toujours intérêt à ne pas employer des appareils *identiques* pour la transmission et la réception. Ainsi, par exemple, le transmetteur pourra avoir une plaque plus épaisse que le récepteur ; les courants induits seront plus énergiques, et le récepteur sera lui-même plus sensible pour obéir à leur influence.

La grosseur des fils dépend de la distance à franchir : le fil devra être d'autant plus fin et faire un nombre de tours d'autant plus grand sur la bobine que la distance sera plus grande, il n'y a aucune règle absolue à cet égard ; les proportions entre les différentes parties d'un téléphone sont encore une affaire de sentiment.

Les montages de postes téléphoniques magnétiques varient beaucoup suivant le nombre de fils que l'on peut établir et les combinaisons à réaliser. Il est quelquefois nécessaire que les deux sonneries fonctionnent ensemble pour établir un contrôle ; dans d'autres cas, pour converser avec un domestique, à l'écurie par exemple, l'un des postes ne doit jamais appeler, etc. Ce sont là des dispositions spéciales et des simplifications qu'on peut trouver facilement avec un peu de réflexion.

Lignes téléphoniques. — Les conducteurs téléphoniques placés à l'intérieur des maisons peuvent être de même nature et de même grosseur que les fils des sonneries ordinaires. Il convient de les distinguer pendant la pose en les choisissant de couleurs différentes.

Nous conseillons de préférence, suivant la combinaison adoptée pour le poste, les *fils sous plomb* à deux, trois ou quatre conducteurs, dont la pose est des plus faciles en les soutenant de distance en distance avec des crochets en fer analogues à ceux qui servent à la pose des petits tuyaux de gaz dont ils présentent d'ailleurs tout l'aspect extérieur.

Lorsque les postes téléphoniques à relier sont séparés par une assez grande distance, sans corps de bâtiment intermédiaires, il faut avoir recours à une ligne aérienne sur poteaux télégra-phiques de 6 mètres de hauteur, en pin, en sapin ou en mélèze,

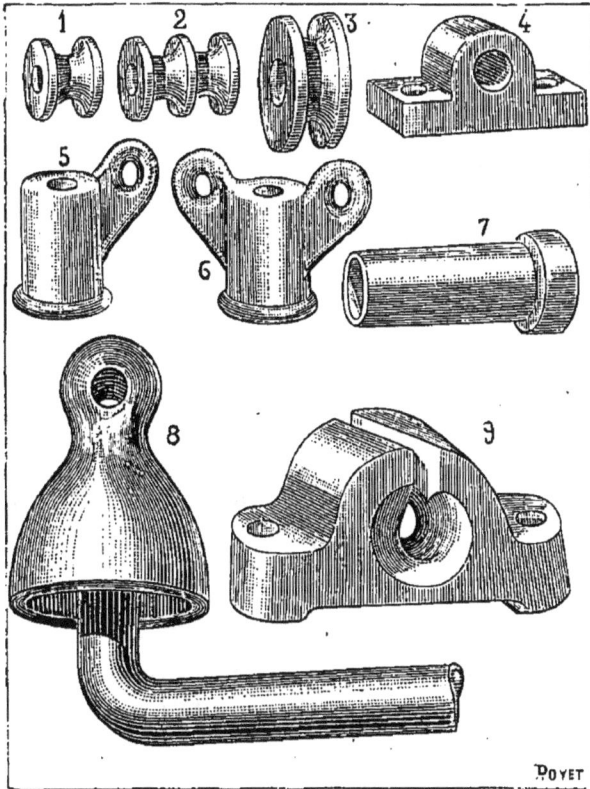

Fig. 41. — Isolateurs en porcelaine.

1, 2, 3. Poulies à vis. — 4. Anneau à vis. — 5, 6. Supports à un et à deux trous. — 7. Entrée de percement. — 8. Petite cloche en porcelaine. — 9. Support d'angle à vis fendu.

injectés au sulfate de cuivre ou à la créosote pour prolonger leur durée.

Les fils sont en fer ou en acier galvanisés depuis 2 jusqu'à 6 millimètres de diamètre, suivant la distance, ou de fil de bronze siliceux de 8 dixièmes à 1 millimètre de diamètre. Les fils de bronze siliceux permettent de plus grandes portées, à cause de leur plus faible poids; les portées avec le fil de fer sont de 80 à 100 mètres, tandis qu'elles peuvent dépasser 250 mètres avec les fils de bronze siliceux. Les conducteurs nus sont supportés sur les poteaux ou les bâtiments qui leur servent de points d'appui à l'aide d'*isolateurs* en porcelaine dont la figure 41 montre les formes les plus en usage. Les poulies 1, 2 et 3 servent le long des murs, l'anneau 4 se fixe sur un poteau et sert plus spéciale-ment pour les fils de petite dimension; il en est de même des supports à trous 5 et 6; la cloche 8 sert à fixer les fils et à les arrêter, le support 9 reste dans les coudes ou les angles. On voit en 7 une entrée de percement; c'est un tube en porcelaine dont le diamètre antérieur est sensiblement égal à la grosseur du percement et qui sert à isoler et à protéger l'entrée d'un fil dans un poste ou la traversée d'un mur; on dispose une pièce iden-tique sur l'autre face du mur.

TÉLÉPHONES A PILE.

Les téléphones magnétiques conviennent surtout pour de peti-tes distances et des locaux assez silencieux, dans lesquels la con-versation téléphonique n'est troublée par aucun bruit extérieur. Dans les usines, les ateliers, les fermes, les administrations, etc., il faut donner la préférence aux transmetteurs téléphoniques à pile, qui présentent incomparablement plus de puissance et de netteté.

Avant d'indiquer les dispositions de ces postes téléphoniques, disons quelques mots de la pile, du transmetteur et du récepteur.

Pile. — Pour les communications téléphoniques comme pour les sonneries domestiques, c'est à la pile Leclanché que nous accordons la préférence; les nouveaux éléments à plaques agglomérées sont supérieurs aux anciens éléments à vase poreux dont la résistance intérieure est plus grande et exerce une in-fluence nuisible. Il ne faut cependant pas perdre de vue que les éléments Leclanché se polarisent lorsqu'on les maintient pen-dant un certain temps en circuit fermé sur le téléphone; aussi doit-on avoir bien soin de rompre la communication avec le cir-cuit dès que la conversation est terminée.

La pile de Lalande et Chaperon ainsi que les accumulateurs donnent aussi d'excellents résultats.

Transmetteur. — Les transmetteurs téléphoniques varient, à l'infini comme formes et comme dispositions ; au début de leur invention, on avait cru devoir les distinguer en deux classes : les transmetteurs à charbon et les microphones. C'est là une classification absolument artificielle et nous nous étonnons de la retrouver encore dans certains ouvrages spéciaux, car il est aujourd'hui très difficile d'établir une distinction, par suite du nombre incalculable d'appareils qui sont venus s'intercaler entre les deux systèmes parfaitement distincts à l'origine.

Nous conserverons donc ici à dessein le nom général et vague de *transmetteur* (1), et nous l'appliquerons à tout appareil qui, sous l'influence d'un son quelconque, est susceptible de modifier sa résistance électrique d'une manière ondulatoire et concordante avec les vibrations du son qui l'influence.

Nous ne nous proposons pas ici de passer en revue tous les transmetteurs connus susceptibles de rendre pratiquement de bons services ; il en existe déjà plusieurs centaines, tous ont leurs qualités et leurs défauts dont le principal est, en général, de coûter beaucoup plus cher qu'ils ne valent en réalité. Les meilleurs sont les plus simples et surtout ceux que l'on construit soi-même à l'aide de quelques crayons de charbon, — les charbons à lumière électrique conviennent parfaitement à cet usage.

Microphone de Hughes. — Le plus simple des transmetteurs est le microphone de *Hughes*, représenté figure 42.

Il consiste en un petit crayon de charbon de cornue A terminé en pointe à chacune de ses extrémités ; il est légèrement soutenu dans une position verticale entre deux godets creusés dans deux petits dés de charbon CC', fixés contre une table mince d'harmonie posée sur un plateau solide D. Ces dés CC' sont reliés à la pile et au fil de ligne qui conduit au téléphone. Cet

(1) Sous-entendu *à pile*, puisque c'est seulement des transmetteurs à pile que nous nous occupons en ce moment.

instrument, dans sa grossière ébauche, est d'une surprenante et merveilleuse délicatesse.

Il présente une très grande sensibilité, trop grande même, puisqu'on est obligé de la diminuer pour détruire les *crachements* produits par les bruits trop intenses.

On y arrive par plusieurs moyens : tantôt on incline la planchette qui supporte les dés de charbon jusqu'à la mettre parfai-

Fig. 42. — Microphone de Hughes.

tement horizontale ou légèrement inclinée comme un pupitre ; tantôt, comme l'a indiqué le premier M. Boudet de Paris, on place un petit papier replié en forme de V entre la planchette et le crayon de charbon ; l'élasticité du papier suffit pour diminuer la trop grande mobilité du crayon et pour éteindre presque complètement les crachements.

Voici une disposition de microphone due à M. Bleunard qui a donné d'assez bons résultats, et est d'une construction si facile

qu'elle ne demande que quelques minutes quand on a les maté-
riaux entre les mains. La figure 43 le représente en grandeur
naturelle. La plaque vibrante A se compose tout simplement
d'une carte de visite coupée en carré, d'une épaisseur moyenne.
La forme carrée est de beaucoup la meilleure ; la forme ronde,
plus séduisante en apparence, donne des résultats beaucoup infé-
rieurs. On colle sur cette carte de visite, au moyen de cire à cacheter, trois plaques minces légères, BBB', de charbon employé
pour la lumière électrique. Ces trois plaques occupent symétri-

Fig. 43. — Microphone que l'on peut confectionner soi-même.

quement les trois sommets d'un triangle équilatéral ; on les met
en communication au moyen de fils de cuivre *bbb*. Pour cela on
creuse un petit trou dans chacune, et l'on y adapte l'extrémité
d'un fil de cuivre, avec soudure ou simplement par frottement
dur. On remplace avantageusement le cuivre par le platine. On
réunit enfin ensemble les trois petits fils de cuivre.

Le reste de l'appareil consiste en un pied en bois, de forme
carrée, M, supportant trois baguettes prismatiques de charbon
CCC', correspondant exactement aux trois plaques BBB'. Deux
colonnes CC communiquent par des fils de cuivre ou de pla-

tine *dd* avec une même borne D. La troisième colonne C′ communique seule avec une seconde borne D′. Les extrémités supérieures des colonnes de charbon doivent être taillées en forme de biseau. M. Bleunard a constaté que la forme pointue donnait de mauvais résultats, car les contacts deviennent beaucoup moins nombreux dans le second cas. On fixe également à la cire les colonnes sur le support en bois M.

Ce petit instrument peut devenir fort sensible à la voix et à tous les bruits, pourvu que l'on donne à la plaque A un poids convenable, ni trop lourd ni trop léger. C'est ainsi que l'on entend distinctement la voix, avec son timbre, d'une personne parlant à voix ordinaire à l'extrémité de la chambre contenant le microphone. Les sons du piano sont particulièrement bien rendus. Il faut placer l'appareil sur une table, à une distance de deux ou trois mètres, pour qu'il soit à l'abri des trépidations du sol.

Quant à la pile nécessaire pour actionner ce microphone, on peut faire usage de deux ou trois éléments Leclanché.

Dans le transmetteur de M. *Locht-Labye*, auquel l'auteur a donné le nom un peu prétentieux de *pantéléphone*, le contact à résistance variable s'établit entre une pièce fixe en platine et une petite pastille de charbon collée sur une plaque de liège suspendue par deux ressorts à sa partie supérieure : la plaque de liège, présentant peu d'inertie et une grande surface, obéit très bien à la voix.

Un transmetteur fort simple aussi et très facile à construire est celui de M. *d'Argy*. Il présente l'avantage d'être fabriqué avec des objets qu'on trouve sous la main.

On prend une planchette de noyer, de sapin, d'ébonite, ou un écran japonais qu'on fixe verticalement sur un socle à l'aide de deux bouchons sciés. On fixe au milieu de cette planchette deux morceaux de charbon entre lesquels on place une pincée de coke et qu'on maintient à l'aide d'un bout de tube en caoutchouc ou, à défaut, à l'aide d'un bout de biberon. Les vibrations de la plaque réagissent sur le contact à résistance variable formé par le coke en poudre.

On obtient de bons résultats pratiques en *multipliant* les contacts et les groupant, soit *en tension*, soit *en quantité*. Dans le transmetteur Ader il y a dix charbons qui donnent 20 contacts, 4 en tension, 5 en dérivation ; le transmetteur Crossley renferme 4 crayons, 8 contacts, 4 en tension et 2 en quantité ; le transmetteur Gower-Bell, 6 crayons, 12 contacts, 3 en quantité, 4 en tension, etc., etc. Dans tous ces appareils, il faut, pour

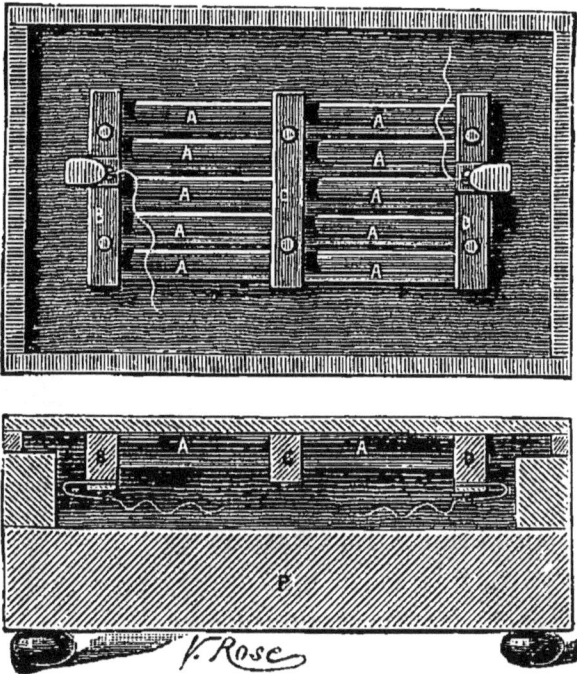

Fig. 44. — Vue en dessous et coupe longitudinale du transmetteur de M. Ader disposé sur un socle en plomb pour les auditions théâtrales téléphoniques.

obtenir de bons résultats, proportionner le nombre des éléments au nombre des contacts et à leur disposition ; si les contacts sont en tension, il faudra monter les éléments en tension ; s'ils sont en quantité, il faudra monter les éléments en quantité. La règle à suivre est que la résistance intérieure de la pile s'approche le plus possible, dans le montage adopté, de la résistance moyenne du transmetteur.

Transmetteur Ader. — Ce transmetteur, de beaucoup le plus employé en France, se compose (fig. 44) de dix petits crayons de charbon AA disposés en deux séries en tension de cinq en quantité, et s'appuyant par leurs extrémités sur trois traverses en charbon BCD fixées sur une petite planchette en sapin qui reçoit les vibrations et sert en même temps de couvercle à l'appareil. Dans les postes ordinaires, il est directement fixé sur une planchette ; pour les transmissions théâtrales téléphoniques, il est assujetti sur un socle en plomb P supporté par quatre pieds en caoutchouc qui l'isolent des trépidations du plancher de la scène.

Microphone Dunand. — Ce transmetteur microphonique, dans lequel les contacts sont à l'abri de l'air et de la poussière, semble présenter quelques avantages. Il se compose (fig. 45) de deux plaques métalliques AA′ fixées dans une bague en bois et formant une boîte hermétiquement close dans laquelle le système microphonique est entièrement à l'abri de l'air et de la poussière qui vient si souvent encrasser les contacts des microphones ordinaires. Chacune de ces plaques porte une petite pastille de charbon BB′ collée en son milieu. Entre ces deux pastilles de charbon se trouve un petit morceau de charbon en forme d'olive

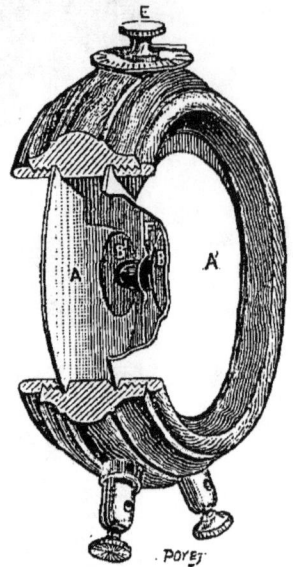

Fig. 45. — Microphone à torsion de M. Dunand.

et d'une longueur *un peu plus grande* que la distance des faces internes des pastilles de charbon. Cette olive est prise par son milieu par un fil de laiton F tendu diamétralement, fixé à une de ses extrémités et relié à son autre extrémité à un bouton E. En tordant le fil plus ou moins, on applique l'olive avec plus ou moins de force contre les deux pastilles, et l'on rend le microphone plus ou moins sensible. Un index fixé au bouton E se meut devant un cercle divisé et permet de graduer très facilement la torsion du fil pour proportionner la sensibilité de l'appareil à la nature des sons qu'on veut transmettre. On produit les variations

de résistance en parlant devant l'une des plaques ; deux personnes parlant l'une devant A, l'autre devant A', peuvent même
transmettre un duo que l'appareil récepteur reproduit avec fidélité et netteté, sans aucun égard pour l'insuffisance souvent absolue des expérimentateurs.

Modes de fonctionnement. — Un transmetteur peut actionner un récepteur téléphonique de deux manières distinctes :

1° Directement, sans l'intermédiaire d'une bobine d'induction ;

2° Indirectement, à l'aide d'une bobine d'induction.

Le premier système, le plus simple, ne peut s'appliquer qu'à
des distances très courtes, l'intérieur d'un appartement, par
exemple, avec un téléphone à fil relativement gros. On comprend, en effet, qu'à mesure que la ligne augmente, la résistance totale du circuit constitué par la pile, le transmetteur, le
récepteur et la ligne, augmente aussi, tandis, que les variations
de résistance du transmetteur conservent toujours leur même
valeur absolue. L'influence de ces variations sera donc d'autant
moins sensible que la distance sera plus grande ; elle finira bientôt par devenir insuffisante et les sons cesseront alors d'être perceptibles.

Il n'en est plus tout à fait de même dans les systèmes à bobine
d'induction.

Le transmetteur travaille sur un circuit de résistance fixe constitué par sa résistance propre, la résistance de la pile et celle
du circuit primaire ou inducteur de la bobine, tandis que le
récepteur et la ligne sont reliés au circuit induit de la bobine ou
circuit secondaire. Dans ces conditions, l'influence de la longueur de la ligne est indirecte et on peut toujours la réduire
dans une certaine proportion en employant des bobines d'induction et des téléphones récepteurs à fil d'autant plus fin que la
ligne est elle-même plus longue. La plupart des postes téléphoniques construits aujourd'hui sont munis de bobines d'induction
et fonctionnent facilement jusqu'à 10 et 20 kilomètres de distance
et souvent davantage.

POSTES TÉLÉPHONIQUES.

Dans la téléphonie domestique ou privée, le cas le plus général est celui de deux postes reliés entre eux d'une manière permanente, comme, par exemple, un bureau et un atelier, une usine et la maison d'habitation du directeur, un château et le gardien de la grille d'entrée, etc.

Comme les téléphones à pile ont surtout pour but de satisfaire aux besoins d'une ligne un peu longue, il ne faut pas songer à faire usage d'un grand nombre de fils, on en placera donc deux au maximum, et souvent un seul, formant fil de retour.

Dans ces conditions, on devra forcément faire usage de *commutateurs* pour que, dans la période d'*attente*, la ligne corresponde avec la sonnerie ; dans la période d'*appel*, la pile du poste appelant communique avec la ligne, et que dans la période de *communication*, les appareils téléphoniques soient en relation entre eux par l'intermédiaire de la ligne.

Dans les premiers postes téléphoniques, toutes ces communications se faisaient *à la main*, par la manœuvre d'une *manette;* mais on préfère aujourd'hui la commutation automatique qui évite bien des erreurs ou des oublis.

Tous les postes actuels sont établis sur ce principe que l'interlocuteur laisse son téléphone pendu à son crochet tant qu'il n'a pas besoin de parler, et qu'il le suspend de nouveau à sa place dès que la conversation est terminée. Un homme pratique dont le nom nous échappe a même conseillé un petit *truc* fort simple, pour qu'un oubli de ce principe n'ait pas de graves conséquences. A cet effet, il fixe le cordon qui suspend le téléphone au support qui forme commutateur automatique, de telle manière que si l'interlocuteur *oublie* de remettre le téléphone à sa place, le poids de l'appareil suspendu à son cordon produit absolument le même effet, au point de vue de la commutation automatique des communications, que si l'oubli n'avait pas été commis.

Chaque poste comprend :

1° Une pile de quelques éléments Leclanché à agglomérés qui servent à la fois à la manœuvre de la sonnerie d'appel et au transmetteur ;

2° Une sonnerie d'appel ;

3° Un bouton d'appel ;

4° Un transmetteur devant lequel on parle ;

5° Une bobine d'induction ordinairement dissimulée dans le socle ou la boîte de l'appareil ;

6° Un ou deux téléphones récepteurs magnétiques.

Poste Dunand. — Tous les appareils sont symétriquement groupés sur une planchette d'où partent quatre fils, deux à la pile et deux à la ligne ; le microphone, du système Dunand, est fixé sur la boîte même de la sonnerie, le bouton d'appel est à la partie inférieure, et les récepteurs sont deux téléphones Bell, modèle Trouvé ; c'est la manœuvre du téléphone de *droite* qui produit la commutation automatique.

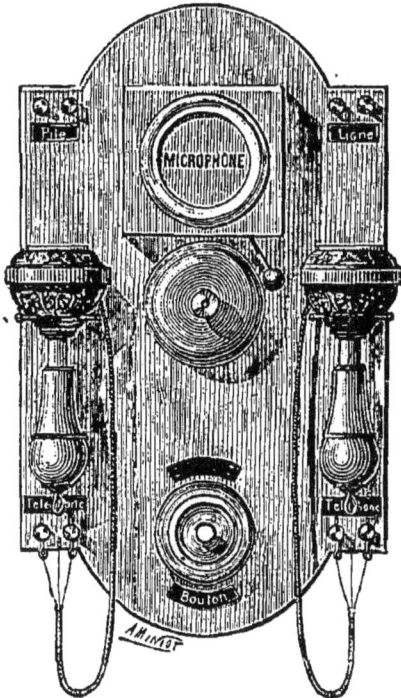

Fig. 46. — Poste téléphonique de M. Dunand.

Poste Crossley. — Dans le poste téléphonique de M. Crossley (fig. 47), le bouton d'appel est en avant de la boîte qui renferme tout le système, la sonnerie en N vers la gauche, le commutateur à crochet en C sur la droite, et l'embouchure à la partie supérieure. On voit en A (fig. 47) la disposition des charbons en losange et leur groupement en deux dérivations comprenant chacune quatre contacts en tension.

Poste Ader portatif. — Un modèle très pratique est le poste téléphonique portatif de M. Ader (fig. 48). Le pied porte le bouton d'appel, le transmetteur en forme de pupitre et les deux récepteurs Ader. Des fils souples de longueur convenable formant une tresse établissent les communications entre la pile, la sonnerie fixée en un point donné de l'appartement et la ligne, et permettent un certain déplacement de l'appareil transmetteur.

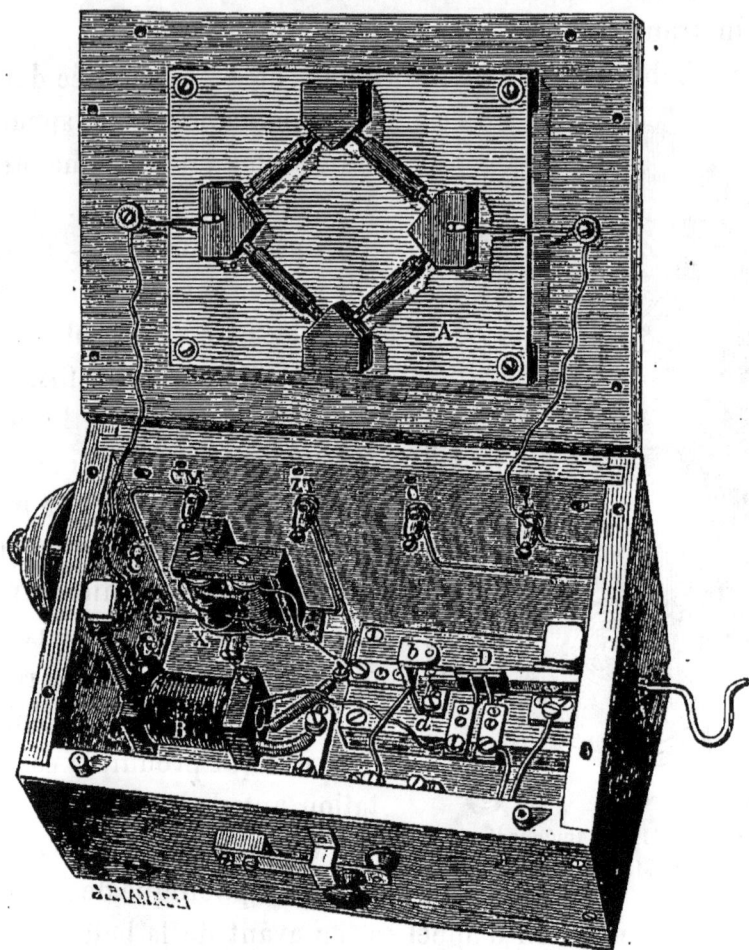

Fig. 47. — Transmetteur Crossley, vue intérieure.
A. Microphone. — D. Commutateur. — B. Bobine d'induction. — X. Électro-aimant de la sonnerie

Poste Paul Bert et d'Arsonval. — Ce système est caractérisé par ce fait que les crayons de charbon du transmetteur sont entourés d'une petite feuille de fer blanc ; un aimant placé à distance agit sur ces feuilles suivant sa distance et produit ainsi un réglage magnétique qui permet au transmetteur de

fonctionner dans toutes les positions. Ce réglage magnétique a
permis à M. d'Arsonval de construire un transmetteur qu'on
tient à la main tandis que les autres pièces qui composent le
poste sont fixées dans une petite boîte suspendue au mur.

Postes simplifiés. — Sous ce nom, la Compagnie générale
des téléphones construit de petits postes destinés plus spécialement aux installations privées et d'un prix plus abordable pour
les amateurs. La figure 49 représente l'un de ces postes. On a
brisé à dessein la plus grande partie de la planchette du pupitre

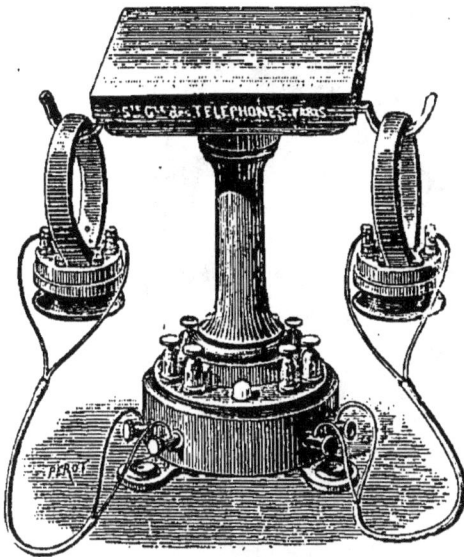

devant lequel on parle, pour
en montrer la disposition
intérieure. Le transmetteur
est toujours un microphone
système Ader à dix char-
bons ; la bobine d'induction
et le commutateur automa-
tique sont disposés au-dessous, dans le corps du pupitre : le bouton d'appel est
placé en avant, au point où
serait la serrure d'un pupitre ordinaire. Toutes les
communications sont donc
intérieures. Le montage du
poste est très simple, il ne

Fig. 48. — Poste téléphonique Ader
(modèle portatif).

comporte en effet que huit attaches nettement indiquées : deux
pour la ligne en L, deux pour la sonnerie locale en S, deux pour
la pile locale du téléphone, et deux pour la sonnerie d'appel,
placées en dessous du pupitre.

La manœuvre et le fonctionnement du poste simplifié sont absolument identiques à ceux du poste ordinaire ; lorsque le téléphone de droite est accroché, le poste est sur la position d'attente
ou d'appel ; lorsqu'on le prend à la main, le levier de suspension
se relève et établit les communications sur le téléphone.

Il nous reste enfin à décrire le téléphone récepteur repré-

senté figure 50, en coupe et élévation. La partie principale et
nouvelle de ce téléphone est l'aimant (fig. 51). Cet aimant se compose d'une bague d'acier portant deux pas de vis et deux bras en
équerre qui constituent les pôles sur lesquels viennent se fixer
deux bobines aplaties montées en tension et reliées à la ligne à
l'aide d'un cordon souple. L'aimant circulaire a ses deux pôles

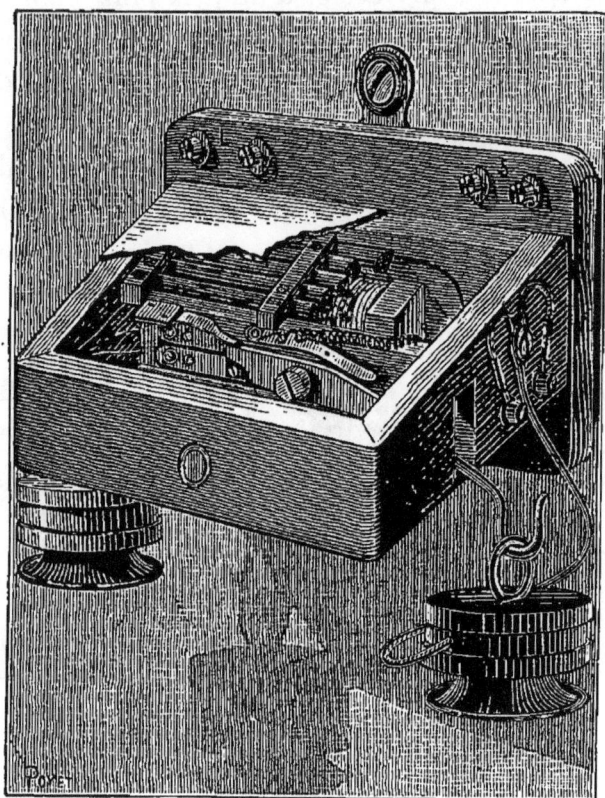

Fig. 49. — Poste téléphonique simplifié.

sur un même diamètre, en regard des pièces en fer doux en
équerre qui les prolongent; la distribution magnétique est la
même que dans la boussole circulaire de M. Duchemin. Sur le
pas de vis inférieur est fixé un couvercle portant un anneau qui
sert à la suspension du téléphone à son crochet, pendant l'attente : le pas de vis supérieur sert à maintenir le couvercle, l'embouchure et la plaque vibrante. On règle la distance de cette

plaque aux pôles en intercalant entre la plaque et le couvercle

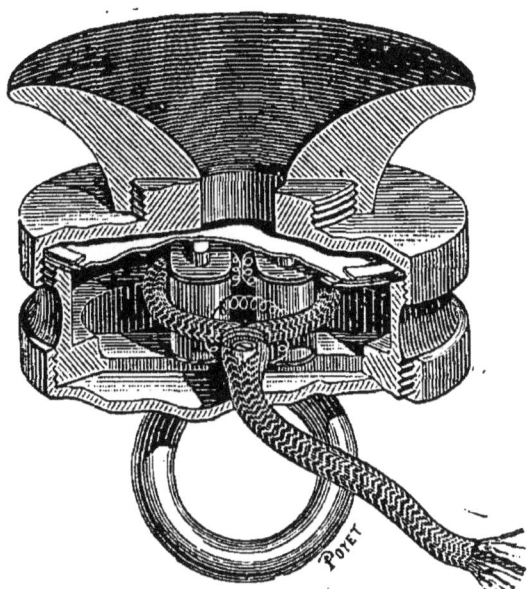

Fig. 50. — Téléphone récepteur à aimant circulaire.

une rondelle en laiton d'épaisseur convenable. Le téléphone

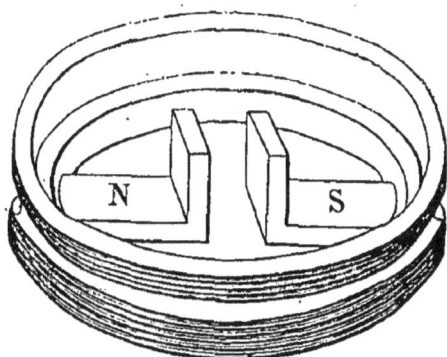

Fig. 51. — Aimant circulaire du téléphone récepteur.

ainsi construit constitue un ensemble compact, rigide et que rien ne peut dérégler.

Montage de deux postes téléphoniques. — La figure 52 indique la liaison qu'il faut effectuer entre les différentes parties qui constituent deux postes téléphoniques complets : piles, transmetteurs, récepteurs et sonneries. Le nombre des éléments nécessaires au fonctionnement des sonneries est variable avec la distance, tandis que celui des éléments destinés au système microphonique varie très peu avec cette distance : trois éléments Leclanché en tension en général.

Poste téléphonique Mildé. — Le dernier mot de la simplicité, de l'élégance et du bon marché dans les petits postes téléphoniques est sans contredit le poste construit récemment par M. Mildé (fig. 53). Le poste est entièrement mobile et comprend le transmetteur — un microphone d'Argy — fixé sur une

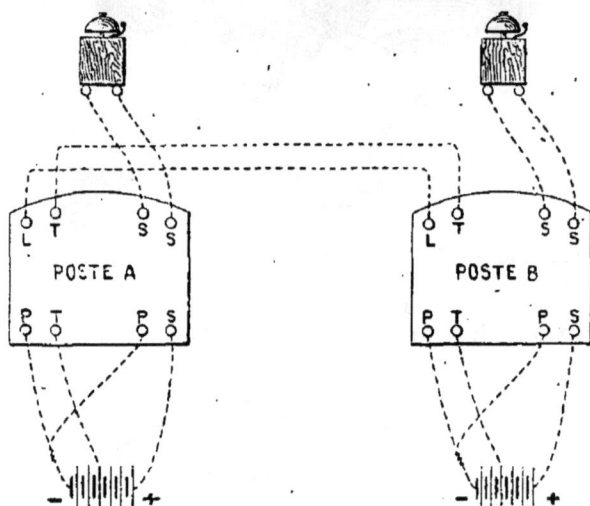

Fig. 52. — Montage de deux postes téléphoniques Ader.

planchette, un récepteur rond — téléphone Bell dit *modèle tabatière*, la sonnerie, le bouton d'appel et la commutation automatique. La pile — un élément Leclanché pour chaque poste — est fixe et peut se pendre au mur ou se dissimuler dans un coin de l'appartement. Dans le modèle le plus récent, elle est dissimulée dans une élégante console qui sert de socle à l'appareil. Dans la position ordinaire ou position de repos, les appareils sont posés sur une table ou une console. Un bouton B placé sous l'appareil (fig. 53) se trouve ainsi soulevé et met toutes les communications sur sonnerie. En appuyant sur le bouton A, le poste de droite appelle le poste de gauche qui appelle à son tour le poste de droite. Il suffit alors que les deux interlocuteurs saisissent l'appareil par la poignée et l'appliquent à l'oreille pour effectuer automatiquement toutes les communications et les replacer sur téléphone. Le système est disposé de telle façon que, lorsque le récepteur est appliqué contre l'oreille, la planchette rectangulaire du transmetteur vienne près de la bouche, sur le côté et un peu obliquement. La transmission reste nette sans que l'interlocuteur se trouve aucunement gêné. En remettant les appa-

Fig. 53. — Poste téléphonique de M. Mildé.

reils en place, une fois la conversation finie, toutes les communications se rétablissent sur sonnerie. L'ensemble du poste est compact et léger; les deux postes et leurs piles, avec soixante mètres de fil, sont renfermés dans une élégante boîte et constituent de charmantes étrennes électriques que nous souhaitons de voir donner souvent aux jeunes amateurs d'électricité.

Accoudoirs téléphoniques. — Dans la plupart des combinaisons des postes téléphoniques privés ou à bureaux centraux, le poste appelant doit attendre la réponse du poste appelé *en tenant le récepteur à l'oreille*. L'ennui de l'attente et la fatigue de la position font souvent paraître le temps plus long qu'il ne l'est en réalité. Les accoudoirs Lhoste, dont on comprendra le rôle et l'utilité à la seule inspection de la figure 54, diminuent cette fatigue et permettent de prendre plus facilement patience. On règle facilement leur hauteur à la taille de l'interlocuteur à l'aide d'un arc de crémaillère et d'un cliquet.

Fig. 54. — Poste téléphonique muni d'accoudoirs Lhoste.

Nous arrêterons là notre énumération des postes téléphoniques, les meilleurs sont les plus simples et surtout ceux que l'on construit soi-même, car on peut alors mieux se rendre compte de leurs imperfections et porter remède aux accidents qui peuvent leur survenir. Nous indiquerons aux récréations électriques quelques formes curieuses et amusantes de transmissions téléphoniques qui ne sauraient trouver place ici.

L'HORLOGERIE ÉLECTRIQUE

Les services que l'électricité peut rendre dans l'indication et la mesure du temps sont d'ordres divers.

Tantôt elle transmet à intervalles réguliers un signal ou une action mécanique destinés à régler, à remettre à l'heure une horloge ou une série d'horloges qui empruntent leur mouvement à un moteur spécial.

Tantôt elle est elle-même le moteur qui agit à distance sous l'influence d'un distributeur ou *centre horaire* sur un nombre variable de cadrans placés à distance.

Tantôt enfin elle est le moteur de l'horloge elle-même, où elle remplace le ressort ou le poids moteur qu'il faut remonter tous les jours, tous les huit jours ou tous les quinze jours.

Pour s'affranchir de cette obligation, on a cherché un système de pendule pouvant fonctionner indéfiniment — tant que dure la pile — sans qu'on ait à s'en préoccuper. Voici quelle est la solution élégante due à MM. Personne et Lemoine pour résoudre le problème :

Pendule électrique papilionome. — Une pile électrique donnée, capable de fournir une somme d'énergie dépendant du volume du liquide, de sa composition, de l'épaisseur du zinc, etc., serait vite épuisée si elle devait fournir un courant électrique pour donner une impulsion à chaque coup de balancier. L'expérience démontre d'ailleurs que cette impulsion n'est nécessaire que *de temps en temps*. M. Lemoine est arrivé à ne donner cette impulsion qu'à l'instant où elle devient nécessaire, par suite de la diminution d'amplitude d'oscillation du balancier ; on réalise ainsi une sérieuse économie sur la pile, qui ne travaille jamais en pure perte et peut fonctionner ainsi beaucoup plus longtemps, puisqu'on évite tout gaspillage d'énergie électrique.

Fig. 55. — Pendule électrique papilionome.

Arrivons maintenant à la description de la pendule.

Elle se compose (fig. 55) d'une minuterie actionnée par le balancier, qui joue ici le rôle d'organe moteur et qui porte à sa partie supérieure une griffe ou un cliquet agissant sur un rochet monté sur l'axe du premier mobile. Supposons le balancier mis en mouvement à la main. En vertu de la résistance de l'air et du travail qu'il effectue en faisant tourner la minuterie, son amplitude d'oscillation diminue graduellement, et il s'arrêterait bientôt si l'on n'entretenait son mouvement. Voici comment :

Le balancier, qui se compose d'un disque de fer cylindrique à la partie inférieure, porte une petite tige (fig. 56) qui peut osciller très librement autour d'un axe horizontal et à laquelle est fixée

Fig. 56. — Mécanisme de la pendule papilionome.

une feuille mince de mica ou de papier découpée en forme de papillon, d'où le nom de *papilionome* donné au système.

Pendant le mouvement du balancier, la résistance de l'air fait prendre à la tige convenablement réglée une position plus ou moins inclinée. Lorsque la vitesse et, par suite, l'amplitude du mouvement du balancier sont assez grandes, l'extrémité de la tige glisse sans buter à la surface d'un contact très flexible placé sur le socle de la pendule. Lorsque l'amplitude diminue, la tige prend une position plus verticale, elle *coince* alors le contact, l'abaisse et envoie un courant dans l'électro-aimant placé sur la

gauche de la figure 55. Ce dernier devenant actif attire le balancier et lui donne une impulsion qui lui permet de reprendre son
amplitude d'oscillation.

Le balancier fait ensuite 6, 8, 10, 12 oscillations sans que le
coincement se reproduise à nouveau, et, par suite, sans dépense
nouvelle. Par cet ingénieux système, le remontage automatique
de la pendule s'opère donc au moment opportun, sous forme
d'une impulsion nouvelle donnée au balancier chaque fois que
l'amplitude d'oscillation atteint une certaine limite inférieure
qu'il ne peut dépasser.

C'est là un système des plus curieux et des plus amusants à
voir fonctionner. Pratiquement, on peut se servir d'une pile
séparée ou d'une pile placée dans le socle. Ordinairement
M. Lemoine emploie une pile Leclanché d'une forme spéciale
disposée pour pouvoir être dissimulée dans le socle sans occuper
une trop grande hauteur.

Dans un autre système dit *astéronome*, les émissions de courant
qui alimentent le balancier se font à intervalles réguliers convenablement calculés, mais le mécanisme n'est pas aussi intéressant, à beaucoup près, que celui de la pendule *papilionome*
que nous venons de décrire.

**Pendule à remontoir d'égalité électrique, système
Schweizer.** — C'est aussi dans le but de réduire la fréquence
des fermetures de circuit de la pile, et pour utiliser au maximum le travail disponible dans chacune de ces fermetures, qu'a
été imaginé le remontoir électrique de M. Schweizer. Dans ce
système, le circuit de la pile se trouve fermé chaque fois que
cela est nécessaire pour maintenir toujours à égalité de tension
un ressort moteur qui transmet le mouvement au mécanisme.
La puissance motrice est ainsi complètement indépendante de
l'intensité du courant, et le rôle de l'électricité se réduit à
remonter un ressort à intervalles réguliers. Le mouvement d'horlogerie se trouve alors réduit à sa plus simple expression.

Il se compose (fig. 57) d'une roue A montée dans l'axe du
cadran et conduisant l'aiguille des minutes ainsi que la minu-

terie B. Une seconde roue C placée au-dessus de la première transmet le mouvement de la roue A à l'échappement. L'entraînement s'obtient par l'action d'un ressort droit D fixé d'un côté sur l'arbre de la roue des minutes, et dont l'autre extrémité vient buter contre une cheville fixée sur une roue à rochet E montée folle sur l'arbre de la roue des minutes.

En exerçant une pression sur l'extrémité du ressort dans le sens du mouvement des aiguilles, les rouages se mettent en

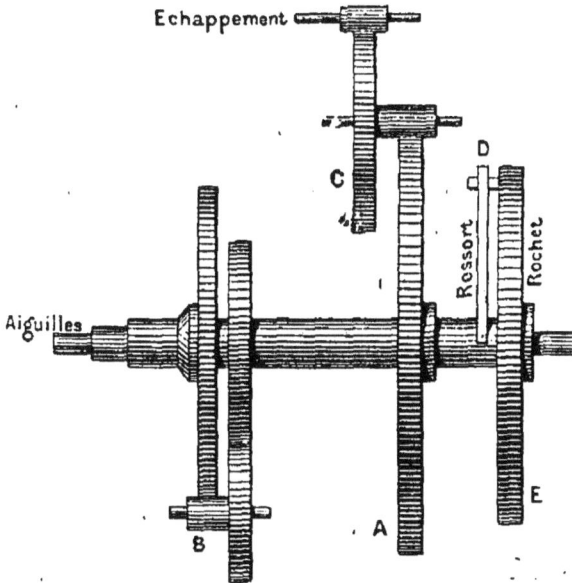

Fig. 57. — Mouvement d'horlogerie.

mouvement. Cette pression qui provoque le mouvement est transmise par la cheville de la roue à rochet sollicitée à son tour par un poids P (fig. 58) ou un ressort à boudin agissant à l'extrémité d'un levier L par l'intermédiaire d'un cliquet articulé C. La course du poids B est très limitée, il faut donc le remonter chaque fois qu'il est près d'arriver au bas de sa course. C'est l'électricité qui est automatiquement chargée de cette fonction, et l'ensemble des combinaisons qui permette de la réaliser porte le nom de *remontoir électrique*.

Ce remontoir se compose d'une bascule B (fig. 58) sur laquelle

s'articule le levier L. L'une des extrémités de la bascule se termine par une armature de fer doux placée en regard d'un électro-aimant, l'autre extrémité porte une vis de réglage qui permet
de limiter les déplacements réciproques de la bascule et du
levier. L'électro-aimant est actionné par le courant d'une pile
composée de deux éléments Leclanché. Lorsque le courant est
fermé, le poids P est soulevé sans agir sur la roue à rochet maintenue en place à ce moment par le cliquet C'. Il en résulte que
ce mouvement ne trouble pas le fonctionnement de l'appareil,

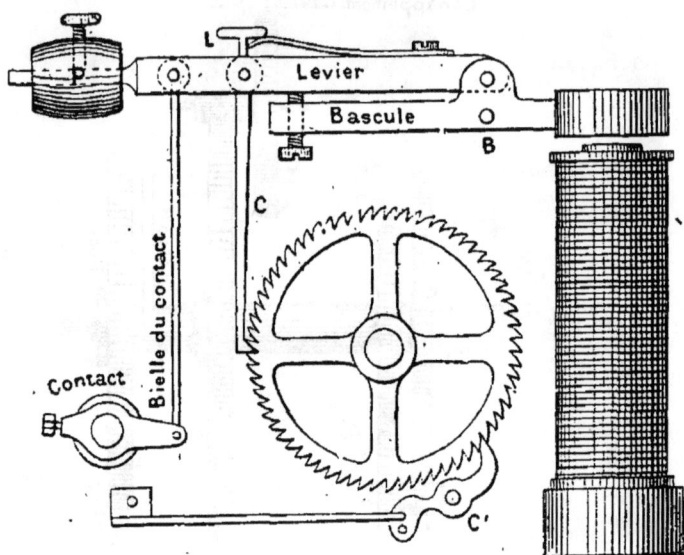

Fig. 58. — Remontoir électrique.

quelle que soit la brusquerie avec laquelle l'électro-aimant attire
son armature. Lorsque le courant cesse de passer, le poids
redescend, fait tourner la roue à rochet de quelques dents par
l'intermédiaire du levier C et donne au ressort sa tension maxima.

Le circuit n'est fermé que pendant un temps très court, ce
qui assure aux piles une longue durée, et le mouvement de la
bascule étant indépendant de celui du levier, elle peut revenir
rapidement à sa première position sans gêner le mouvement de
ce levier.

Le mouvement de soulèvement du levier et du poids pouvant

être très rapide et, une fois obtenu, ne produisant plus de travail utile, il y a intérêt, pour économiser la pile, à ce que le circuit ne soit fermé *qu'un instant*, chaque fois que le relèvement du poids est nécessaire, c'est-à-dire que le contact doit être en quelque sorte instantané. Dans la pendule de M. Schweizer, ces conditions sont réalisées à l'aide d'un petit disque muni d'un contact et d'un toc qui joue à la fois le rôle de déclanchement et de commutateur.

Le disque D est relié au levier L (fig. 58) par l'intermédiaire d'une bielle et peut prendre un mouvement oscillatoire dans un

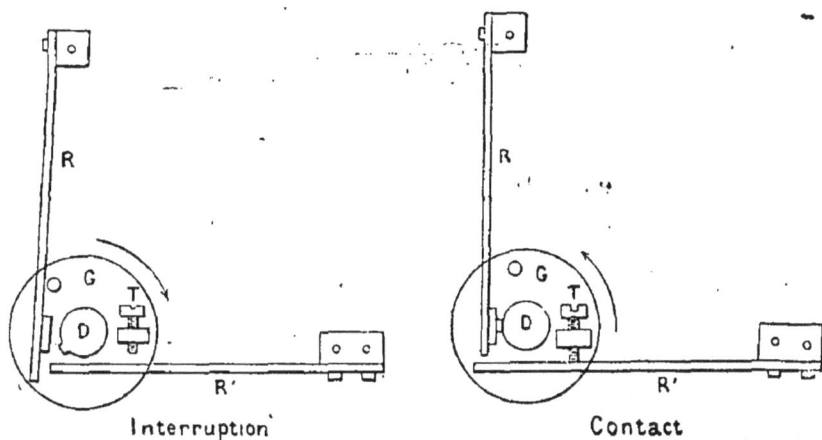

Fig. 59. — Disque commutateur instantané.

sens ou dans l'autre autour de son axe, suivant les mouvements du levier L qui le commande.

La figure 59 représente les deux positions d'interruption et de contact du disque commutateur commandé par la bielle.

Le croquis de gauche montre la phase d'interruption. Tant que le poids descend, le disque tourne lentement dans le sens de la flèche jusqu'au moment où le toc T fixé sur ce disque poussant le ressort de butée R', le ressort de communication échappe, vienne toucher le plat du disque et ferme le circuit. Par l'action de l'électro-aimant, le levier se relève, le disque tourne en sens inverse, la goupille G pousse le ressort R et le fait reculer : le

ressort R' reprend sa position première, ce qui rompt de nouveau le circuit.

M. Leclanché a modifié d'une manière très ingénieuse le
contact sec et lui a substitué un contact à mercure de son invention.

Le disque D commandé par la bielle du levier L, comme dans
le commutateur de M. Schweizer, porte un collier destiné à
recevoir un petit tube de verre dans lequel on a ménagé plusieurs
ampoules. Les deux extrémités du tube forment réservoir, les
parties effilées A, B, C (fig. 60) sont traversées par des fils de platine soudés à la lampe. Le tube rempli d'hydrogène est également soudé à la lampe après l'introduction d'une petite quantité de mercure. Le fil A d'une part et les fils B et C d'autre part

Fig. 60. — Commutateur instantané à mercure de M. Leclanché.

servent à fermer le circuit. Les deux fils B et C réunis ensemble
constituent une sûreté dans le cas où, pendant le déplacement
du mercure, l'un d'eux viendrait à manquer.

D'après ce que nous avons dit sur le contact sec, il est facile
de comprendre comment fonctionne le commutateur à mercure,
et de voir que, dans aucun cas, le circuit ne peut rester fermé
d'une façon continue.

Emploi de sonneries pour la répétition des heures.
— Lorsqu'on veut transmettre l'heure et la faire répéter aux
timbres et aux sonneries de la maison, voici la disposition très
simple qu'indique M. J. Langé, horloger à Béziers :

« Nous nous servons d'une simple pendule, de n'importe
quel système, pourvu qu'il soit à sonnerie. Nous prenons le fil
négatif d'une pile, qui actionne, à une distance quelconque, une
sonnette électrique ou tout autre timbre muni d'un électro-

aimant, et nous l'attachons à une pièce métallique du mouvement. Le positif, convenablement isolé des autres pièces de la pendule, vient se placer un peu au-dessus de la tige du marteau. Quand la pendule sonne d'elle-même, le marteau se soulève, et sa tige vient toucher le fil positif, et le contact a lieu.

« Au même instant, les sonnettes ou les timbres interposés dans le circuit frappent les mêmes heures que la pendule.

« Nous avons pu faire cette expérience en employant un seul élément Leclanché à agglomérés. En étendant cette application, on peut donner l'heure à tous les appartements d'une maison.

« Il serait facile d'appliquer ce système aux cloches des tours et des clochers. »

Pendule sonnant à volonté. — M. *Corneloup* a imaginé une disposition très simple dans les pendules dites *pendules d'alcôves*, pour obtenir qu'elles sonnent à volonté en pressant sur un bouton électrique. Ce bouton forme le circuit d'une pile Leclanché sur un électro-aimant qui produit le déclanchement de la roue à chevilles, dans laquelle les chevilles sont ici remplacées par un limaçon qui tourne exactement d'un tour à chaque déclanchement. C'est pendant le tour du limaçon que le mécanisme fait sonner les heures et les quarts, et cela autant de fois qu'on le veut. On peut donc ainsi savoir pendant la nuit l'heure qu'il est, sans se déranger, par la simple pression d'un bouton placé à la tête du lit.

LES RÉVEILLE-MATIN.

Si les horloges électriques présentent encore quelques points délicats qui en retardent l'emploi, il n'en est pas de même des *réveille-matin* électriques, et rien n'est plus simple que de transformer une horloge ordinaire en réveille-matin électrique.

Voici par exemple une disposition des plus simples indiquée par M. Julien Candèze :

« L'un des fils conducteurs est relié à une pièce métallique quelconque de la pendule, tandis que l'autre est relié à un petit support formé d'une tige verticale sur laquelle peut glisser par frottement une spirale de fil de cuivre pliée à angle droit vers son milieu, de manière à donner une branche horizontale dans laquelle peut tourner une autre tige terminée en crochet ; ces dispositions fort simples étant établies, on peut donner au crochet toutes les positions nécessaires pour pouvoir le placer contre.

Fig. 61. — Réveille-matin électrique.

le cadran de la pendule et devant une heure déterminée, de manière à ce que la grande aiguille puisse passer librement au-dessus du crochet, tandis qu'il se trouve sur le passage de la petite aiguille, en sorte que lorsque cette dernière arrivera à l'heure à laquelle on a placé le crochet, elle rencontre celui-ci, établisse le contact et fasse marcher la sonnerie ; si ce petit appareil est construit assez légèrement, il ne peut gêner en rien la régularité de la marche de la pendule, surtout si l'on a soin de se lever pour venir l'enlever. »

M. Redier fait remarquer qu'il n'est pas nécessaire d'attacher l'un des fils au mouvement de la pendule, mais qu'il suffit d'employer la marche de l'aiguille des heures pour rapprocher deux extrémités de fils disposées convenablement pour fermer le courant et qu'on aura le même effet. La potence doit alors porter les deux fils isolés et décapés seulement aux deux extrémités que l'aiguille rapprochera.

Lorsqu'on a une pendule dont le cadran est à découvert, voici comment opère M. Paul J., pour la transformer en réveille-matin :

On prend une planche de 5 à 6 millimètres d'épaisseur dans laquelle on découpe la place du cadran du réveil, ensuite on forme par des traits de scie de petites rainures à mi-bois et rayonnant du centre. On cloue alors cette planche verticalement sur une autre horizontale ; on pose le réveil, le cadran placé dans l'ouverture ménagée dans la planche verticale ; dans une des petites rainures, on place une petite lame métallique découpée et flexible pour qu'elle puisse plier sous le passage de l'aiguille, et placée de telle sorte que la grande aiguille passe librement dans la partie enlevée sans toucher la lame ; mais de manière que lorsque la petite aiguille indique l'heure à laquelle on désire être éveillé, elle touche la lame reliée par un fil souple à un des pôles de la pile ; puis on relie la sonnerie au mécanisme intérieur. Enfin, on installe sur le circuit un commutateur qui permet de rompre le courant et d'arrêter la sonnerie en se *levant*.

M. Daniel Augé établit le circuit de réveil en reliant l'une de ses extrémités au mouvement et en constituant l'autre extrémité par un fil de platine de 1/10 de millimètre de diamètre posé à plat sur le cadran, et sur lequel on referme la glace de la pendule. On isole le fil en ce point à l'aide d'une feuille mince de papier qui n'empêche pas la fermeture de la monture.

Les dispositions du réveille-matin varient à l'infini, suivant l'ingéniosité et l'habileté plus ou moins grande des électriciens amateurs.

Nous arrêterons là notre énumération, non sans signaler cependant la pendule à *trois contacts* de M. le docteur Ranque. Supposons par exemple qu'on veuille se lever à 7 heures du matin. A 6 heures 45 minutes, un premier contact ouvre et enflamme une lampe à alcool préalablement garnie d'une bouillotte d'eau ; à 6 heures 59 minutes, le réveil se met en branle et, quelques instants après, un troisième contact allume une lampe. L'amateur se trouve ainsi réveillé, éclairé et en possession d'une bouillotte d'eau chaude qu'il peut utiliser séance tenante pour sa toilette.

LES ALLUMOIRS ÉLECTRIQUES.

Parmi les services les plus précieux — et jusqu'ici les moins appréciés en général — que peut rendre l'électricité appliquée aux usages domestiques, figurent les allumoirs.

Par le temps d'allumettes déplorables qui court, avoir instantanément du feu et de la lumière en tirant un cordon, en appuyant sur un bouton ou en tournant un robinet est une chose à prendre en sérieuse considération, et notre expérience personnelle nous permet d'affirmer que l'électricité peut rendre chaque jour, à ce point de vue, d'inappréciables services.

Les allumoirs électriques varient beaucoup de formes et de dispositions, avec la nature des usages auxquels on les destine, les endroits où ils doivent être placés, le combustible qu'ils doivent enflammer, etc.

Nous nous contenterons d'indiquer les plus simples et les plus pratiques parmi les nombreux modèles construits jusqu'ici.

Pour produire l'inflammation d'une substance combustible donnée, il faut lui présenter un corps incandescent porté à une certaine température variant avec la nature de cette substance, assez faible avec le gaz d'éclairage, plus élevée avec le pétrole, et rouge blanc pour l'inflammation directe d'un rat-de-cave ou d'une bougie. Nous avons dit que nous faisions exclusivement usage de fil de platine porté momentanément à l'incandescence par le passage d'un courant électrique. La température de ce fil dépendra surtout de l'intensité du courant qui le traverse : si cette intensité est trop grande, le fil de platine, choisi cependant à cause de son inoxydabilité et de son point élevé de fusion, fondra rapidement; si l'intensité est trop faible, la température à laquelle le fil arrivera sera elle-même trop basse, et l'inflammation ne se produira pas. La pratique indique rapidement le moyen d'obvier à ces deux inconvénients et de placer chaque appareil dans des conditions telles que le fil ne fonde presque jamais et que l'allumage se produise toujours. Pour la même intensité de courant qui traverse le fil, on pourra faire varier la température de ce fil en augmentant ou en diminuant son diamètre. Un fil très fin rougira pour un courant très faible, mais il sera alors très fragile et sujet à se rompre au moindre accident. On est alors conduit à faire usage de fils un peu plus forts (variant en général de un dixième à deux dixièmes de millimètre de diamètre). Le courant a alors besoin d'être un peu plus intense. On obtient facilement l'intensité nécessaire avec les éléments à grande surface, qui ont une bien plus faible résistance intérieure que les éléments à vase poreux, et comme, pour un nombre d'éléments donnés, l'intensité du courant diminue à mesure que la résistance intérieure des éléments augmente, on a tout intérêt à diminuer le plus possible cette résistance intérieure (1).

Les fils de platine sont ordinairement roulés en spirale. Le but de cette disposition est de concentrer la chaleur en un petit espace pour élever le plus possible la température du fil. On a

_____

(1) La formule de Ohm permet de se rendre facilement compte de ce fait. Soit n le nombre des éléments montés *en tension*; r la résistance intérieure de chaque élément : R, la résistance totale du circuit, conducteur et fil de platine ; E, la force électro-motrice d'un élément ; I, l'intensité du courant, on aura, d'après la formule de Ohm :

$$I = \frac{nE}{nr + R}.$$

On voit d'après cette formule que pour augmenter I sans changer le nombre des éléments n, il faut diminuer le dénominateur, c'est-à-dire diminuer la résistance intérieure r de chaque élément pour diminuer le facteur nr, ou bien diminuer la résistance extérieure R, c'est-à-dire employer de *gros* conducteurs.

ainsi besoin d'un courant moins intense pour produire l'inflammation qu'avec un fil simplement tendu. En effet, le même fil
traversé par un courant d'une intensité constante arrive à peine
au rouge lorsqu'il est développé, tandis qu'il atteint le *blanc* lorsqu'il est roulé en spirale, parce que la surface de refroidissement
est moins grande dans le second cas.

Fig. 62. — Allumoir ordinaire à essence de pétrole de M. Loiseau.

Allumoir de M. Loiseau. — La figure 62 représente un
allumoir à essence ou à pétrole construit plus spécialement à
l'usage des fumeurs. Il est établi sous forme d'applique : en
poussant la lampe contre le mur, on rapproche la mèche de la
spirale et la lampe agit à son tour sur un bouton placé en arrière qui ferme le courant de la pile sur la spirale. En cessant
d'appuyer, la lampe est ramenée un peu en avant par un petit

ressort qui pousse le bouton : grâce à cette disposition simple et ingénieuse, la spirale ne se trouve jamais au contact de la flamme et peut ainsi durer très longtemps. M. Loiseau emploie un fil de platine très fin et aplati en forme de lame; il suffit du courant *d'un seul* élément pour produire l'inflammation. Le système est disposé pour que chacun puisse facilement remplacer en un instant la spirale accidentellement mise hors de service. A cet effet, M. Loiseau établit la spirale sur une petite pièce distincte nommée *conflagrateur*; le conflagrateur se compose de deux petits tubes minces de laiton maintenus parallèlement et d'une façon rigide par une sorte de double bague également en laiton qui vient saisir les tubes en leur milieu (fig. 62). Un petit morceau de papier roulé sur chaque tube en regard de la bague assure l'isolement.

L'extrémité antérieure des deux tubes porte la spirale en platine, qui leur est fixée très simplement à l'aide de deux petites aiguilles en laiton, de forme conique, qui pincent le fil dans le tube et le maintiennent en place. Rien de plus facile que de remplacer le fil : il suffit de retirer les deux petites tiges à l'aide d'une pince, de faire une spirale de longueur convenable, suivant les appareils, en roulant le fil de platine sur une épingle ordinaire, et de le fixer sur le conflagrateur en pinçant ses extrémités dans les tubes, comme nous venons de le dire. Avec deux ou trois conflagrateurs de rechange, on est sûr de ne jamais se trouver dans l'embarras.

Dans tous les allumoirs, à essence ou à pétrole, il est important que la spirale *ne touche pas* la mèche, elle doit être placée un peu au-dessus et sur le côté, dans le mélange d'air et de vapeur combustible.

Le Luciphore. — Cet allumoir est aussi destiné aux fumeurs. Il se compose essentiellement d'une pile au bichromate de potasse renfermée dans une bouteille et hermétiquement close. Les deux pôles de la pile sont reliés à une spirale de platine très mince placée au-dessus de l'allumoir. Lorsque la pile est dans sa position ordinaire, le liquide ne mouille pas le zinc et le charbon. En l'inclinant comme le représente la figure, le liquide vient mouiller l'élément : la pile devient active, fait rougir la spirale, mais le même mouvement a rapproché de cette spirale incandescente la mèche d'une petite lampe à essence de pétrole, qui s'enflamme aussitôt.

On peut produire cinq cents à six cents allumages sans épuiser

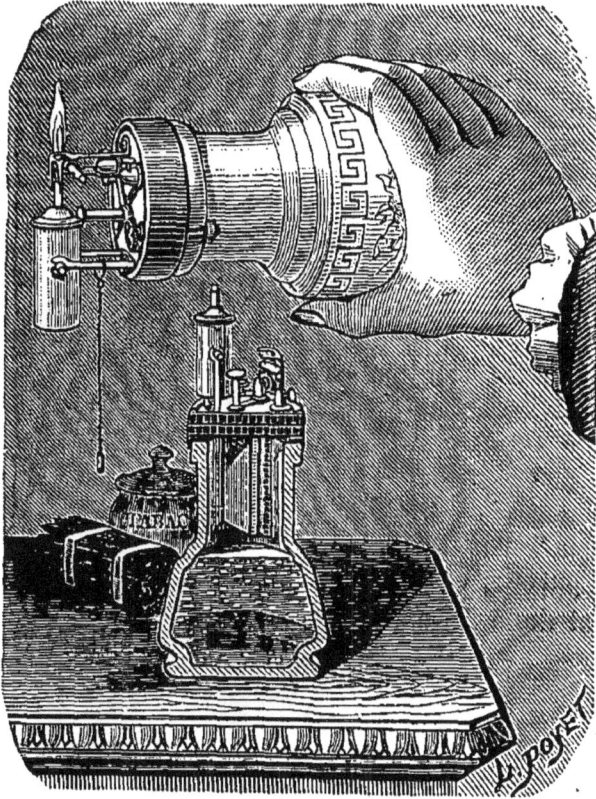

Fig. 63. — *Luciphore*. — En dessous, coupe de l'appareil à une plus petite échelle.

le liquide ; on remet l'appareil en état, en renouvelant ce liquide, soit à l'aide de sel tout préparé qu'on vend dans le commerce sous le nom de *sel chromique*, soit en faisant dissoudre 100 grammes de bichromate de potasse dans un litre d'eau bouillante et en ajoutant 150 grammes d'acide sulfurique du commerce à la dissolution refroidie.

Malheureusement, il est difficile de faire un joint bien hermé-

tique et les suintements de la solution acide en ont fait rejeter
l'emploi dans toutes les applications de luxe, à cause des dégâts
qu'elle produit.

Allumoir de M. Desruelles. — C'est pour éviter l'inconvénient du luciphore que M. Desruelles a combiné le petit allumoir représenté figure 64. C'est une application directe d'un
procédé applicable à toutes les piles en général et qui consiste à
introduire dans les piles,
à la place du liquide, une
sorte d'éponge d'amiante
que l'on imbibe ensuite de
l'acide ou de la dissolution
convenable. On y gagne
d'avoir ainsi une pile *sèche*
en quelque sorte, qu'on
peut remuer, déplacer, renverser sans que le liquide
se répande, ce qui a bien
son avantage pour les ap-
pareils mobiles tels que
les allumoirs portatifs, les
piles de sonneries sur les
navires, les chemins de
fer, etc.

L'allumoir se compose
d'une petite boîte ronde en
bois dans laquelle se trouve

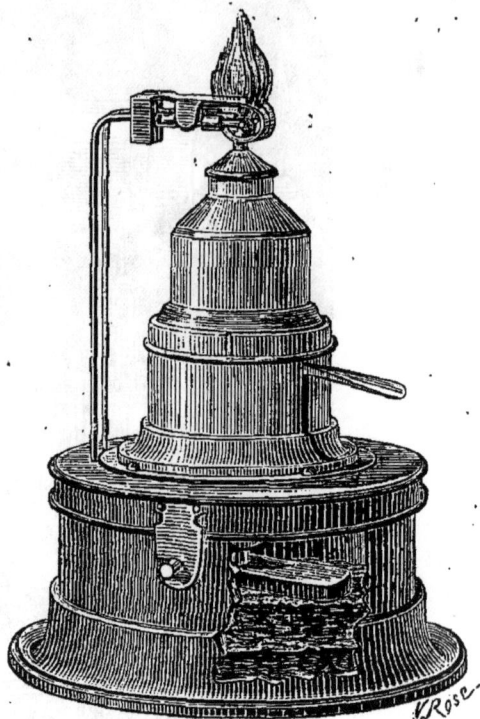

Fig. 64. — Allumoir électrique de M. Desruelles.

la pile; sur cette boîte est placée une petite lampe à essence;
une spirale de platine en regard de la mèche sert à produire
l'allumage.

La pile est un élément au bichromate de potasse dans lequel
le liquide est remplacé par une pâte d'amiante imbibée d'une
solution bichromatée identique à celle des piles-bouteille.

Le zinc est suspendu à un petit levier sur lequel il suffit d'appuyer légèrement pour l'amener en contact avec la pâte, le circuit

se trouve alors fermé, le zinc est attaqué et le courant produit
traversé la spirale, qui rougit et enflamme l'essence. La pile
une fois chargée peut servir un certain nombre de fois. Lorsque
la spirale ne rougit plus, il suffit de remplacer la pâte, ce qui est
une opération des plus simples. Lorsqu'on n'appuie pas sur le
petit levier, le zinc est soulevé et soustrait ainsi à l'action du
liquide qui imbibe l'éponge d'amiante. M. Desruelles construit
sur le même principe un allumoir à becs de gaz dont la pile est
fixée à l'extrémité d'un manche plus ou moins long, suivant la
hauteur des becs à atteindre.

Le défaut de cet appareil réside dans le volume occupé par la substance inerte qui ne laisse que peu de place au liquide, c'est-à-dire au produit actif. Aussi faut-il renouveler souvent la pâte, ce qui est un inconvénient pratique assez grave.

Allumoirs à gaz. — On a combiné aussi plusieurs appareils pour l'allumage électrique du gaz; nous décrirons quelques-uns de ces appareils. La forme la plus simple (fig. 65) est celle de l'allumoir de M. Barbier pour fumeurs, pour bougies d'appartement, pour cacheter une lettre, etc., etc.

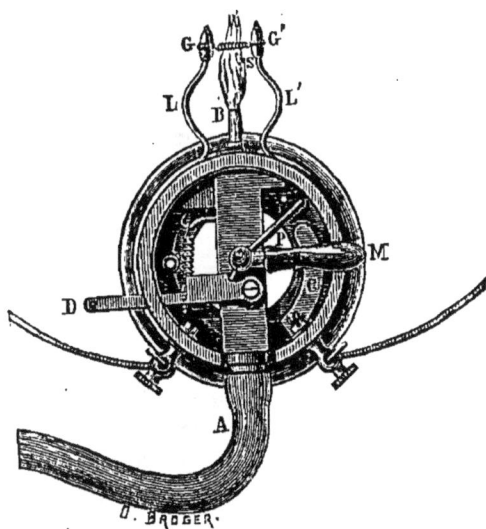

Fig. 65. — Allumoir de Mᵉ Barbier.

Il se compose d'un petit bec de gaz B fixé sur une boîte
ronde de 7 à 8 centimètres de diamètre et relié à la canalisation du gaz par un tuyau de caoutchouc A. En manœuvrant
la manette M, on ouvre le robinet, et on établit un contact
électrique d'une durée suffisante pour faire rougir la spirale
GG' et enflammer le bec. Il est commode, dans ce cas, pour
économiser un fil, d'utiliser le tuyau de gaz en plomb comme

fil de retour, surtout si la pile est un peu éloignée de l'allumoir.

Dans la disposition représentée (fig. 65), la clef est munie d'un ressort spécial qui tend à la faire tourner pour lui faire prendre la position verticale, et d'une dent qui, en s'enclanchant sur une pièce articulée D, la maintient dans la position horizontale aussitôt qu'on l'y a conduite. Pour éteindre le bec, il suffit d'abaisser le levier D, qui permet à la clef de reprendre la position verticale, c'est-à-dire la position de fermeture de l'orifice d'écoulement du gaz. Dans une disposition nouvelle, le cran, le ressort et le levier D sont supprimés, le robinet prend seulement deux positions, ouvert ou fermé.

Un autre système fort ingénieux est celui de M. Loiseau (fig. 66). Il se compose d'un robinet de gaz ordinaire, à papillon, Argand, Manchester, etc., portant sur le côté un conflagrateur analogue à celui de l'allumoir à essence, mais disposé verticalement. Une des tiges du conflagrateur est reliée au positif de la pile, l'autre à une petite tige horizontale en laiton qu'on voit sur le bas de la figure. En tournant le robinet pour l'ouvrir, on provoque une petite fuite de gaz en

Fig. 66. — Allumoir des becs de gaz de M. Loiseau.

regard de la spirale de platine, en même temps qu'une oreille rigide fixée sur le robinet repousse une petite pièce métallique verticale et l'amène au contact de la tige de laiton ; le circuit se trouve alors fermé pendant un instant par la terre, la spirale rougit et enflamme le gaz, la flamme monte et vient finalement allumer le bec. Il va sans dire qu'en continuant le mouvement le contact se rompt pour ne pas user inutilement la pile, et que la fuite se referme.

Le Fiat-lux. — Cet allumoir à gaz, comme celui de M. Loi-

seau, emprunte le courant aux piles ordinaires servant à alimenter les sonneries domestiques. Il se compose essentiellement d'un
fil fin de platine supporté par un système à bascule mis en relation avec les deux pôles d'une pile composée de deux à trois éléments Leclanché. En exerçant une pression verticale sur le bouton placé à gauche de l'appareil, soit directement, soit à l'aide
d'un petit cordon fixé à ce bouton, on produit à la fois l'ouverture du robinet de gaz et l'approche de la spirale de platine qui

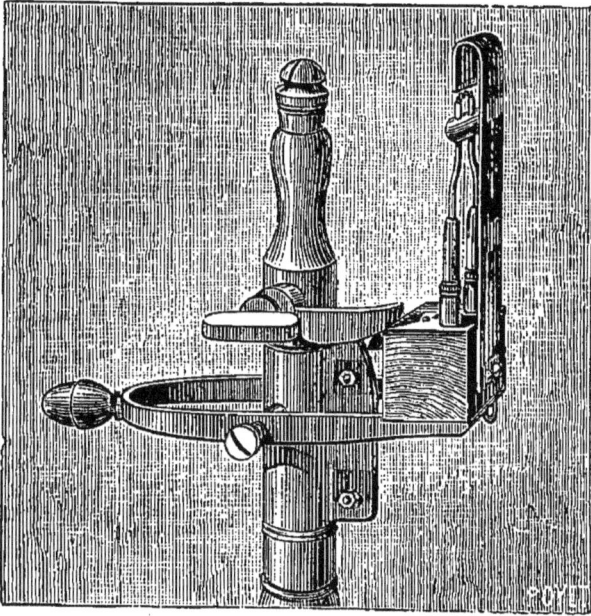

Fig. 67. — Le *Fiat-lux*. — Allumoir à gaz par incandescence.

devient incandescente par suite de la fermeture du circuit de la
pile. Lorsque le bec est allumé, il suffit d'abandonner l'appareil
à lui-même. Le robinet reste ouvert, la spirale s'éloigne du bec,
le circuit s'ouvre de nouveau et le bec reste allumé jusqu'à ce
qu'on vienne l'éteindre en fermant à nouveau le robinet. Ce
système est donc particulièrement bien approprié dans tous les
cas où l'on a un besoin *pressant* de lumière, car une seule manœuvre suffit pour ouvrir le robinet et produire l'inflammation
d'un bec de gaz. Nous en avons fait personnellement l'applica-

tion dans une antichambre obscure où il nous rend les plus
grands services : chaque fois que la sonnette annonce un visiteur,
l'allumage du bec de gaz se fait en même temps que l'ouverture
de la porte d'entrée.

Allumoir à gaz portatif. — L'un des plus commodes et des
plus élégants est celui de M. J. Ullmann : il est fondé sur les propriétés calorifiques de l'étincelle produite par la bobine d'induction, et présente un dispositif intérieur qui en a permis l'emploi

Fig. 68. — Mode d'emploi de l'allumoir à gaz à étincelle d'induction.

avec une pile de puissance et de dimension très restreintes. L'appareil présente la forme d'une tige de longueur variable à volonté,
suivant la hauteur du bec à allumer, terminée à sa partie inférieure par un tube en ébonite de 4 centimètres de diamètre sur
20 centimètres de longueur (fig. 69). Ce tube, divisé en deux parties que nous représentons isolément (fig. 69), renferme la pile et
la bobine. La pile A est encore tenue secrète dans sa disposition ; tout ce que nous en pouvons dire, c'est qu'on y fait usage
de zinc et de chlorure d'argent comme dépolarisant : elle est

hermétiquement fermée et porte à l'une de ses extrémités un disque B et une couronne de laiton C atta-
chée à ses pôles et destinée à établir la communication entre la pile et la bobine lorsqu'on visse ensemble les deux parties de
l'appareil pour les réunir. A cet effet, deux
lames élastiques D et E viennent s'appliquer sur B et C et établissent les contacts.

D'après M. Ullmann, la pile peut fournir 25 000 allumages avant d'avoir besoin
d'être rechargée. H est un tube d'ébonite
renfermant et protégeant la bobine d'induction K dont le fil induit communique
d'une part avec le tube de laiton L, et
d'autre part avec un conducteur central
isolé M qui vient se terminer en pointe très
près de l'extrémité du tube de laiton. Les
courants induits dans ce fil produisent une
série d'étincelles entre le tube L et la
tige M, qui enflamment le gaz lorsque
l'extrémité de l'appareil est mise à proximité du bec.

La partie ingénieuse et nouvelle du système réside dans le mode d'excitation des
courants induits. Lorsqu'on a approché
l'extrémité du tube L près des becs à allumer, il suffit de pousser le bouton F de
gauche à droite pour développer un nombre *limité* d'étincelles, suffisant pour produire l'inflammation. Le mouvement du
bouton F n'a pas pour effet, comme on pourrait le croire, de fermer le circuit de la
pile sur le circuit inducteur de la bobine :
en effet, dans sa position normale, le trem-
bleur est éloigné de son contact et la fermeture du circuit ne

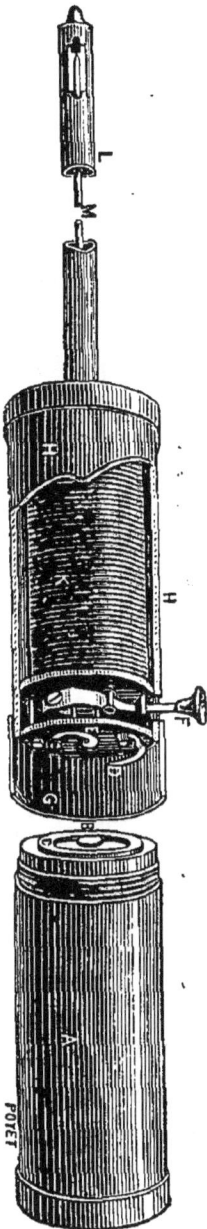

Fig. 69. — Allumoir à gaz à étincelle d'induc-tion. — Détails du mé-canisme.

produirait aucune action ; le mouvement de F produit un déplacement *mécanique* du ressort du trembleur qui vibre pendant quelques instants et produit un certain nombre de contacts donnant lieu à un nombre égal d'étincelles. Grâce à cette disposition, on limite la dépense d'énergie électrique demandée par chaque allumage et, d'autre part, on peut actionner *mécaniquement* le trembleur qui serait incapable de fonctionner s'il devait être mis *automatiquement* en mouvement par le courant direct de la pile. Le mouvement du trembleur étant emprunté à la main de l'opérateur et non plus à la pile, on conçoit que celle-ci puisse, toutes choses égales d'ailleurs, produire un plus grand nombre d'allumages qu'avec une bobine à trembleur ordinaire.

Pour les fourneaux à gaz, M. Loiseau construit un *manche-al-*

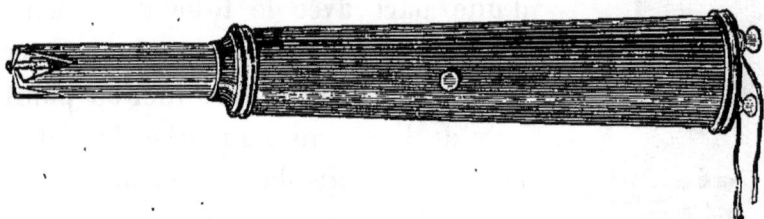

Fig. 70. — Allumoir de fourneau à gaz.

lumoir (fig. 70) qui se place à côté du fourneau et qui se relie à la pile à l'aide de cordons souples. Le bouton de contact se trouve sur le manche même, et la spirale se trouve protégée contre les chocs par une garniture métallique fendue en forme de griffe et repliée à son extrémité.

Tous ces allumoirs fonctionnent bien et rendent de réels services ; on peut les considérer comme des auxiliaires naturels et indispensables des sonneries électriques domestiques, et c'est certainement la pile Leclanché qui, pour la plupart d'entre eux, a rendu leur emploi pratique.

Allumoirs-extincteurs. — Les appareils auxquels nous donnons ce nom donnent la solution d'un problème assez singulier qu'on peut poser en ces termes :

Établir un système électrique de telle façon qu'en fermant le cir-

cuit par un contact sur ce système, on puisse allumer une lampe
placée à distance, si elle est éteinte, ou l'éteindre, si elle est allumée.

M. Arnoult en a donné une première solution assez compli-

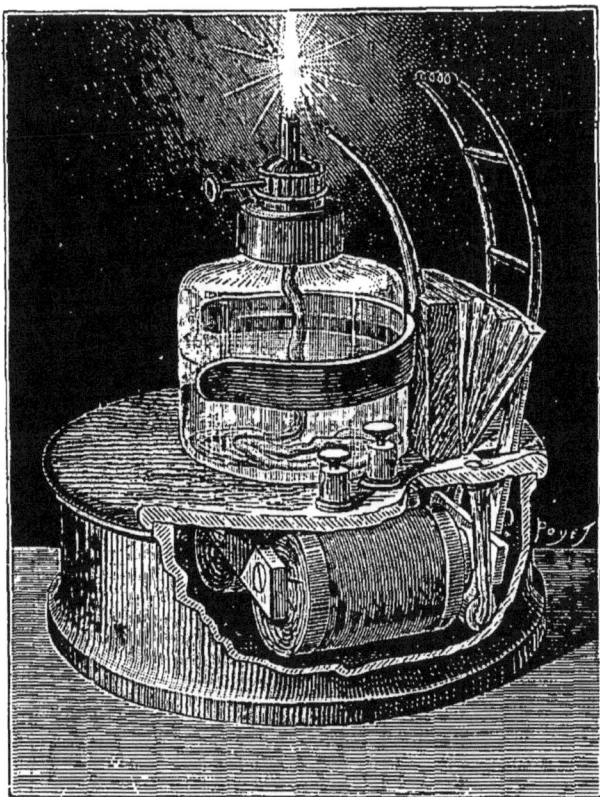

Fig. 71. — Allumoir-extincteur de M. Maigret.

quée à l'aide d'un double système d'électro-aimants, de commutateurs intérieurs à l'appareil, etc. Nous en ferons connaître
deux solutions simples, élégantes et ingénieuses, dues à MM. Maigret et Ranque.

Dans le système de M. Maigret, représenté figure 71, la lampe
à essence ou à pétrole est placée sur un socle qui renferme un
électro-aimant horizontal. L'armature de cet électro-aimant
porte deux longues tiges de cuivre auxquelles on fixe une petite
spirale de platine, ces tiges agissant en même temps sur un pe-

tit soufflet auquel est fixé un tuyau dont l'extrémité débouche
près de la mèche de la lampe.

En envoyant un courant dans l'appareil (en pratique, il suffit de quatre éléments Leclanché, modèle ordinaire de sonnerie,

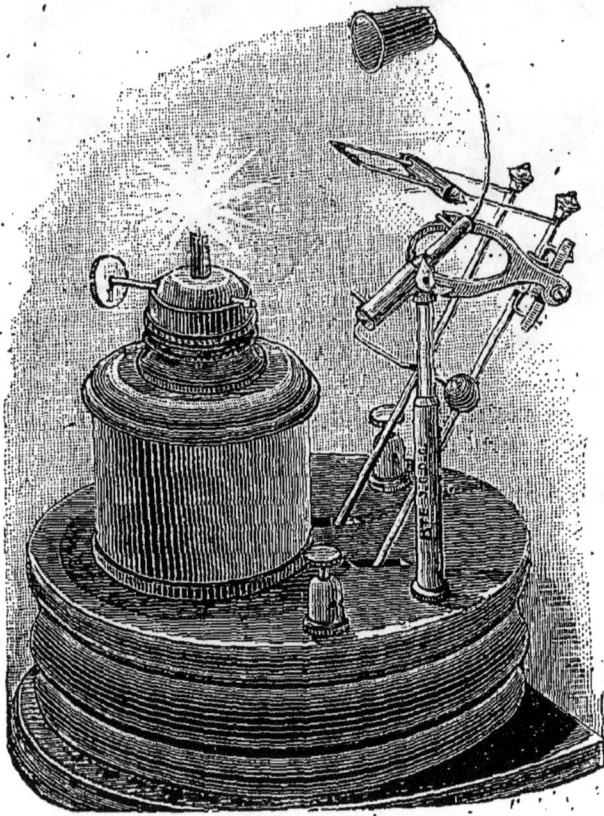

Fig. 72. — Allumoir-extincteur de M. Paul Ranque.

ou de deux éléments à surface), il se produit l'un des deux effets
suivants :

1° Si la lampe est *éteinte*, le courant traverse à la fois l'électro-
aimant et la spirale, le premier attire l'armature et rapproche la
spirale de la mèche qui s'enflamme, mais le soufflet étant mis en
action avant que la spirale ne s'approche de la mèche, il souffle
une lampe *éteinte*, ce qui ne présente aucun inconvénient. Lorsque le courant cesse de passer, la spirale reprend sa position
primitive et laisse la lampe allumée.

2° Si la lampe est *allumée*, le courant traverse l'électro-aimant, le soufflet agit cette fois, éteint la lampe, et si ce contact électrique n'est pas assez prolongé pour que la spirale ait le temps de rallumer la lampe, au moment où le courant cesse de passer, la spirale reprend sa position première en laissant la lampe éteinte. La forme de l'appareil permet de le placer à l'intérieur d'une suspension, dans une chambre à coucher, une antichambre et autres lieux où la lumière n'est nécessaire qu'à intervalles irréguliers et inégaux.

M. Ranque a donné aussi une forme simple et nouvelle à son allumoir (fig. 72). Un électro-aimant, dissimulé dans le socle, rapproche la spirale de platine de la mèche. L'éteignoir, équilibré par un contrepoids, oscille autour d'un axe horizontal. Le support de cet éteignoir porte deux petites goupilles contre lesquelles viennent agir successivement deux crans placés sur une pièce en forme d'ovale, fixée sur les côtés des tiges mobiles.

Dans la position représentée figure 72, à la première émission de courant, le cran supérieur agit pour abattre l'éteignoir, mais la course des tiges porte-spirale est limitée pour que la spirale ne vienne pas buter contre l'éteignoir qui la détériorerait. A l'émission suivante, le cran inférieur agit pour relever l'éteignoir, tandis que la spirale s'approche de la mèche et l'enflamme.

Il est commode d'actionner ces allumoirs-extincteurs, qui peuvent être placés à distance, non pas par un bouton de contact, mais par un système à tirage, qu'il est toujours plus facile de retrouver dans l'obscurité sans de grands tâtonnements.

Depuis que ces lignes ont été écrites, M. Ulmann nous a fait connaître un nouvel allumoir à gaz dans lequel la pile est supprimée et remplacée par une machine d'induction tactique. L'appareil peut alors fonctionner indéfiniment sans renouvellement ni entretien, ce qui justifie le nom d'*allume-gaz électrique perpétuel* sous lequel on le désigne.

L'ÉCLAIRAGE ÉLECTRIQUE DOMESTIQUE

De toutes les applications domestiques de l'électricité, l'éclairage est sans contredit celle qui tente le plus les amateurs, et le désir ne fait que s'accroître chaque jour, à mesure que les lampes se perfectionnent et qu'on apprécie davantage les nombreux et incontestables avantages de ce nouvel illuminant. L'obstacle le plus sérieux qui s'oppose à la généralisation de l'éclairage électrique réside (question de prix de revient à part, qui, dans une petite installation, n'est et ne peut être que très élevé) dans les difficultés inhérentes à la production de l'énergie électrique. Du jour où la distribution de l'électricité à domicile sera un fait accompli, l'emploi de l'éclairage électrique deviendra général, dût-on faire payer, à lumière égale, une somme supérieure à celle payée pour le gaz. Ce supplément de dépense serait largement racheté par une chaleur moins grande, des dangers d'incendie moindres, une lumière plus fixe, surtout avec l'incandescence, une atmosphère plus respirable, des plafonds moins noirs, etc., etc.

Malgré les difficultés inhérentes à la production de l'énergie électrique en quantité suffisante pour l'éclairage, et à cause des qualités particulières qu'il présente, plusieurs particuliers ont passé outre sur ces difficultés et ont installé pour leur service personnel de véritables petites usines électriques qui satisfont, dans une certaine mesure, à leurs besoins journaliers ou intermittents. Nous en ferons connaître quelques-unes après avoir décrit rapidement les principaux organes nécessaires à leur fonctionnement : moteurs, machines, piles, accumulateurs, lampes et accessoires.

MOTEURS.

Tous les moteurs ne conviennent pas également bien à un éclairage privé. Les machines à vapeur demandent une mise en train trop grande et ne s'appliquent avec avantage qu'à une installation importante, dont l'examen sortirait tout à fait de notre cadre ; les moteurs à air chaud demandent aussi une mise en train préalable. Il ne reste donc que les moteurs hydrauliques, applicables seulement dans des cas restreints, et les moteurs à gaz.

Si l'on dispose d'une chute d'eau suffisante, les turbines à grande vitesse conviennent très bien à la mise en mouvement des machines magnéto ou dynamo-électriques. L'ouverture d'un simple robinet suffit pour les mettre en marche ou les arrêter. Malheureusement, ce cas-là est l'exception, et nous n'insisterons pas davantage sur une application encore si restreinte.

Moteurs à gaz. — Le moteur à gaz présente la plupart des qualités requises pour l'éclairage domestique ; aussi a-t-il déjà reçu en France, en Angleterre, en Allemagne et en Amérique, un grand nombre d'applications à cet usage spécial. Lorsque la force nécessaire dépasse un cheval, on emploie de préférence le moteur Otto dont la figure 73 montre les dispositions d'ensemble et la forme extérieure.

Rappelons en quelques mots le principe des moteurs à gaz. Un moteur à gaz se compose d'un cylindre dans lequel se meut un piston ; on introduit dans le cylindre un mélange convenable d'air et de gaz d'éclairage, et on enflamme ce mélange, soit par l'électricité, comme dans le moteur Lenoir, soit par un jet de gaz, comme dans les systèmes Hugon, Otto et Bishopp.

La haute température produite par la combustion du mélange dilate le gaz, et le piston est poussé avec une force qui dépend de la composition du mélange, de son volume et de sa combustion plus ou moins complète, plus ou moins méthodique. Lorsque le

Fig. 73. — Moteur à gaz horizontal, système Otto (Type de 4 chevaux. Échelle : 1/20).

mélange dilaté a produit son effet, on l'évacue, on introduit dans le cylindre un nouveau mélange qu'on enflamme et ainsi de suite.

Voilà le principe : il est simple, mais que de difficultés dans son application ! Ce sont ces difficultés qui ont été vaincues par M. Otto, d'une façon très heureuse, dans le moteur que nous allons maintenant examiner.

L'aspect extérieur est celui d'une machine à vapeur; on y voit l'arbre de transmission, la poulie, le volant, la manivelle, la bielle et le cylindre moteur, mais là s'arrête la ressemblance.

Le cylindre est ouvert à son extrémité, du côté de l'arbre de la transmission ; c'est un cylindre à simple effet dans lequel se meut le piston, et le mélange gazeux arrive par le fond de ce cylindre dans un tiroir de distribution qu'on voit sur la gauche de la figure.

Le fonctionnement de cette machine est particulier en ce sens que, sur quatre coups de piston, il n'y en a qu'*un seul* qui produise du travail.

Considérons, en effet, la machine dans les quatre phases qui constituent sa marche normale.

Première phase. Le piston moteur aspire le mélange gazeux et l'introduit dans le cylindre.

Deuxième phase. Le mélange gazeux est *comprimé* par le piston qui revient sur lui-même et ramené aux $\frac{2}{3}$ du volume qu'il occupait à la fin de la première phase.

Ces deux phases constituent le premier tour de la machine.

Troisième phase. Le mélange gazeux est enflammé, le piston est repoussé, agit sur la manivelle de l'arbre moteur, c'est la *phase motrice.*

Quatrième phase. Les gaz qui ont agi sur le piston sont évacués par le mouvement rétrograde du piston.

On voit donc que, sur ces quatre phases qui représentent deux tours de l'arbre moteur, la seconde *dépense* du travail, puisqu'elle comprime le mélange gazeux, la première et la quatrième ne produisent rien et dépensent même un peu de travail pour l'aspiration du mélange et le refoulement de ce mélange à l'extérieur, la troisième seule produit du travail.

Comme les phases de la distribution d'air et de gaz ne se renouvellent que tous les deux tours, il a fallu disposer toute la distribution sur un arbre spécial, dont la vitesse est deux fois moindre que celle de l'arbre moteur.

L'aspiration de l'air et l'évacuation des produits de la combustion se font à l'aide de soupapes mises en mouvement par des cames fixées sur l'arbre de distribution qui se soulèvent au moment précis où elles doivent fonctionner.

Le tiroir est combiné de telle sorte que le mélange gazeux n'est pas homogène, mais composé de couches de moins en moins explosives à partir du fond du cylindre. Il en résulte que ce n'est pas à proprement parler une *explosion* qui se produit dans le cylindre, mais bien une *combustion à durée prolongée*.

Ce résultat est obtenu en introduisant d'abord un mélange *faiblement explosif*, formé de 15 parties d'air pour une de gaz, et à la fin un mélange *fortement explosif* composé de 7 parties d'air pour une de gaz. Lorsqu'on examine les diagrammes qui représentent la pression à chaque instant dans le cylindre, on est frappé de la forme régulière que prend la courbe des pressions, résultat très important quand on considère combien les pressions brusques détériorent les organes des machines par les chocs qu'elles produisent.

L'inflammation du mélange se fait par un brûleur placé à l'extérieur et qui, à un moment donné, correspond avec le tiroir de distribution.

Le réglage de la machine se fait automatiquement ; un régulateur à boules placé dans une calotte sphérique, au-dessous du cylindre, et mis en mouvement par l'arbre de distribution, agit, par une combinaison de leviers, sur une came qui permet ou empêche l'introduction du gaz dans la machine, suivant que sa vitesse est au-dessous ou au-dessus de la valeur moyenne pour laquelle le régulateur est disposé. C'est donc par le nombre d'explosions, ou plutôt par le nombre de coups de piston moteurs, produits en une minute, que la vitesse est maintenue, sinon parfaitement constante, du moins entre deux limites très rapprochées. Cette disposition rend la machine très élastique et l'empêche de s'emporter ou de se ralentir, quelles que soient les variations du travail résistant.

La machine est complétée par une circulation d'eau qui empêche le cylindre de s'échauffer, un graissage automatique mis en mouvement par la machine elle-même, un compteur à gaz, une poche en caoutchouc qui empêche que les aspirations du gaz par la machine ne produisent des variations trop brusques dans les becs voisins.

Ajoutons que le moteur Otto est silencieux, résultat dû à la combustion graduée qui supprime les chocs, et aux réservoirs intermédiaires, placés sur les conduites d'aspiration de l'air et de l'évacuation dans l'atmosphère des produits de la combustion. Le moteur de quatre chevaux effectifs, marchant à 160 tours par minute, pèse 1800 kilogr. avec son socle. Il faut lui fournir 40 litres d'eau par cheval et par heure, pour le refroidissement du cylindre, ou installer un réservoir de 1500 litres à circulation continue.

Le moteur Otto consomme moins de un mètre cube de gaz environ par cheval et par heure; c'est un sérieux progrès sur les machines Lenoir qui, à l'origine, consommaient 2700 litres.

Pour la commande des machines dynamo-électriques attelées directement sur les lampes, le moteur a un seul cylindre, à une vitesse assez irrégulière qui se traduit, à chaque coup de piston moteur, par une sorte de respiration de la lumière assez fatigante.

On fait disparaître cet inconvénient par plusieurs artifices. Tantôt on double le volant de la machine et on dispose aussi des volants sur les transmissions; tantôt on emploie un moteur à deux cylindres conjugués qui donnent alors une vitesse absolument constante; tantôt on dispose en dérivation sur les bornes de la machine une série d'accumulateurs qui jouent le rôle de volant électrique, emmagasinant l'énergie électrique pendant les

instants où·là production·est excessive et restituant ensuite pendant les instants où elle devient insuffisante.

Moteur à gaz domestique de M. Forest. — Pour des
éclairages électriques de peu d'importance, là où l'on peut charger des accumulateurs pendant quelques heures de la journée,
et où la force nécessaire n'atteint pas un cheval, le petit moteur
de M. Forest constitue un appareil à bon marché, de construction

Fig. 74. — Vue d'ensemble du·moteur à gaz domestique de M. Forest.

simple, facile à mettre·en marche età entretenir, et dont l'application se trouve tout indiquée. ·

Cet appareil, comme ses devanciers, est constitué par un cylindre à simple effet dans lequel se meut un piston auquel la
déflagration du mélange détonant formé par l'air et le gaz
d'éclairage·imprime une impulsion par tour; cette impulsion se
transmet à l'arbre de rotation par l'intermédiaire d'une manivelle ou·d'une bielle en retour, ce qui permet de réduire le volume de l'appareil. La distribution s'opère à l'aide d'une came
qui·fait ouvrir et fermer périodiquement le tiroir pour produire

successivement les trois phases d'admission, d'inflammation et d'échappement.

La distribution est réglée de telle sorte que l'inflammation se produit dans la partie où le mélange est le plus explosif; ce qui correspond aux conditions de rendement maximum. La légende

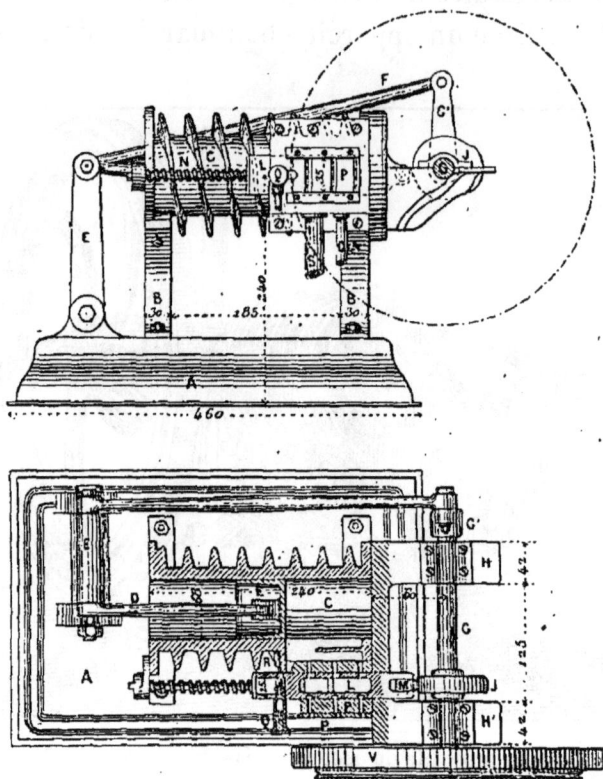

Fig. 75. — Vue latérale et coupe horizontale du moteur de M. Forest.
C. Cylindre. — E. Piston. — J. Came. — M. Galet. — L. Tiroir. — P. Plaque d'arrivée de l'air. — p. Contre-plaque de réglage d'arrivée de l'air. — O. Arrivée du gaz. — S. Tuyau d'échappement. — R. Bec veilleur. — Q. Bec d'allumage. — V. Volant.

qui accompagne la figure 75 permet de saisir le rôle des différents organes qui composent le moteur.

Le bec inflammateur, éteint à chaque coup par l'explosion, se rallume chaque fois à un bec veilleur disposé à la partie antérieure du tiroir. Pour refroidir le cylindre, M. Forest a disposé à sa surface une nervure hélicoïdale très haute et très mince, venue de fonte avec le cylindre lui-même, et offrant à l'air am-

biant une grande surface de refroidissement, tout en augmentant
sa résistance mécanique.

On règle la vitesse du moteur en réglant l'accès de l'air à l'aide
d'une plaque et d'une contre-plaque percées de fentes longitudinales parallèles. La *section* d'arrivée de l'air dépend des positions relatives des fentes ménagées sur la plaque et la contre-
plaque mobile à volonté. Le moteur Forest se construit sur cinq
grandeurs différentes. Le plus petit type, dont le socle n'a pas
plus de 46 centimètres de longueur sur 29 centimètres de largeur, développe 4 kilogrammètres par seconde et consomme
environ 200 litres de gaz à l'heure. Le type de 10 kilogrammètres consomme 300 litres ; celui de 15 kilogrammètres ($\frac{1}{5}$ de cheval) consomme environ un demi-mètre cube ; celui de $\frac{1}{3}$ de cheval dépense 700 litres et celui d'un cheval, le plus grand type
construit jusqu'ici, demande 1 400 litres par heure. Ces chiffres
montrent que le moteur Forest convient surtout pour les petites
forces, car, dès qu'on dépasse un cheval, les moteurs Otto, dépensant moins d'un mètre cube de gaz par cheval et par heure, sont
par ce fait même plus avantageux. Le choix de l'un ou de l'autre
de ces moteurs est donc déterminé par la nature des applications.

LES MACHINES.

Pour les expériences de courte durée, l'appareil le plus commode est la machine Gramme mue à la manivelle (fig. 76) ou à
la pédale. Lorsqu'on veut s'en servir pour charger un petit nombre d'accumulateurs et qu'on dispose d'un petit moteur hydraulique ou à gaz (Voy. page 112), rien n'est plus facile que d'adapter une poulie et des cordes de transmission pour la mettre en
mouvement. Pour la charge des accumulateurs en particulier,
la machine magnéto-électrique présente cet avantage que le
renversement du sens du courant est impossible. En cas d'arrêt
accidentel, il suffit d'intercaler dans le circuit de charge un
disjoncteur automatique qui rompt le circuit avant que les accumulateurs ne puissent se décharger dans la machine.

Pour les installations plus importantes, il faut faire usage de machines *dynamos*, c'est-à-dire de machines dans lesquelles le champ magnétique dans lequel tourne l'anneau est constitué par un *électro-aimant*, et non pas par un aimant permanent.

Nous renvoyons le lecteur à ce que nous avons dit sur ces machines dans *Les principales applications de l'électricité*; leur étude

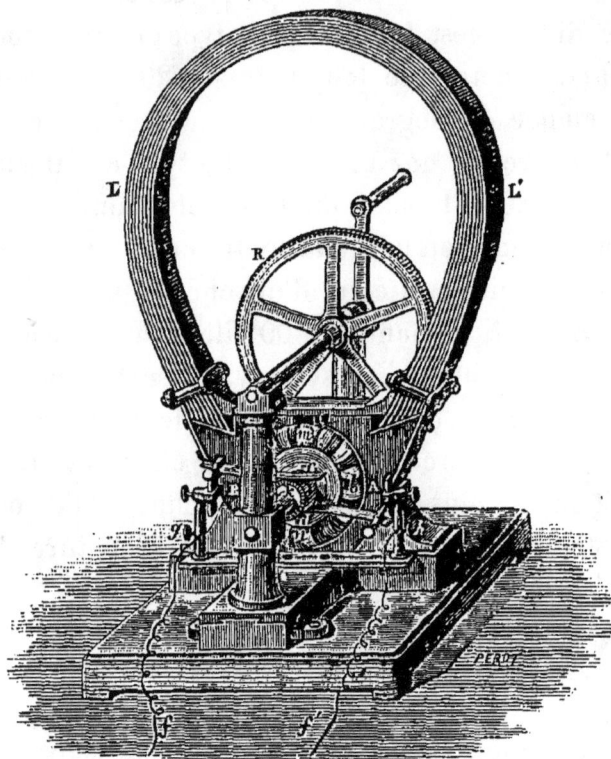

Fig. 76. — Machine Gramme à manivelle.

nous entraînerait ici trop loin. Nous nous contenterons d'indiquer que les *shunt-dynamos*, ou machines excitées en dérivation, conviennent plus spécialement pour la charge des accumulateurs, tandis que les *compound-dynamos*, ou machines à double enroulement, disposées plus spécialement pour l'éclairage direct, permettent de réaliser la distribution dans une certaine mesure. Si, par exemple, notre installation comporte 60 lampes, il nous sera possible, à l'aide de *compound-dynamos*, d'avoir une seule lampe allumée à la fois ou toutes les 60, d'en allumer ou d'en éteindre un nombre quelconque, variable à volonté, sans troubler le fonctionnement de toutes les autres.

LES PILES A GRAND DÉBIT.

A propos des piles *continues* (Voy. page 19), nous avons déjà indiqué quelques piles capables de fournir un débit assez intense et assez prolongé, comme par exemple les piles Daniell à grande surface et les piles de Lalande et Chaperon.

Nous signalerons ici quelques nouvelles piles plus spécialement. disposées pour l'éclairage électrique, capables de donner des résultats satisfaisants, à la condition de ne pas se faire, dès le début, trop d'illusions sur les services qu'elles peuvent rendre, l'énergie électrique qu'on peut en tirer, leur prix de revient et les manipulations inséparables de leur emploi.

Pile au bichromate de potasse. Modèle de M. Trouvé. — En construisant le modèle de pile représenté figure 77, M. Trouvé s'est proposé d'établir une source électrique présentant une constance suffisante pour produire un éclairage de quelques heures (quatre à huit, suivant le nombre de lampes alimentées), à l'aide de lampes à incandescence appropriées à cet usage, et ne demandant pas plus de 12 à 14 volts de force électromotrice, ce qui permet de réaliser un éclairage très satisfaisant avec deux batteries, et dont le poids total ne dépasse pas 67 kilogrammes.

Chaque batterie se compose d'une auge en chêne garnie de six cuvettes en ébonite qui contiennent le liquide de chaque élément. Les zincs et les charbons, reliés entre eux par des pinces mobiles, sont montés sur un treuil qui permet de faire varier à volonté leur immersion dans le liquide et de régler le débit en plongeant plus ou moins les éléments, c'est-à-dire en faisant varier la résistance intérieure de la batterie et sa surface active.

Un arrêt en bois empêche les éléments de sortir complètement des cuves ; en supprimant cet arrêt, en le poussant de côté, la hauteur du treuil permet de les rendre absolument indépendants, de manière à vider ou à remplir les cuves en ébonite.

La face antérieure de l'auge est munie, à cet effet, d'une charnière qui permet de l'ouvrir et de sortir les cuvettes sans déranger les éléments.

Les éléments sont formés d'une lame de zinc et de deux charbons cuivrés galvaniquement à leur partie supérieure. Le zinc présente une encoche qui sert à le fixer à l'axe métallique recouvert de caoutchouc qui supporte les éléments. Cette disposition permet de déplacer très rapidement les zincs pour les amalgamer ou les remplacer.

Le poids total d'une batterie de 6 éléments est d'environ 34 kilogrammes ainsi répartis :

6 zincs......................	7,68 kilogrammes.
12 charbons.................	5,46 —
6 cuvettes en ébonite.......	1,62 —
Contacts....................	0,60 —
Boîte en chêne.............	3,00 —
Montants en fer............	2,30 —
Liquide....................	12,80 —
Poids total............	33,46 kilogrammes.

La composition du liquide, pour une batterie, est la suivante :

Eau......................	8 kilogrammes.
Bichromate de potasse pulvérisé..................	1,2 —
Acide sulfurique............	3,6 —
Total..............	12,8 kilogrammes.

Voici comment la solution est préparée :

On jette dans l'eau le bichromate en poudre, et, après avoir agité, on ajoute l'acide sulfurique en le versant en mince filet, très lentement, tout en continuant d'agiter ; le mélange s'échauffe peu à peu et le bichromate une fois dissous reste limpide et ne dépose pas par cristallisation en se refroidissant. La préparation demande de huit à dix minutes. Il faut avoir bien soin de ne pas faire usage d'un agitateur en bois qui serait rapidement carbonisé en épuisant inutilement une partie de la solution.

On doit attendre que la solution soit refroidie pour l'introduire dans la batterie.

Deux batteries Trouvé en tension, montées à neuf avec la solution que nous venons d'indiquer, nous ont donné les résultats suivants :

1° Un courant constant de 8 ampères pendant quatre heures

Fig. 77. — Pile au bichromate de potasse: — Modèle de M. Trouvé.

un quart, en ayant soin d'abaisser de temps en temps les zincs pour augmenter la surface active au fur et à mesure de l'épuisement du liquide. (Après le coup de fouet du commencement qui a duré un quart d'heure environ, le courant est resté constant pendant une heure et demie environ sans toucher aux batteries.)

2° Une phase décroissante de une heure vingt-cinq minutes pendant laquelle le courant est descendu très régulièrement de 8 à 5 ampères. Nous avons arrêté l'expérience après cinq heures quarante minutes, un courant inférieur à 5 ampères cessant d'être pratiquement utilisable dans le cas spécial.

Les zincs, pesés avant et après l'expérience, ont indiqué une consommation totale de 11 463 grammes, soit en moyenne 122 grammes par élément.

La consommation théorique, en supposant les actions secondaires nulles, aurait dû être de 53 grammes par élément, d'après les équivalents électrochimiques et la quantité totale d'électricité fournie par les batteries.

Les douze éléments ont fourni un travail électrique disponible constant de 13,5 kilogrammètres par seconde pendant quatre heures un quart durant la première phase, et un travail moyen de 9 kilogrammètres par seconde pendant une heure vingt-cinq minutes pour la seconde phase, soit un travail total de 253 350 kilogrammètres ou 0,96 de cheval-heure, c'est-à-dire sensiblement un demi-cheval-heure par batterie de six éléments.

Lorsqu'on tient compte de ce fait que le poids de deux batteries pourrait être facilement réduit et amené à 50 kilogrammes seulement, et que ces batteries représentent un cheval-heure d'énergie électrique *disponible*, on voit que les piles au bichromate sont le réservoir d'énergie électrique le plus léger actuellement connu. (Depuis ces expériences, M. le capitaine Ch. Renard a inventé une pile qui fournirait un cheval-heure d'énergie électrique disponible sous un poids de 20 kilogrammes seulement, mais la composition de cette pile n'est pas encore connue.)

Nous ne croyons pas utile de faire intervenir ici le prix de la bougie-heure et la quantité totale de bougies-heure que la pile peut fournir, et nous ne saurions trop mettre les amateurs en garde contre ce procédé d'estimation par trop fantaisiste.

Outre l'incertitude des appréciations photométriques, et la tendance générale des inventeurs et des constructeurs à plus-évaluer la lumière produite, nous estimons que la production en bougies-heure n'a aucune valeur scientifique. Qu'on vienne à découvrir demain une substance plus réfractaire que le charbon et possédant ses qualités électriques, il sera alors possible de doubler, quadrupler ou décupler la lumière sans augmenter la dépense d'énergie électrique. Le nombre de bougies-heure fourni par la pile aura doublé, quadruplé ou décuplé, sans que cependant les batteries aient consommé un atome de moins ou produit un kilogrammètre de plus.

En résumé, il résulte de nos expériences que deux batteries Trouvé chargées à neuf, montées en tension, peuvent fournir un courant de 8 ampères et de 13,5 kilogrammètres par seconde pendant quatre heures et quart, et une décharge décroissante moyenne d'une heure et demie environ pendant laquelle le courant baisse de 8 à 5 ampères. L'énergie totale disponible fournie est de 1 cheval-heure ou 270 000 kilogrammètres. Cette quantité d'énergie coûte :

Zinc	1 460 grammes.	
Bichromate de potasse	2 400	—
Acide sulfurique	7 200	—

Plus l'amalgamation des zincs, la main-d'œuvre, amortissement et autres petits frais généraux communs à tous les systèmes.

Le lecteur a ainsi tous les éléments pour calculer le prix de revient du cheval-heure électrique utilisable ensuite à volonté pour l'éclairage ou la force motrice.

Pile de M. Radiguet. — La pile construite par M. Radiguet dérive de la pile de Poggendorff. Elle est formée d'un vase extérieur en grès contenant une solution acide et concentrée de bichromate de potasse, dans laquelle plongent trois lames de charbon de cornue formant le pôle positif; un vase poreux, placé au milieu, renferme de l'acide sulfurique étendu d'eau. C'est dans ce vase poreux que plonge le zinc bien amalgamé, formant le pôle négatif de la pile. Les zincs peuvent rester immergés sans inconvénient à courant ouvert. La force électromotrice atteint 2,15 volts au début, mais elle tombe rapidement à 2 volts en service.

M. Radiguet a disposé la batterie de quatre éléments destinée à faire fonctionner la lampe, dans une boîte à quatre compartiments, munie de deux poignées qui permettent de transporter facilement tout le système. Les zincs peuvent s'élever ou s'abaisser tous les quatre à la fois dans leurs vases poreux respectifs ; ils sont, comme le montre la figure 78, fixés à un support de bois en forme de croix qui glisse verticalement le long d'un montant à crémaillère. Notre gravure représente les zincs sortis du

Fig. 78. — Batterie à quatre éléments de M. Radiguet.

liquide. Le tout est contenu dans une boîte qui ne dépasse pas 0ᵐ,40 de hauteur, et qui forme un *véritable nécessaire de lumière électrique.*

Cette grande boîte, en effet, peut contenir la petite lampe et les flacons de sel qui permettent de préparer les liquides.

Les sels sont composés d'un *sel chromique* spécial (bichromate de potasse acide) pour former le liquide extérieur, et de bisulfate de potasse additionné d'acide sulfurique pour les vases poreux. Il suffit de dissoudre ces sels dans le volume d'eau nécessaire. Quand on ne craint pas le maniement des acides et que l'on veut faire les préparations soi-même, voici les formules que recommande M. Radiguet pour son appareil : Vase extérieur : eau, 450 grammes ; bichromate de potasse, 70 grammes ; acide sulfurique, 150 centimètres cubes.

Vase poreux : eau, 175 grammes ; acide, 20 centimètres cubes.

Le niveau du vase poreux doit être plus élevé que celui du vase extérieur. Il faut attendre le complet refroidissement des liquides pour monter la pile.

Pile de laboratoire et d'appartement. — Pour l'éclairage électrique direct, ou la charge des accumulateurs, dans le but de prolonger utilement, au delà des heures de consommation, la production de l'énergie électrique, l'accumuler et amplifier le travail électrique pendant la décharge, M. E. Reynier a modifié l'élément Daniell en lui donnant la forme représentée figure 80.

Le récipient est en cuivre et fait fonction d'électrode positive. Le zinc, de forme rectangulaire, est habillé d'un vase poreux en papier parchemin, le zinc remplit presque entièrement ce vase poreux spécial, que nous appelons *cloisonnement*. Une toile mince, cousue par-dessus, protège le papier.

Un zinc ainsi *cloisonné*, baignant dans une solution de sulfate de cuivre, constitue, avec la paroi du récipient, un couple constant à petite résistance.

Dans le compartiment très étroit qui renferme le zinc, le sulfate de zinc se forme d'abord par action locale, aux dépens de l'électrode et d'une petite quantité de sulfate de cuivre qui arrive sur elle à travers le cloisonnement. Le couple se met donc, de lui-même, dans les conditions de son fonctionnement normal. L'excès de sulfate de zinc qui s'élaborera ultérieurement par la fermeture du circuit se diffusera vers le compartiment extérieur. Cette action d'osmose est suffisamment rapide, favorisée qu'elle est par la grande solubilité du sel, et par un phénomène de

Fig. 79. — Installation des piles de M. E. Reynier pour l'éclairage, la formation des accumulateurs et les divers travaux du laboratoire.

transport effectué du négatif au positif dans l'intérieur du couple, par le courant lui-même. Ainsi, l'osmose devient énergique
justement quand il est nécessaire qu'elle le soit.

On n'a donc pas à s'occuper du compartiment zinc : le service
de l'appareil est pratiquement ramené à celui d'une pile à un
seul liquide.

Encore le renouvellement du sulfate de cuivre est-il des plus

Fig. 80. — Élément à sulfate de cuivre et zinc cloisonné de M. E. Reynier.
A. Zinc. — B. Parchemin. — C. Toile.

simples : ce travail consiste à abaisser le tube de caoutchouc dont
chaque pile est pourvu, pour laisser écouler une partie du liquide
épuisé ; à relever ensuite ces caoutchoucs pour ajouter de l'eau
ordinaire, et à jeter une dose pesée d'avance de sulfate de cuivre
dans une nacelle d'osier suspendue à la partie supérieure des
récipients.

Pour diminuer la résistance intérieure, on peut jeter dans les
couples quelques grammes d'un mélange conducteur, composé
de plusieurs sels neutres ou acides, solubles et peu coûteux, tels

que chlorures et sulfates de potassium et de sodium, sulfate d'ammoniaque, nitrate et bisulfate de soude, etc.

Une fois par mois, on démonte la pile pour changer les zincs cloisonnés et recueillir le cuivre réduit, qui se dépose en tables épaisses sur les parois des cuves, d'où on le détache aisément au moyen d'un couteau de bois. Son prix vient naturellement en déduction sur la dépense générale.

Rien ne limite le choix des formes et dimensions à donner aux cuves et aux zincs, ceux-ci pouvant, d'ailleurs, être pliés avec leurs cloisonnements, ce qui permet de multiplier les surfaces en présence dans une capacité donnée, toujours comme s'il s'agissait d'une pile à un seul liquide.

Les couples du plus petit modèle ont les dimensions suivantes : zinc : longueur $0^m,333$, largeur $0^m,160$; — cuve : longueur $0^m,440$, largeur $0^m,050$, hauteur $0^m,220$.

Les constantes sont, pour ce format : $E = 1^{volt},07$; $R = 0^{ohm},14$ (1).

La dépense par vingt-quatre heures, pour un travail voisin des conditions de maximum, est, pratiquement, de : sulfate de cuivre, $0^k,400$; zinc, environ $0^k,100$; avec une production de cuivre de $0^k,090$ à peu près.

M. Reynier a mis en service chez lui une pile de soixante-huit petits couples. Elle est représentée (fig. 79), dans la place même qu'elle occupe, sous les fenêtres du salon, dans une petite cour large de 2 mètres, qui sépare la maison de la rue. Cette pile est tour à tour employée à la *formation* d'accumulateurs, aux travaux du laboratoire et à l'éclairage du logis.

LES ACCUMULATEURS.

On donne le nom générique d'*accumulateur* à tout appareil

(1) Le travail extérieur maximum, calculé au moyen de l'expression :

$$T = \frac{E^2}{4\,g\,R}\,t,$$

est donc égal à 0,2 kilogrammètre par seconde, environ.

capable d'emmagasiner de l'énergie ou du travail sous une forme quelconque et de la restituer ensuite à volonté. Les *accumulateurs électriques* en particulier sont des appareils qui reçoivent de l'énergie sous forme électrique (courant de *charge*), l'emmagasinent sous forme d'action chimique, et la restituent ensuite sous forme d'énergie électrique (courant de *décharge*) utilisable à volonté pour l'éclairage, la force motrice, etc.

Un accumulateur électrique n'est pas autre chose qu'une pile *réversible*, c'est-à-dire une pile susceptible d'être régénérée indéfiniment en la faisant traverser par un courant de sens inverse à celui qu'elle produit elle-même, courant qui ramène les corps composants dans leur état primitif, et leur permet de reproduire une nouvelle quantité d'énergie, énergie limitée dans chaque cas par la nature et la quantité des matières actives, ainsi que par la durée et la puissance du courant de *charge*.

Toute pile dans laquelle l'action chimique qui produit le courant ne donne pas naissance à des produits volatils est *théoriquement* réversible et susceptible de constituer un accumulateur.

Pratiquement, le plomb seul convient bien aux effets de cette nature, aux charges et aux décharges successives, comme l'a montré le premier M. *Gaston Planté* en 1860.

En dehors de leur rôle d'accumulateurs, ils peuvent aussi jouer le rôle de *transformateurs*, c'est-à-dire qu'ils permettent d'obtenir, pendant un temps plus court, des effets de tension ou d'intensité beaucoup plus puissants que ceux de la source primitive, ou, inversement, de produire des effets moins intenses, mais pendant un temps beaucoup plus long.

C'est ainsi, par exemple, qu'avec 800 petits couples de M. Planté chargés en quantité avec deux éléments Bunsen et couplés ensuite en tension, on peut illuminer directement un tube de Geissler et reproduire tous les effets de l'électricité dite *statique*.

On est même parvenu dans ces derniers temps à construire de petits accumulateurs par un procédé analogue aux piles sèches, et à les charger tous en tension avec une machine de Holtz; en les recouplant ensuite en quantité, on peut en tirer des effets de même nature que ceux fournis par l'électricité dite *dynamique*.

Le cycle de transformations est donc complet, et les deux expériences inverses que nous signalons montrent une fois de plus quels liens étroits existent entre tous les phénomènes électriques.

Construction d'un accumulateur. — Le moyen le plus simple pour construire un accumulateur consiste à enrouler en spirale deux lames de plomb longues et larges en les séparant par une toile grossière (fig. 81) et à les plonger ensuite dans un bocal plein d'eau acidulée sulfurique au $\frac{2}{20}$ ou au $\frac{2}{25}$ en volume.

C'est l'accumulateur construit par M. Gaston Planté dès 1860.

La toile présente l'inconvénient de s'altérer à la longue et d'augmenter la résistance intérieure de l'accumulateur. M. Planté préfère séparer les lames par des bandes étroites de caoutchouc qui ne s'altèrent pas dans l'eau acidulée et ne recouvrent qu'une faible partie de la surface des électrodes.

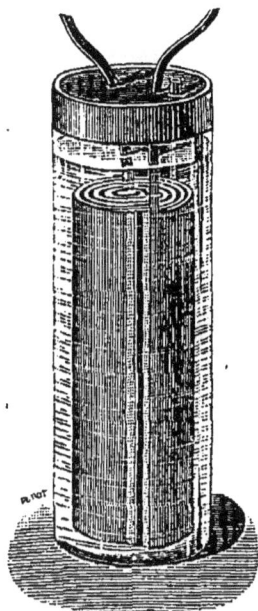

Fig. 81. — Pile secondaire Planté. — Modèle de 1860.

Voici comment M. Planté indique lui-même la construction de ces couples :

« Deux paires de bandes de caoutchouc (fig. 82), d'un centimètre environ de largeur, sur un demi-centimètre d'épaisseur, sont nécessaires pour empêcher les lames de se toucher réciproquement. Les lamelles qui forment leur prolongement sont taillées aux extrémités opposées des lames, pour mieux éviter les causes de contact et pour égaliser la distribution du courant primaire sur les surfaces des électrodes, en éloignant l'un de l'autre les deux électrodes. Toutefois cette disposition n'est pas indispensable, si les lames de plomb sont enroulées bien uniformément l'une autour de l'autre. L'action chimique du courant primaire se distribue alors également sur toute la surface du couple secondaire, quand même les deux pôles de la pile y déboucheraient très près l'un de l'autre.

« On enroule donc les *lames* de plomb, ainsi séparées par deux ou trois paires de bandes de caoutchouc, autour d'un cylindre en bois ou en métal (fig. 82).

« Il convient de placer deux petites bandes de caoutchouc transversales de la longueur du cylindre, devant les extrémités des bandes longitudinales, lorsqu'on commence à enrouler la

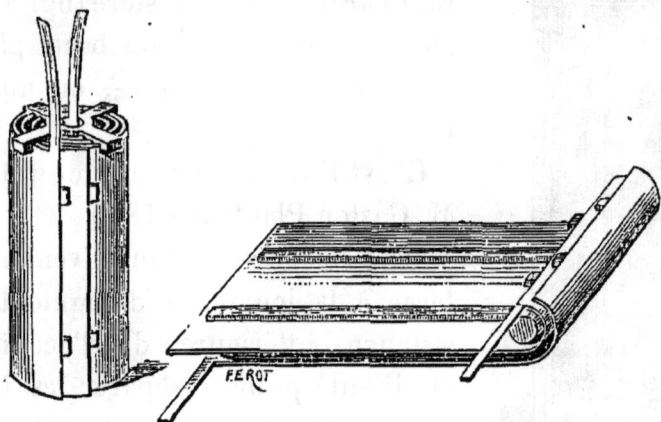

Fig. 82. — Fabrication des accumulateurs de M. Gaston Planté.

première spire, afin de bien séparer les bords des deux lames de plomb qui pourraient tendre à se toucher.

« L'enroulement une fois effectué, on enlève, avec précaution, le rouleau intérieur, et, pour donner plus de stabilité au système, on maintient les spires à leur place, d'une manière définitive, à l'aide de petits croisillons en gutta-percha ramollis par la chaleur. Le couple ainsi construit est introduit ensuite dans un vase cylindrique en verre, et assujetti, à l'intérieur, par de petites cales en gutta-percha. Le vase est rempli d'eau acidulée au $\frac{2}{10}$ par l'acide sulfurique.

« La figure 83 représente un couple ordinaire d'assez grande dimension, construit comme nous venons de le dire.

« Le vase en verre contenant les lames de plomb immergées

dans l'eau acidulée est recouvert d'un disque en caoutchouc
durci qui porte les pièces métalliques destinées à former le circuit secondaire, quand le couple est chargé. Les extrémités des
deux lames de plomb communiquent, à l'aide des pinces G et H,
à la fois avec une pile primaire formée de deux éléments de
Bunsen de petite dimension et avec les lamelles de cuivre MM'.
La lamelle M est disposée au-dessous d'une autre lamelle de
cuivre R dont l'extrémité prolongée, formant ressort, peut être
abaissée et pressée par le bouton B, et la lamelle M se trouve
alors en communication avec la pince A. La lamelle M', d'autre
part, est en communication constante avec la pince A', et, entre
les branches de ces deux pinces, sont placés les fils métalliques
destinés à être rougis ou fondus par le courant secondaire.
On peut encore faire aboutir à ces deux pinces les fils provenant
de tout autre appareil dans lequel on veut faire passer le même
courant. »

**Action chimique produite dans les couples secon-
daires à lames de plomb.** — Lorsqu'un couple secondaire
de grande surface est neuf, et qu'on vient à le faire traverser
par le courant de deux couples de Bunsen, le gaz oxygène
apparaît presque immédiatement sur la lame, et celle-ci ne tarde
pas à être recouverte d'une couche très mince de peroxyde de
plomb. D'un autre côté, l'hydrogène, après avoir réduit la faible
couche d'oxyde dont le plomb peut être couvert par l'exposition
à l'air, ne tarde pas à apparaître, et si, au bout de quelques instants, on essaie le courant secondaire produit par l'appareil, on
constate qu'il est déjà très énergique par la vivacité de l'étincelle
produite, lorsqu'on ferme et qu'on rompt aussitôt le circuit secondaire, avec un conducteur en cuivre peu résistant. Mais le
courant ainsi obtenu est de très courte durée.

Pendant la fermeture du circuit secondaire, l'oxygène, se portant sur la lame qui était négative lors du passage du courant, a
peroxydé légèrement cette lame, en même temps que le peroxyde formé sur l'autre lame lors du passage du courant principal se réduisait par l'hydrogène. On a donc, après une pre-

mière expérience, deux lames recouvertes de couches minces
d'oxyde et de métal réduit qui faciliteront l'action ultérieure du
courant principal sur le couple secondaire.

Si l'on considère d'abord la lame de plomb qui était négative
lors du passage du courant principal pour la première fois, cette

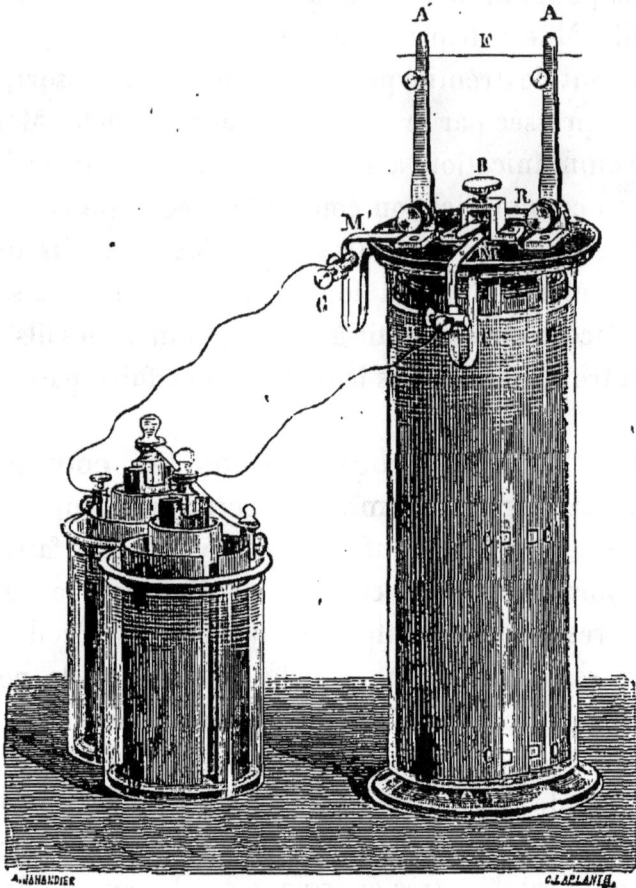

Fig. 83. — Couple secondaire de M. Planté chargé avec deux piles Bunsen
en tension.

lame est, comme on vient de le voir, recouverte d'une couche
d'oxyde après le passage du courant secondaire. Il en résulte
que, si l'on fait de nouveau passer le courant principal, les premières portions d'hydrogène seront consacrées à réduire cette
couche d'oxyde, au lieu de la couche plus faible résultant seulement de l'exposition à l'air, comme cela avait lieu précédem-

ment. Par suite, un retard plus grand que la première fois se produira dans l'apparition de l'hydrogène à la surface de cette lame.

Les premières portions d'oxygène qui tendent à se dégager à la surface rencontrent, cette fois, une couche de peroxyde réduit ou de plomb métallique divisé, sur laquelle ce gaz a plus de prise, s'il est permis de parler ainsi, que sur la lame de plomb servant pour la première fois; le gaz est plus facilement absorbé, et l'on commence aussi à constater un retard dans l'apparition de l'oxygène sur cette lame, retard qui correspond au temps nécessaire pour oxyder de nouveau la couche de plomb réduit à la surface.

Quand on ferme de nouveau le circuit secondaire, les phénomènes précédemment décrits se reproduisent, et l'on conçoit que, lorsqu'on aura renouvelé ces opérations un très grand nombre de fois, les surfaces de plomb du couple secondaire se trouveront dans un état plus favorable pour l'oxydation ou la réduction; les couches d'oxyde alternativement formées ou réduites deviendront plus épaisses, et les effets secondaires qui en résultent présenteront plus de durée et d'intensité.

C'est, en effet, ce qu'on observe; plus un couple secondaire reçoit l'action d'un courant primaire et fonctionne lui-même après cette action, plus est longue la durée du courant secondaire. La formation consiste en une sorte de *tannage* électrochimique. Tout le travail des piles s'accumule sous forme d'oxydation du plomb, d'une part, et, d'autre part, de réduction du plomb oxydé produit par la fermeture antérieure du courant secondaire. Lorsque les gaz commencent à se dégager, dans un couple bien *formé*, on est averti que la pile n'effectue plus sensiblement de travail utile à la production du courant secondaire.

Puissance et durée de la décharge des couples secondaires. — Un couple secondaire bien chargé peut fournir une décharge qui dépend de la grandeur des lames, de l'épaisseur des produits et enfin de la résistance extérieure du circuit. La décharge est très constante tant que la pile renferme de l'électricité emmagasinée sous forme de travail chimique.

De même qu'un vase très large contenant une grande quantité de liquide, sous une très faible hauteur, fournirait pendant longtemps, par un petit orifice, un écoulement à peu près constant et cessant d'une manière rapide, dès que le liquide arrive au-dessous du niveau de l'orifice, de même un couple secondaire de grande surface n'accuse une diminution d'intensité que quelques instants avant de cesser complètement de fournir de l'électricité.

La force électromotrice *initiale* d'un couple secondaire bien formé atteint environ deux volts et demi, ce qui explique pourquoi il faut au moins trois éléments Daniell ou deux éléments Bunsen pour le charger complètement.

La faible résistance intérieure des couples, qui varie entre un vingtième et un cinquième de ohm, explique l'intensité du courant fourni par ces appareils. On peut aussi charger les éléments Planté avec des machines Gramme de laboratoire; mais, dans ce cas, il convient que la vitesse ne descende pas au-dessous d'une certaine valeur, pour laquelle la pile se déchargerait inutilement dans la machine. Pour remédier à cet inconvénient, nous avons combiné un conjoncteur et disjoncteur automatique qui retire la batterie secondaire du circuit dès que la force électromotrice devient trop faible pour la charger, et la replace dans ce circuit dès que la force électromotrice est devenue assez grande pour effectuer le chargement.

Les couples secondaires peuvent conserver longtemps la charge accumulée. Ainsi un couple secondaire bien formé et bien chargé peut encore rougir un fil de platine de un demi-millimètre de diamètre, plus d'un mois après la charge.

M. Planté a mesuré le rapport de la quantité d'électricité *restituée* par la décharge à la quantité d'électricité *dépensée* par la charge en décomposant du sulfate de cuivre dans un voltamètre. Le *rendement* atteint 88 à 89 p. 100; le couple secondaire est donc un accumulateur assez parfait du travail de la pile voltaïque.

Procédés pour hâter la formation des accumulateurs Planté. — La formation des couples secondaires est longue et coûteuse, aussi M. Planté a-t-il cherché à la réduire par les procédés que nous allons indiquer.

M. Planté a reconnu d'abord qu'on accélérait la formation des éléments en élevant la température du liquide qui les baigne, soit à l'avance, soit pendant l'action du courant de charge. Mais ce mode opératoire présente, en pratique, quelques difficultés dont celui que nous allons faire connaître est exempt, et qui a donné à M. Planté des résultats très satisfaisants.

Ce procédé consiste à soumettre simplement les couples secondaires à une sorte de décapage profond par l'acide azotique étendu de la moitié de son volume d'eau, en les laissant immergés dans ce liquide de vingt-quatre à quarante-huit heures. Les couples sont ensuite vidés, lavés très complètement, remplis d'eau acidulée au dixième par l'acide sulfurique et soumis à l'action du courant primaire.

Malgré la dissolution d'une partie du plomb, l'épaisseur des lames n'est pas notablement diminuée, mais l'attaque de l'acide produit une sorte de porosité métallique telle, que l'action chimique du courant ne se borne pas seulement à la surface des lames de plomb; elle s'exerce aussi à l'intérieur, crée de nouveaux intervalles moléculaires, et facilite, en conséquence, l'action du courant primaire.

Les couples secondaires, ainsi traités, peuvent fournir en huit jours, après trois ou quatre changements de sens du courant primaire, des décharges de longue durée, alors que, sans l'action préalable de l'acide nitrique, ils ne pourraient donner les mêmes résultats qu'après plusieurs mois de formation. Il est donc intéressant de signaler ce procédé aux amateurs qui veulent construire et former eux-mêmes leurs accumulateurs.

Accumulateur de M. Faure. — La pile secondaire de M. Faure dérive directement de la pile Planté; ses électrodes sont en plomb et plongent dans l'eau acidulée par l'acide sulfurique ; mais sa *formation* est plus profonde et plus rapide. Dans la pile de M. Planté, la formation est limitée par l'épaisseur des lames de plomb. M. Faure donne rapidement à ses couples un pouvoir d'accumulation presque illimité, en recouvrant les électrodes d'une couche de plomb spongieux, formée et retenue de la manière suivante :

Les deux lames de plomb du couple sont individuellement recouvertes de minium ou d'un autre oxyde de plomb insoluble, puis entourées d'un cloisonnement en feutre, solidement retenu par des rivets de plomb ; ces deux électrodes sont ensuite placées, l'une près de l'autre, dans un récipient contenant de l'eau acidulée. Si elles sont d'une grande longueur, on les roule en spirale, comme l'a fait M. Planté. Le couple étant ainsi monté, il suffit, pour le former, de le faire traverser par un courant électrique, qui amène le minium à l'état de peroxyde sur l'électrode positive et à l'état de plomb réduit sur l'électrode négative. Dès que toute la masse a été électrolysée, le couple est formé et chargé.

Quand on le décharge, le plomb réduit s'oxyde et le plomb peroxydé se réduit, jusqu'à ce que le couple soit redevenu inerte. Il est alors prêt à recevoir une nouvelle charge d'électricité.

Nous le signalons ici pour mémoire, car ce type est aujourd'hui abandonné et remplacé par celui que nous allons décrire.

Accumulateur Faure-Sellon-Volckmar. — Les perfectionnements apportés à l'accumulateur Faure et qui ont donné naissance, après bien des transformations, à l'appareil connu aujourd'hui sous le nom d'accumulateur *Faure-Sellon-Volckmar* consistent :

1° Dans la suppression du feutre dont la durée dans l'eau acidulée se trouvait forcément très limitée.

2° Dans l'emploi de plaques de plomb perforées en forme de grille renfermant les oxydes de plomb que le courant doit oxyder d'une part et réduire d'autre part pendant la formation, pour pouvoir charger ensuite l'accumulateur.

Le plomb réduit et le plomb peroxydé présentent alors la forme de petites pastilles, rondes dans les premiers modèles, carrées dans les modèles actuels, entourées de quatre côtés par un réseau conducteur en plomb qui les met en communication plus directe avec leurs électrodes respectives que dans le type primitif de M. Faure, dans lequel les oxydes étaient simplement appliqués à la surface des plaques de plomb.

Il existe trois types courants :

1° Le type de laboratoire, pesant de 8 à 10 kilogrammes, renfermé dans des vases en verre, pour les amateurs : éclairage domestique, galvanoplastie, etc.

2° Le type dit tramway, pesant environ 30 kilogrammes, destiné surtout aux installations mobiles : tramways, tricycles, navigation électrique.

3° Le type dit *éclairage*, pesant environ 60 kilogrammes et dont l'emploi est réservé aux installations fixes.

La figure 84 représente une vue, en élévation et en plan, de l'accumulateur type tramway. Il se compose d'une boîte rectangulaire en bois goudronné renfermant les lames de plomb au nombre de 17 ; chacune de ces lames constitue un grillage plus ou moins serré terminé par une queue en plomb qui sert de prise au courant.

Neuf lames sont reliées d'un côté de la boîte en quantité pour former le pôle négatif, et les huit autres relevées de l'autre côté pour former le pôle positif. La liaison se fait en pinçant les tiges entre deux lames de plomb en communication avec les bornes N et P. L'écartement entre les lames est maintenu à l'aide de petits joncs disposés verticalement de distance en distance. Les tasseaux C ont pour but de laisser un espace au fond des boîtes, espace dans lequel les parcelles de plomb réduit ou oxydé détachées des électrodes peuvent tomber et s'accumuler, sans établir de contact direct et nuisible entre les lames.

Le poids moyen d'un accumulateur type tramway se répartit ainsi :

	Kilogrammes.
Boîte en bois goudronné, couvercle, poignées contacts, bornes....................................	6,0
Eau acidulée au 1/10 en volume.................	6,5
Plaques de plomb et oxydes..............	16,8

Les vides des plaques positives et négatives sont respectivement remplis de litharge et de minium en en faisant au préalable une pâte que l'on vient étaler sur les lames, et que l'on
égalise ensuite de façon à garnir exactement toutes les alvéoles.

Les plaques ainsi préparées sont montées dans les boîtes et
soumises à une formation qui consiste à les faire traverser par
un courant de puissance proportionnelle à la surface des plaques
et dont la durée est d'environ cent heures. Ce chiffre de cent
heures n'a d'ailleurs rien d'absolu, car, après cette formation, les
accumulateurs gagnent encore en capacité à chaque nouvelle
charge lorsqu'on les met en service, par suite de l'attaque gra-
duelle des supports.

Le type *éclairage* ne diffère du type tramway que par son poids
et ses dimensions ; on a aussi un peu sacrifié à la légèreté pour
obtenir plus de solidité et plus de durée des éléments.

Capacité d'emmagasinement. — Toutes les expériences
faites sur les accumulateurs mettent ce fait en évidence que
l'énergie électrique totale disponible, qu'on peut retirer d'un
poids donné d'accumulateurs, va en diminuant à mesure que
l'on demande un travail plus considérable par unité de temps,
c'est-à-dire à mesure qu'on augmente le *débit*.

Nous avons eu récemment en expérience (mars 1884) des
accumulateurs F. S. V., qui nous ont fourni 15 ampères-heure
par kilogramme de *plaques*, avec un potentiel utile moyen de
1,9 volt aux bornes, soit 10 ampères-heure par kilogramme de
poids total (1), en attribuant au récipient et au liquide un poids

---

(1) Nous faisons intervenir ici le *poids total* de l'accumulateur, et non pas
seulement le poids des plaques, parce qu'en réalité, surtout lorsqu'il s'agit
de traction, le liquide et la boîte figurent dans le poids total à remorquer. Il
est d'ailleurs absolument erroné de ne tenir compte que du poids des plaques
en les considérant comme seules *matières actives;* l'eau acidulée joue un
rôle non moins actif que les plaques, car elle change de composition aux
différentes phases de la charge et de la décharge.

Un cheval-heure représente le travail d'un cheval-vapeur de 75 kilogrammètres par seconde pendant une heure ou 3 600 secondes.

1 cheval-heure $= 75 \times 3600 = 270\,000$ kilogrammètres.

sensiblement égal à la moitié de celui des plaques, ce qui est conforme aux faits. On obtiendrait ainsi un cheval-heure d'énergie électrique pour un poids de 40 kilogrammes, ou 6 840 kilogrammètres par kilogramme de poids total.

Avec les accumulateurs F. S. V. dans lesquels on a moins sacrifié à la légèreté, la capacité est d'environ 4 000 kilogrammètres d'énergie électrique, et de 6 à 8 ampères-heure par kilogramme de poids total. Il faut de 60 à 85 kilogrammes pour un cheval-heure.

Quant au débit, il peut varier entre un demi-ampère et deux ampères par kilogramme de plaques. Il atteint même 3 ampères dans les F. S. V. type tramway, et 4 ampères dans les petits accumulateurs de M. Planté destinés aux allumoirs électriques et dans lesquels l'épaisseur des plaques de plomb ne dépasse pas un demi-millimètre.

Rendement et durée des accumulateurs. — Il est intéressant de savoir, lorsqu'on a recours à des accumulateurs, comment sont échelonnées les pertes dans les différentes transformations que subit l'énergie depuis le moment où elle est fournie par le moteur initial (à vapeur, hydraulique, etc.), jusqu'au moment où elle est restituée de nouveau sous forme de travail mécanique. Voici, à ce sujet, les chiffres qui correspondent aux conditions moyennes :

Travail mécanique fourni par le moteur aux machines électriques de charge............................ 100

Énergie électrique fournie par ces machines et disponible pour la charge : 0,70 × 100........................ 70

En chargeant les accumulateurs, on ne recueille que 0,90 environ de la quantité d'électricité fournie par les machines de charge, et d'autre part, la pression ou force électromotrice moyenne de décharge n'est que les 0,70 de la pression ou force électromotrice moyenne de charge, l'énergie électrique disponible n'est donc que les 0,9 × 0,7 = 0,63 de l'énergie de la charge fournie aux accumulateurs.

Il en résulte que l'énergie électrique disponible représente les 0,63 × 70 du travail moteur initial......... 44,1

Enfin, lorsqu'on transforme cette énergie électrique en
travail mécanique, on n'en recueille que les 0,70, ou
0,70 × 44,1... 30,8

Soit 31 p. 100 du travail mécanique initial fourni par le moteur.
Il faut donc dépenser 100 chevaux-heure sur le moteur qui

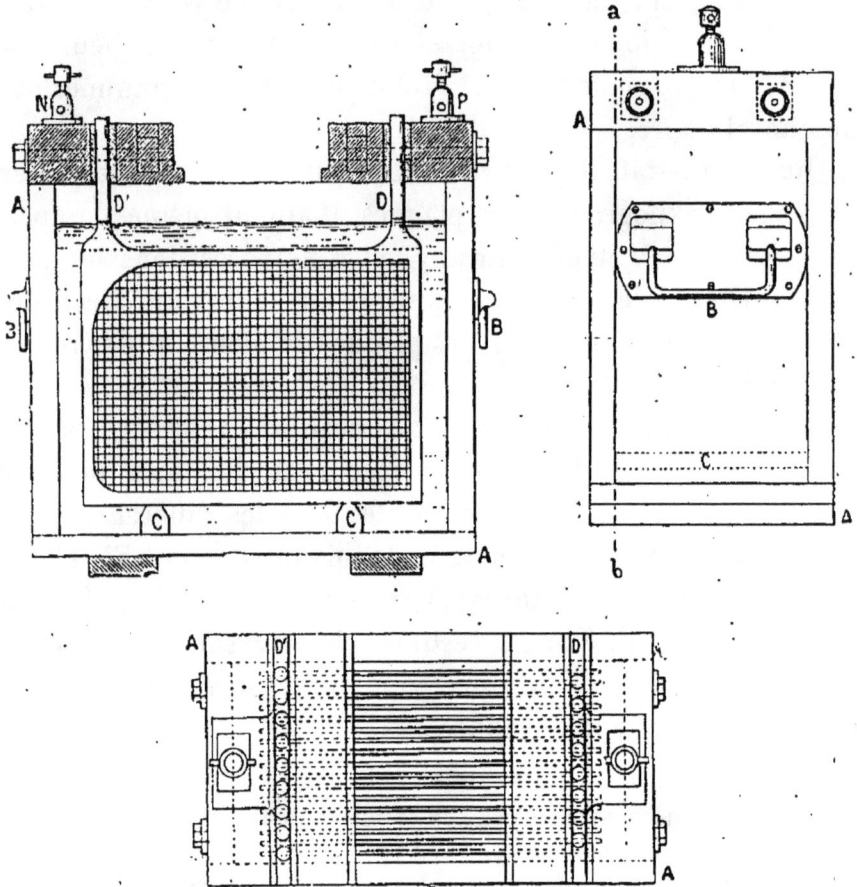

Fig. 84. — Accumulateur Faure-Sellon-Volckmar. *Type tramway.*
Coupe longitudinale, vue latérale et plan.

A. Récipient. — B,B. Poignées. — C,C. Tasseaux. — D. Huit électrodes positives, composées chacune
d'une plaque de plomb fondue à jours, dont les cellules sont remplies de peroxyde de plomb. —
D'. Neuf électrodes négatives, composées chacune d'une plaque de plomb fondue à jours, dont les
cellules sont remplies de plomb réduit. — P. Borne positive, en communication avec les huit
plaques positives. — N. Borne négative, en communication avec les neuf plaques négatives.

actionne les machines de charge, pour que les accumulateurs
fournissent 31 chevaux-heure mécaniques disponibles pour la
locomotion ou toute autre application.

HOSPITALIER. — L'électricité dans la maison.   10

Suivant qu'on utilise directement l'énergie électrique disponible ou qu'on la transforme en travail, on obtient 44 p. 100 ou 31 p. 100 du travail initial disponible pour les usages industriels.

L'on n'a pas encore de chiffres bien certains relativement à la *durée* des accumulateurs. Les appareils d'éclairage installés à poste fixe, chargés et déchargés à des régimes réguliers et relativement modérés, peuvent avoir une durée incomparablement plus grande que les appareils *véhiculés*, soumis à des charges rapides, à des régimes variables, à des trépidations nombreuses, etc. Les accumulateurs Planté, à simples lames de plomb, semblent présenter plus de garanties à ce point de vue que les appareils F. S. V.

Applications. — Malgré la perte à laquelle il faut consentir lorsqu'on fait appel à l'intermédiaire des accumulateurs, ils présentent de grands et nombreux avantages qui leur assurent de nombreuses applications dont quelques exemples feront ressortir les principales :

Au premier rang, figurent les applications des accumulateurs dans l'enseignement, au cours ou au laboratoire, non seulement pour les études auxquelles ils peuvent donner lieu, mais aussi pour les multiples opérations électriques auxquelles ils se prêtent très aisément.

Il suffit de monter quelques éléments Bunsen pour les charger et entretenir leur charge, en effectuant convenablement les couplages à l'aide d'un commutateur Planté.

La figure 85 représente 20 éléments Planté disposés dans ce but. A la partie supérieure est un commutateur très heureusement combiné, qui, dans une position, met les 20 éléments en quantité ; dans une autre position, à angle droit de la première, les met en tension. Dans le premier cas, toutes les électrodes extérieures sont réunies à une première lame métallique et toutes les électrodes intérieures à une seconde lame métallique, de telle sorte que l'ensemble de l'appareil se présente comme un élément unique à grande surface ; c'est dans ces conditions qu'on fait la charge ; deux éléments Bunsen y suffisent et la produisent complètement en un temps plus ou moins long, suivant leur dimension et suivant l'étendue des surfaces de plomb. Dans le second cas, l'électrode extérieure de chaque élément est mise en communication avec celle intérieure de l'élément suivant et l'appareil devient une pile véritable de 20 éléments ; c'est dans cette disposition qu'on décharge la pile ; elle équivaut au début de son action à 30 éléments Bunsen de très grande surface.

Dans les installations fixes, là où l'on demande à l'accumulateur de jouer le rôle de volant, de régulateur ou de réservoir, il peut aussi rendre des services: dans ses applications à l'éclai-

Fig. 85. — Pile secondaire de 20 éléments Planté pouvant se charger en quantité avec deux couples Bunsen, et se décharger en tension.

rage, par exemple, il donne à la lumière plus de constance et de fixité et rend pour ainsi dire impossible une extinction accidentelle, totale ou partielle, extinction qui, dans un théâtre, par exemple, deviendrait un véritable désastre.

Les accumulateurs permettent aussi, comme cela a été fait pendant quelques mois au théâtre des Variétés, comme le fait chaque jour M. Gaston Menier dans son hôtel, les jours de réception (Voy. p. 170), de produire un éclairage électrique d'une puissance bien supérieure à celle qu'on obtiendrait en utilisant directement le moteur dont on dispose ; on obtient ce résultat par l'emmagasinement, en dépensant en quatre ou cinq heures tout le travail produit en vingt heures par le moteur.

On peut aussi utiliser les accumulateurs comme réservoirs d'é-
nergie électrique *mobile* dans quelques applications de luxe où
la dépense n'est qu'une question accessoire.

Il s'est fait, par exemple, l'hiver dernier, un grand nombre
d'éclairages privés de réunions, bals et soirées, à l'aide de lampes
à incandescence alimentées par des accumulateurs amenés de
l'usine sur des camions, jusqu'au point de consommation. Le
prix d'un éclairage de luxe organisé de cette façon set tellement
au-dessus de tous les prix payés pour tous les autres modes d'é-
clairage, qu'il ne doit pas être difficile de rendre l'affaire rému-
nératrice au même titre que les autres locations analogues,
tentures, chaises, fleurs, etc.

Mais il y a loin de là au camionnage organisé pour satisfaire
aux besoins d'un éclairage journalier ou d'une petite force
motrice, en apportant, par exemple, une fois par semaine, des
accumulateurs fraîchement chargés et remportant les accumulateurs déchargés en tout ou en partie.

Enfin, nous signalerons encore la navigation de plaisance, les
tricycles électriques et les petits bijoux lumineux, applications
pour lesquelles les accumulateurs sont ou deviendront bientôt
parfaitement appropriés et sur lesquelles nous aurons l'occasion de revenir.

LES LAMPES ÉLECTRIQUES.

L'électricien amateur ne peut faire usage de l'arc voltaïque
que dans des cas exceptionnels ; les seules lampes électriques qui
lui conviennent sont les *lampes à incandescence de charbon.*

Toutes ces lampes, qui varient considérablement de formes et
de dimensions, se composent toujours d'un filament de charbon
renfermé dans un globe de verre dans lequel on a fait un vide
aussi complet que possible pour s'opposer à la combustion du
filament. Leur prix varie suivant leur puissance, leur construction, etc., entre 3 francs et 20 francs.

Nous n'entreprendrons pas de décrire ici leur fabrication

qui est toujours une opération compliquée et difficile lorsqu'on ne dispose pas de tout l'outillage nécessaire. Il est d'ailleurs très facile aujourd'hui de s'en procurer, et nous conseillons à ceux qui ont à s'en servir d'en faire tout simplement l'acquisition, au lieu de chercher à les construire.

Le point caractéristique des lampes à incandescence réside surtout dans la *nature* du filament. *Edison* emploie de la fibre de bambou carbonisé, *Maxim* du bristol découpé et carbonisé, *Swan* du coton tressé, *Anatole Gérard* un charbon artificiel aggloméré, etc.

Conditions de fonctionnement des lampes à incandescence de charbon. — Les chiffres importants à connaître, lorsqu'on fait l'acquisition d'une lampe à incandescence, sont au nombre de trois :

La puissance lumineuse *normale ;*

L'intensité en ampères du courant, qui fournit cette puissance lumineuse (i);

La différence de potentiel en volt aux bornes de la lampe pour produire cette puissance lumineuse (e) ;

Le chiffre le moins connu et le moins exact est la puissance lumineuse de la lampe. Les constructeurs de lampes et de piles ont, nous l'avons déjà dit, la déplorable habitude de plus-évaluer la lumière produite par les lampes, avec une exagération qui dépasse les limites permises. La possibilité de *pousser* les lampes en forçant l'intensité du courant, jointe à la variabilité des étalons, explique, dans une certaine mesure, ces erreurs voulues et systématiques. Il est bien certain, d'autre part, que les progrès réalisés dans la construction des lampes à incandescence ont permis, en trois ans, de doubler la somme de lumière que peut fournir une lampe donnée pour une consommation d'énergie électrique donnée, dans des conditions normales de fonctionnement. Nous appelons conditions *normales* celles pour lesquelles la lampe fournit une lumière suffisamment blanche et pourra durer longtemps avant que le filament ne se brise sous l'action de désagrégation lente du courant.

Lorsque le filament est brisé, la lampe se trouve hors de service. La durée ou *vie* des lampes dépend, toutes choses égales d'ailleurs, de leur régime normal de fonctionnement. On abrège l'une en augmentant l'autre, et inversement. En pratique, il faut adopter une moyenne dont le critérium est assez difficile à indiquer. On peut cependant admettre qu'une lampe, dont on distingue nettement la forme du filament lorsqu'elle est incandescente, peut être traversée par un courant plus intense, avec profit au point de vue du rendement lumineux. Une lampe dont on ne distingue plus le filament est, au contraire, trop poussée. En pratique, il faut fixer le régime à peu près au moment où la forme du filament *va disparaître* par irradiation.

Dans les lampes de petites dimensions, on dépasse souvent ce point critique, aussi leur vie est-elle très restreinte. Dans les lampes de dimensions moyennes, la vie d'une lampe en régime normal est de 500 à 2000 heures. On cite des lampes qui ont duré plus de *quatre mille* heures : un grand nombre au contraire dont le filament a un défaut de construction sont mises hors de service au bout de quelques heures et même de quelques minutes.

On voit entre quelles limites écartées oscille la vie d'une lampe et l'on en comprend bien les raisons.

A présent que nous avons suffisamment défini ce qu'il faut entendre par puissance *normale* et régime *normal* d'une lampe, voyons comment varient les constantes i et e d'une lampe à incandescence dans ces conditions.

Nous estimerons la consommation d'une lampe en *watts*, ou en *volt-ampères*. Une lampe pour laquelle

$$i = 1,2 \text{ ampère}$$
$$e = 50 \text{ volts}$$

est une lampe de $1,2 \times 50 = 60$ watts.

Il suffit, pour réduire en kilogrammètres par seconde, de diviser par 9,81 ou, pratiquement, par 10. Ainsi, une lampe de 60 watts dépense donc 6 kilogrammètres d'énergie électrique par seconde.

La valeur de i dépend de la grosseur du filament; elle varie entre 0,4 et 2,5 ampères dans les lampes ordinaires. La valeur de e dépend à la fois de i et de la longueur du filament. Pour les bijoux électriques, on construit de petites lampes qui ne demandent que 2 volts et fonctionnent avec un seul accumulateur, tandis que les lampes Edison type A (16 bougies) exigent 100 volts. Un type courant pour l'électricien amateur, fournissant une lumière suffisante pour travailler sur un bureau, à la condition de rabattre la lumière à l'aide d'un abat-jour, est le type de 6 volts aux bornes et 1,8 à 2 ampères, consommant de 11 à 12 watts. La dépense d'énergie électrique par *bougie* ou *candle* varie entre 2 et 4 watts, suivant que les lampes sont plus ou moins poussées.

Un type de lampe Swan, aussi très employé dans les installations un peu importantes, est le type de 40 volts et 0,7 ampère, dépensant 28 watts et produisant sensiblement un bec Carcel. Le cheval-vapeur représentant $9,81 \times 75 = 736$ watts, on voit qu'avec un cheval-vapeur d'énergie électrique *disponible*, il sera possible d'alimenter 25 lampes d'un bec Carcel. Avec de bonnes machines électriques, ce chiffre représente de 16 à 18 lampes par cheval-vapeur effectif fourni à l'arbre moteur. Un moteur à gaz de quatre chevaux peut donc suffire amplement à une installation de 60 lampes de 28 watts.

APPAREILS ACCESSOIRES

Appareillage. — Par analogie avec ce qui se fait pour le gaz, on désigne sous le nom d'appareillage l'ensemble des dispositions qui servent à fixer, à disposer, à *appareiller* les lampes à incandescence.

L'appareille plus important et le plus utile est le *support* de la lampe. Trouver un bon support de lampe n'est pas chose facile. Il faut, en effet, qu'il soit à la fois solide, bien isolé, commode à manœuvrer pour le nettoyage et le remplacement des lampes.

La figure 86 montre une des formes les plus simples d'un support de lampe à incandescence ; il se compose d'un fil de cuivre A roulé de façon à présenter un anneau sur lequel s'appuie le col de la lampe ; ce fil forme une boucle qui lui donne l'élasticité nécessaire ; les fils de platine de la lampe viennent se fixer aux crochets BB. Le tout est établi en une monture en bois C qui vient se placer dans un chandelier ordinaire ou se visser à la place d'un bec de gaz.

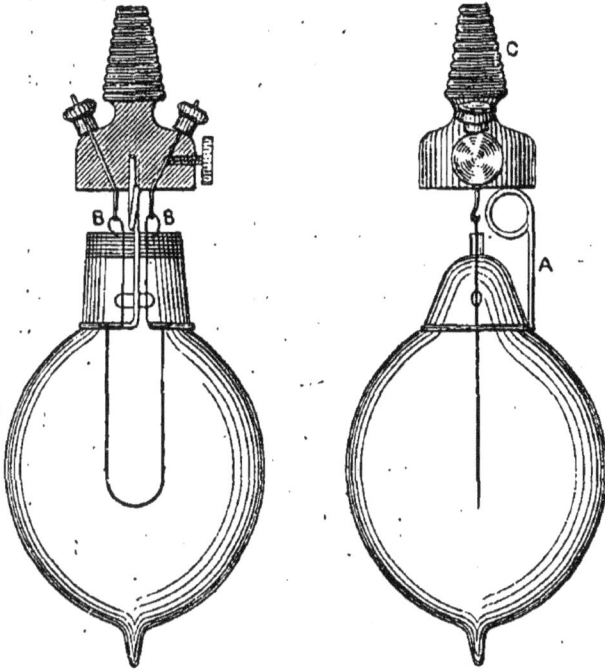

Fig. 86. — Monture-support de lampe à incandescence.

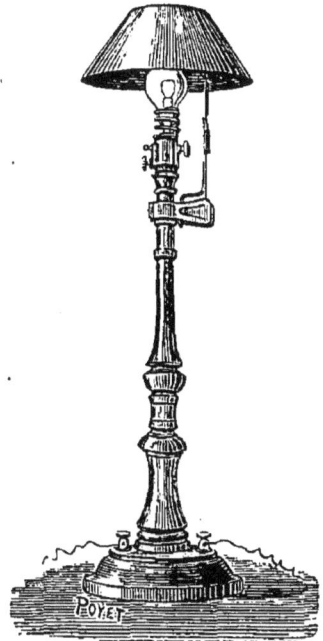

Fig. 87. — Lampe à incandescence avec son abat-jour et son support.

On ajoute quelquefois à ces montures un petit commutateur qui permet d'allumer ou d'éteindre à volonté.

La figure 87 montre une autre forme du support de *lampe mobile* avec son abat-jour et le petit commutateur placé sur le côté de la lampe.

Lorsqu'on veut un support plus ornemental, on peut adopter les chandeliers (fig. 89) de M. Trouvé, ou le candélabre plus ornemental représenté figure 88 ; ce candélabre représente un reître

Fig. 88. — Candélabre Trouvé pour l'éclairage mixte.

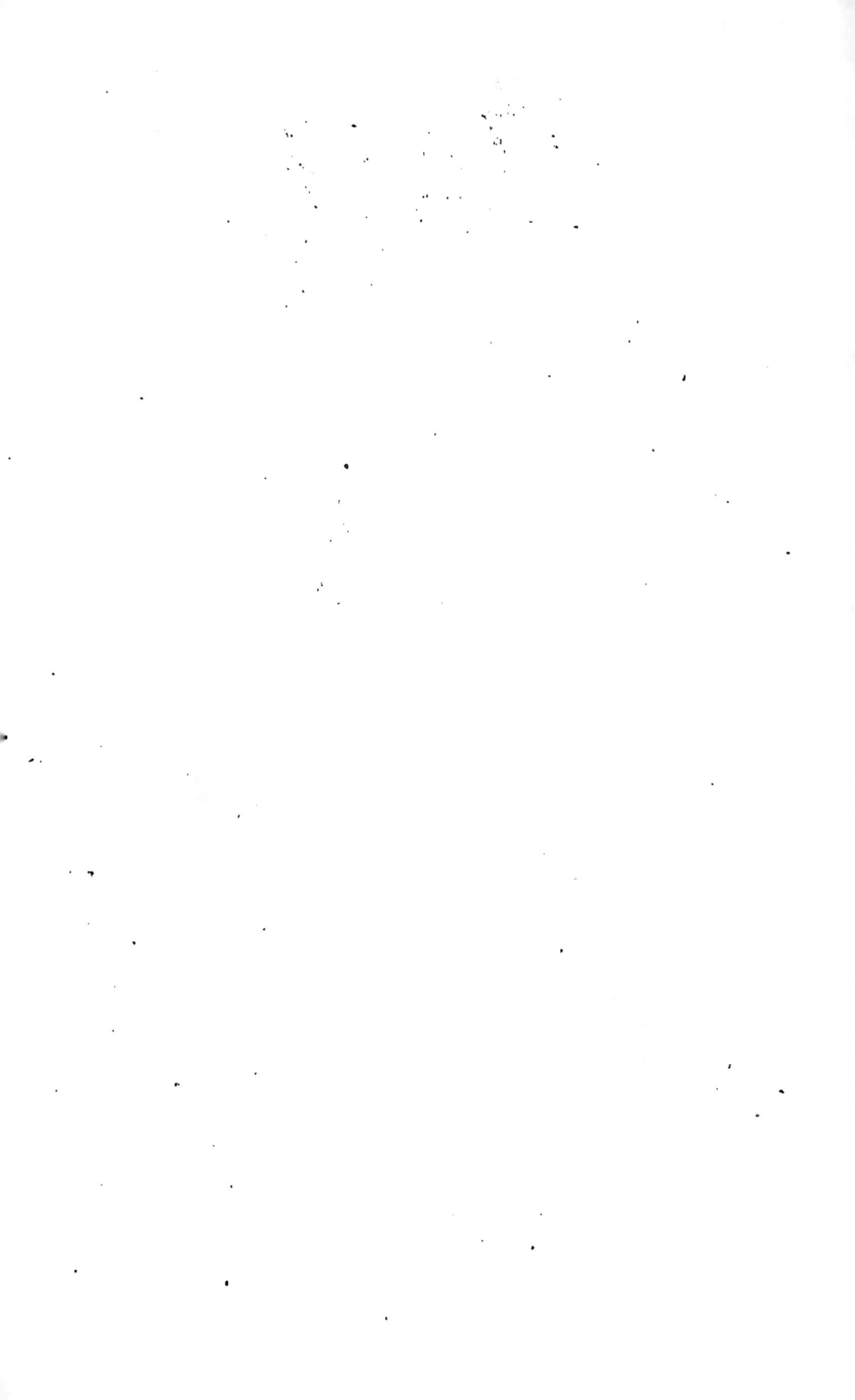

du seizième siècle fièrement campé le poing sur la hanche et tenant de la main droite relevée une lance sur laquelle il paraît s'appuyer.

La lance est terminée par un candélabre à quatre ou cinq branches et en dessous sort une gracieuse clochette qui, sous la bobèche réflecteur, renferme une lampe à incandescence.

Fig. 89. — Chandeliers de M. G. Trouvé pour l'éclairage mixte.

M. Trouvé a fort habilement combiné les deux systèmes d'éclairage, bougie et lumière électrique, sans nuire à l'ornementation, de façon à avoir un éclairage mixte très sûr. En détachant le conducteur du candélabre ou du chandelier, ils deviennent des appareils mobiles ordinaires.

Dans les appareils mobiles, on a souvent intérêt à faire dis-

paraître le système d'éclairage ou tout au moins les conducteurs
pendant la journée. Il faut donc un système permettant d'o-
pérer.très rapidement la manœuvre de séparation. La figure 90
montre.une. disposition assez commode. C'est l'application du
crochet de M. Sieur employé pour les communications téléphoni-
niques. Les conducteurs fixes arrivent jusqu'à la planchette ; les
conducteurs souples et mobiles se terminent par une broche qui
vient s'engager dans les deux crochets fixés sur la planchette et

Fig. 90. — Crochets de liaison pour cordons souples.

établit ainsi d'un seul coup la communication électrique avec
les fils souples. Remarquons en passant que le crochet peut tenir
lieu de commutateur. Ce crochet de liaison est analogue aux
prises à tèton dans les canalisations de gaz.

Nous terminerons là notre revue des appareillages en reproduisant (fig. 91) le grand lustre Swan qui éclairait le buffet de
l'Exposition d'électricité de Paris en 1881. C'est le meilleur
exemple que nous puissions choisir pour montrer que la lumière
électrique à incandescence se prête aussi bien, pour ne pas dire
mieux, que le gaz aux effets décoratifs les plus variés.

Fig. 91. — Lustre garni de lampes à incandescence Swan. (Exposition d'électricité, 1881.)

Dans une installation d'éclairage électrique, les appareils accessôires sont assez nombreux, et nous n'avons pas l'intention de les passer tous en revue. Nous nous contenterons d'en indiquer quelques-uns parmi les plus utiles et les plus pratiques.

Commutateur-robinet de M. E. Reynier. — Cet appareil est très commode lorsqu'il s'agit de substituer instantanément et sans interruption une série d'accumulateurs ou inversement, une série d'appareils actifs, lampes, moteurs, etc., à une autre série d'appareils actifs. Le commutateur porte six bornes (fig. 92);

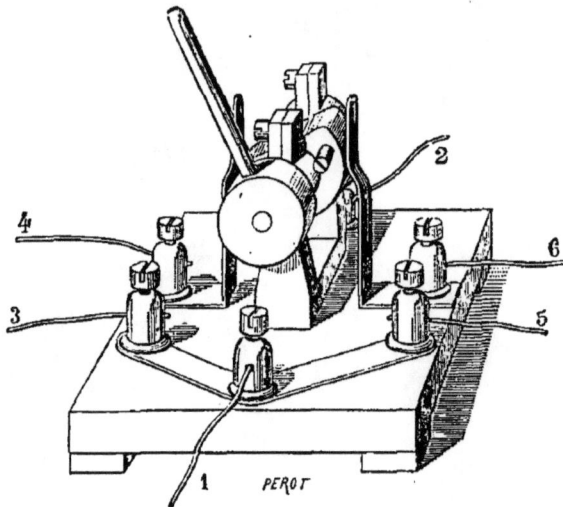

Fig. 92. — Commutateur-robinet de M. E. Reynier.

les bornes 1, 3 et 5 sont reliées d'une manière permanente. La came du commutateur communique avec la borne 2 ; les bornes 4 et 6 sont en relation avec deux lames métalliques verticales formant ressort. La came peut prendre deux positions; l'une à droite, l'autre à gauche, en tournant autour d'un axe horizontal et établit la communication entre la borne 2 et la borne 4 ou la borne 6. Supposons qu'il s'agisse d'alimenter des lampes à incandescence et de renouveler la série des accumulateurs qui les alimente. On place les lampes entre 1 et 2, la première série d'accumulateurs entre 4 et 6 et la seconde série entre 3 et 4.

Il suffit, pour faire le changement, de tourner le levier de

gauche à droite pour substituer immédiatement la nouvelle série
d'accumulateurs à l'ancienne.

Sonneries d'essai des piles et des accumulateurs. —
Lorsqu'on fait le montage des accumulateurs, on a souvent besoin
de connaître les bornes qui correspondent aux pôles positif et
négatif, surtout pendant la formation où ces pôles sont renversés
à chaque instant.

Le petit appareil représenté (fig. 93) rend à ce point de vue de
précieux services.

Il se compose d'une petite sonnerie portative dans laquelle le
timbre, en forme de cylindre aplati, sert de boîte au mécanisme.

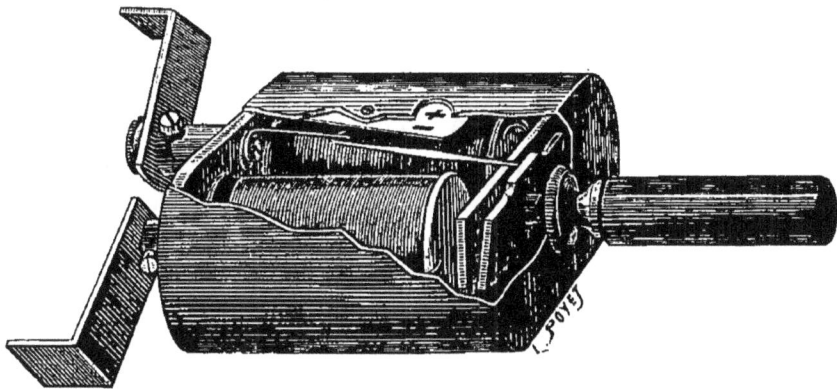

Fig. 93. — Sonnerie d'essai des piles, système Barbier-Pieret (grandeur naturelle).

Un manche fixé sur la boîte, sert à la tenir et à la manœuvrer
pour approcher les deux bornes à oreilles mobiles des deux pôles
de la pile que l'on veut essayer. L'électro-aimant dissimulé dans
la boîte attire une armature à laquelle est fixé un petit marteau
qui vient frapper le timbre à la partie postérieure; les interruptions de courant se font par le déplacement d'une petite lame
en forme de ressort placée à la partie antérieure et qu'on peut
voir sur la figure, grâce à la déchirure pratiquée sur la boîte.
Le tintement plus ou moins fort de la sonnerie d'essai indique,
avec un peu d'habitude, l'état de la pile soumise à l'épreuve, et
l'appareil joue à la fois le rôle de galvanoscope et de galvanomètre acoustique. L'appareil très compact peut se mettre dans

la poche et permet de vérifier un très grand nombre d'éléments en très peu de temps. Un *guichet* devant lequel vient paraître le signe + ou le signe —, suivant le sens dans lequel le courant traverse l'appareil, indique le nom du pôle relié à la borne antérieure de la boîte, du côté du guichet. Ce résultat est obtenu très simplement à l'aide d'une petite lame d'acier aimantée fixée sur la boîte et qui, sous l'action du courant qui traverse l'électro-aimant, s'approche d'un pôle ou de l'autre, en raison de sa nature.

Lorsque les bornes des accumulateurs à essayer sont trop éloignées l'une de l'autre, il est commode d'adapter à l'une des bornes de la sonnerie d'essai un fil souple isolé de longueur con-venable, terminé par une petite tige en cuivre ou en argent qu'on vient appliquer contre la borne la plus éloignée de l'élément à essayer, tandis que la seconde borne de l'appareil s'applique contre la seconde borne de l'accumulateur.

Dans un modèle plus récent, M. Barbier a supprimé le manche, ce qui rend l'appareil plus compact et plus portatif.

Table de charge, décharge et couplage des accumu-lateurs. — Suivant la nature des machines de charge et des appareils de décharge, on a souvent besoin de grouper les accu-mulateurs soit en tension, soit en quantité, soit en séries.

D'autres fois, il est commode, pendant la formation, par exemple, de décharger les accumulateurs bien formés sur d'autres accumulateurs en formation. Tous ces groupements s'effectuent très facilement à l'aide d'un commutateur à mercure de construction très simple.

Cet appareil se compose d'une sorte de damier formé d'une planche en bois ou en ébonite, d'environ 4 centimètres d'épais-seur, percée de trous dont la distance est de 3 centimètres. Ces trous ont un centimètre de diamètre et 3 centimètres environ de profondeur. Ils sont remplis de mercure à une hauteur d'environ 2 centimètres.

La première et la dernière rangée horizontale de trous sont reliées à des bornes par de petites lames de cuivre qui plongent dans les trous correspondants de ces rangées. Chaque série d'accumulateurs vient s'attacher par les fils à une paire de bornes, formant ainsi les groupes 1, 2, 3, 4, etc.

Les liaisons s'établissent à l'aide de *cavaliers* mobiles formés de fil de cuivre de 2 à 3 millimètres de diamètre qui viennent établir des communications entre les différents godets de mercure.

Ces *cavaliers* en cuivre, en forme d'U plus ou moins allongé, sont garnis, dans leur partie horizontale, d'un tube en caoutchouc, ce qui leur permet de chevaucher les uns sur les autres et de se croiser sans qu'il s'établisse de communication électrique entre eux.

Ce commutateur est très commode en ce sens qu'il permet de *lire*, en quelque sorte, à chaque instant, l'état de fonctionnement (charge, décharge, circuit ouvert, etc.), des accumulateurs et des appareils qui alimentent.

Disjoncteur automatique. — Si, pour une cause quelconque, la source de charge ne développait pas une force électromotrice suffisante pour produire la charge des accumulateurs, ceux-ci se déchargeraient dans la machine, dépensant en pure perte l'énergie électrique primitivement emmagasinée.

Le disjoncteur automatique a pour but de parer à cet inconvénient en rompant le circuit dès que le courant de charge n'est plus suffisant.

Cet appareil se compose d'un électro-aimant droit sur lequel le conducteur qui amène le courant de la machine fait quelques tours. Cet électro-aimant maintient attirée une petite armature et le circuit se trouve fermé par un levier plongeant dans des godets de mercure.

Lorsque le courant s'affaiblit, l'armature est relâchée, le système bascule et rompt le circuit avant que le courant n'ait eu le temps de changer de sens. Le circuit doit être ensuite rétabli en soulevant l'armature à la main.

Un système plus complet, le conjoncteur et disjoncteur automatique, rétablit lui-même le circuit lorsque la force électromotrice est redevenue suffisante pour effectuer de nouveau le chargement.

Un troisième godet à mercure sert à fermer le circuit des accumulateurs sur une sonnerie qui avertit du moment où le courant de charge se trouve rompu.

Appareil de manœuvre à distance des piles au bichromate de potasse de M. G. Mareschal. — Les piles au bichromate de potasse, surtout les piles à un seul liquide, appliquées à l'éclairage électrique domestique, présentent toutes le grave inconvénient de consommer presque autant de zinc en circuit ouvert qu'en circuit fermé, et de s'épuiser inutilement et très rapidement si l'on néglige de retirer les zincs du liquide lorsque la batterie n'est pas en service. Mais cette opération purement mécanique est une grave sujétion qui oblige, soit à placer la pile près de l'endroit où l'on doit en faire usage, soit à disposer un système de transmissions mécaniques compliqué et peu décoratif.

C'est pour faire disparaître cet inconvénient inhérent à toutes les piles au bichromate que M. Mareschal a imaginé et fait construire par M. Aboilard le système ingénieux représenté vu d'ensemble figure 94.

Ce système consiste à suspendre le châssis portant tous les zincs de la batterie (fig. 94), à l'extrémité d'un fléau horizontal et à les équilibrer à l'aide de poids disposés à l'autre extrémité de ce fléau.

Le système étant ainsi équilibré, le soulèvement des zincs ou leur immersion n'exigent plus qu'un faible travail mécanique qu'on emprunte alors à un tournebroche ordinaire, à l'aide d'une combinaison qu'il sera facile de comprendre en se reportant à la figure 95 qui en indique le principe.

L'axe M du tournebroche entraîne en tournant une manivelle MD à laquelle se trouve fixée une bielle A, dont l'autre extrémité est attachée au fléau horizontal supportant les zincs et le contrepoids d'équilibre. Si l'axe M du tournebroche est animé d'un mouvement de rotation *continu*, il communiquera à la bielle A un. mouvement. de va-et-vient de bas en haut et de haut en bas qui se transmettra au fléau et produira alternativement l'immersion des zincs et leur soulèvement hors du liquide.

En arrêtant le tournebroche dans certaines positions convena-

Fig. 94. — Appareil de manœuvre à distance des piles de M. G. Mareschal.

blement choisies de la manivelle MD, on maintiendra à volonté les zincs plongés dans le liquide ou hors de ce liquide. Voici comment M. Mareschal a réalisé ces conditions. Le tournebroche entraîne dans son mouvement un volant horizontal V, sur la jante duquel s'applique un sabot en fer F placé en regard d'un électro-aimant E. Dans la position ordinaire, le sabot fixé sur un ressort appuie contre la jante du volant et embraye le tournebroche par frottement. Lorsqu'on envoie un courant dans l'électro E, le sabot F est attiré, il s'éloigne du volant et débraye le tournebroche qui se met à tourner jusqu'à ce que le courant cesse de passer dans l'électro.

Le problème se réduit donc à envoyer un courant dans l'électro et à faire cesser ce courant en temps utile. Ce résultat s'obtient très simplement à l'aide d'une pile Leclanché auxiliaire

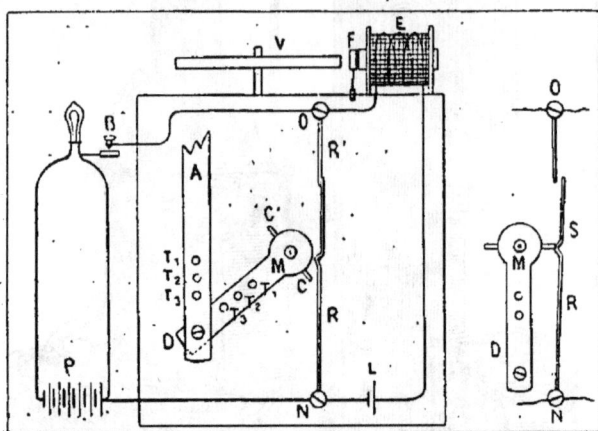

Fig. 95. — Principe de l'appareil de M. G. Mareschal.

(la pile établie pour les sonneries de la maison peut servir), en fermant le circuit de cette pile sur l'électro F à l'aide d'un bouton B, lorsqu'on veut allumer ou éteindre. Dans la position d'attente par exemple, la manivelle MD est verticale, comme l'indique le petit diagramme à droite de la figure 95. Le circuit est *ouvert* entre M et N, par l'effet de la petite tige C, qui écarte le ressort R du ressort R'. Dès que le circuit a été fermé, ne fût-ce qu'un instant, la manivelle dépasse la position verticale, la tige C quitte le crochet S et la lame R, en vertu de son élasticité, vient toucher la lame R' et *continue* le contact initial jusqu'à ce que la manivelle MD, ayant accompli un demi-tour, la tige C' vienne repousser la lame R et rompe de nouveau le circuit : le frein agit, la manivelle s'arrête après avoir tourné de 180 degrés, immergeant les zincs au maximum. Pour éteindre la lampe, il suffit d'appuyer de nouveau sur le bouton B. L'axe M accomplit un nouveau demi-tour et, lorsqu'il s'arrête, les zincs sont entièrement sortis du liquide.

On règle la profondeur d'immersion en fixant le bouton D de la manivelle dans les trous T_1 ou T_2 de la bielle, ce qui permet de faire varier la course et, par suite, le degré de l'immersion.

L'installation comporte trois fils, dont deux relient la lampe à la batterie et le troisième sert à la manœuvre de l'appareil par la fermeture du contact B.

Grâce au système de M. Mareschal, on peut utiliser les piles au bichromate de potasse dans un grand nombre de cas qui ne demandent qu'un éclairage de courte durée, jusqu'à épuisement du liquide, sans être astreint à la manœuvre fastidieuse du treuil et sans aucun dérangement. Le tournebroche permet d'effectuer un grand nombre d'allumages et d'extinctions sans qu'on ait à remonter son mouvement d'horlogerie, l'opération est d'ailleurs des plus simples et peut se faire chaque fois qu'on rend visite à la pile pour s'assurer de son état.

Nous estimons que l'appareil de M. Mareschal est le complément indispensable de toute installation d'éclairage électrique domestique dans laquelle ou fait usage de piles au bichromate de potasse, et en général, dans tous les cas où la pile s'use inutilement à circuit ouvert.

Il trouvera aussi son emploi dans les laboratoires où la pile au bichromate est recherchée à cause de ses qualités particulières de puissance, et où il est souvent nécessaire de la commander d'un point assez éloigné de celui où elle se trouve.

Commutateur de M. A. Gérard. — L'emploi de cet appareil a pour but de simplifier encore la manœuvre déjà si simple du commutateur ordinaire. Il est disposé plus spécialement pour l'éclairage électrique : en appuyant sur le bouton on ferme le circuit s'il est ouvert et on produit l'allumage, ou on ouvre le circuit s'il est fermé et on produit l'extinction. Une seule et unique action produit donc successivement deux effets distincts

et contraires, d'une manière indéfinie. Pour obtenir cet effet, le
bouton (fig. 96), qu'un ressort à boudin tend toujours à ramener
en dehors, porte à sa partie inférieure un cliquet qui actionne
une roue à rochet et la fait tourner d'une dent à chaque poussée.
Cette roue à rochet entraîne dans son mouvement deux roues
dentées dont le nombre de dents est exactement la moitié du
sien. Ces dents viennent appuyer sur deux lames conductrices
reliées par deux bornes au circuit qu'il s'agit d'interrompre ou
de rétablir. Puisque les dents de contact sont deux fois moins
nombreuses que celles de la roue
à rochet, elles ne toucheront les
lames, pendant la rotation du
rochet, qu'une fois sur deux et ne
fermeront donc le circuit qu'une
fois sur deux. L'appareil très simple et de petites dimensions réalise au pied de la lettre la formule
ordinairement employée : *presser
sur un bouton* pour allumer ou
éteindre à volonté une lampe
électrique.

Rhéostat de M. Trouvé. —
On a souvent besoin de faire
varier régulièrement et graduellement la résistance d'un circuit

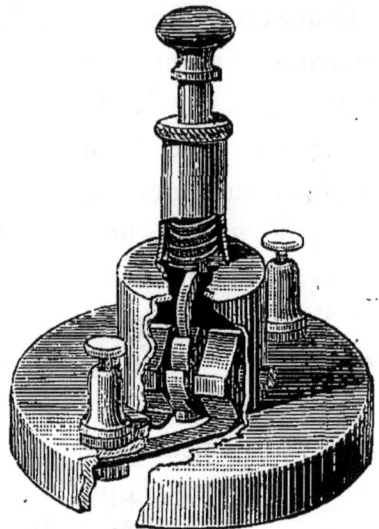

Fig. 96. — Bouton-commutateur
de M. A. Gérard.

électrique pour augmenter ou diminuer à volonté l'intensité du
courant qui le traverse, pour l'éclairage électrique en particulier, car les piles trop puissantes au début donnent un *coup de
fouet* capable de brûler les lampes. Voici, pour rendre cette opération facile, un appareil imaginé et construit depuis de longues
années par M. G. Trouvé, qui nous paraît présenter toutes les
qualités indispensables à un instrument pratique.

Il se compose d'une spirale ou ressort à boudin en fil de maillechort, renfermée dans un tube en laiton nickelé; les spires sont
écartées l'une de l'autre et isolées du tube de laiton par une

gaine de carton. A l'intérieur du ressort à boudin glisse un contact un peu élastique formé par une tige métallique fendue en
quatre parties, légèrement écartées l'une de l'autre.

Le courant arrive par la droite, traverse la spirale, le contact
et la tige graduée. Dans la position représentée sur la figure 97,
la tige est à *fond* et le courant ne traverse que quelques spires, la
résistance introduite est minimum; mais, lorsque la tige est
tirée, le courant doit, avant d'atteindre le contact, traverser un
nombre de spires plus ou moins grand et, par suite, traverser

Fig. 97. — Rhéostat de M. Trouvé.

une résistance plus ou moins considérable. Les divisions marquées
sur la tige graduée correspondent au nombre de spires inter-
calées dans le circuit.

Cet appareil est appliqué par M. Trouvé à ses *polyscopes ;* il
permet de régler le courant fourni par l'accumulateur Planté et
de maintenir le petit fil de platine au degré d'incandescence
voulu, dans chaque cas particulier. La disposition du contact
élastique fendu assure la continuité du réglage qui s'opère par
quart de spire, fraction bien suffisamment petite dans la pratique.

APPLICATIONS DOMESTIQUES DE L'ÉCLAIRAGE ÉLECTRIQUE.

Les applications domestiques de l'éclairage électrique peuvent se diviser en deux grandes classes caractérisées par la présence ou l'absence d'un moteur mécanique destiné à la mise en mouvement des machines électriques génératrices : les premières seront de *grandes* installations réservées aux privilégiés de la fortune ; les secondes, de *petites* installations ne comprenant qu'un nombre de lampes restreint, et accessible aux bourses plus modestes.

GRANDES INSTALLATIONS.

Les dispositions varient avec chaque installation, suivant la nature du moteur employé, l'espace dont on dispose, les services demandés à l'éclairage, la richesse et la décoration des appartements à éclairer, etc.

Nous reproduisons, à *titre d'exemple*, un dessin représentant l'installation complète, dans un sous-sol (fig. 98), d'un moteur à gaz Otto de quatre chevaux, actionnant deux machines Gramme destinées à l'alimentation de lampes à incandescence, distribuées dans un hôtel particulier. Enfin, nous allons faire connaître les principales conditions de fonctionnement de deux installations faites à Paris et qui présentent chacune des particularités intéressantes.

Éclairage direct. — M. Porgès, administrateur de la Com-

pagnie Edison, fait usage, pour l'éclairage de son hôtel, d'une
machine Edison type K, actionnée par un moteur à gaz à deux
cylindres, système Otto, de huit chevaux. La machine Edison
type K est établie pour alimenter 60 lampes A, exigeant 0,75
ampère et 100 volts aux bornes. L'installation compte cependant
plus de *cent* lampes, parce que, d'une part, toutes les lampes ne
sont pas allumées à la fois et que, d'autre part, on a substitué à
un certain nombre de lampes A des lampes B qui ne demandent
que 50 volts, et des lampes d'un modèle encore plus petit qui
marchent avec 15 volts seulement. Chaque circuit de lampes B
comprend *deux* lampes en tension ; il y a *sept* lampes en tension
dans chacun des circuits constitués par les lampes de 15 volts.
Nous n'entreprendrons pas l'énumération de la distribution de
ces lampes. Disons qu'elles sont très habilement disposées sur
des *électroliers* (1), et que toutes les parties de l'hôtel sont brillam-
ment éclairées.

L'inconvénient de cette installation est évident *a priori :* il
faut faire marcher le moteur à gaz, quel que soit le nombre de
lampes allumées, aussi n'y a-t-il pas là les conditions exigées par
un véritable éclairage domestique, mais seulement une installation de luxe, d'un emploi limité à certaines heures de la soirée,
ou les jours de bal ou de réunion.

Éclairage indirect par accumulateurs. -- La solution
adoptée par M. Gaston Menier, dans son hôtel du parc Monceau,
nous paraît supérieure à tous les points de vue, et présente des
avantages de nature à en multiplier l'emploi.

L'installation totale comprend 150 lampes Swan de 40 volts
et 0,7 ampère, alimentées par une série de 22 accumulateurs
Faure-Sellon-Volckmar, type de 60 kilogrammes, montés en
tension.

Ces accumulateurs peuvent débiter normalement 40 à 45 ampères, ce qui permet d'alimenter 60 lampes à la fois, chiffre
plus que suffisant dans les conditions ordinaires.

(1) Le mot électrolier, employé en Angleterre, est l'équivalent du mot
chandelier.

Ces accumulateurs sont chargés chaque jour, *pendant la journée*, à l'aide d'une machine Gramme à courant continu excitée en dérivation, dont on règle la puissance à l'aide de résistances introduites dans le circuit d'excitation.

Cette machine Gramme est mise en mouvement par un moteur à gaz Otto, de *cinq* chevaux. (Ce moteur est le type normal de quatre chevaux dont on a augmenté un peu le diamètre du cylindre.)

Avec un peu d'habitude, le domestique chargé de l'éclairage estime assez exactement la consommation de la veille en ampères-heure, et il recharge les accumulateurs d'une quantité à peu près égale, en leur fournissant 10 à 15 pour 100 de plus, pour tenir compte des pertes et des erreurs possibles.

Ainsi, par exemple, supposons que la veille on ait allumé 60 lampes pendant 4 heures. La consommation totale en ampères-heure aura été de :

$$60 \times 0,7 \times 4 = 168 \text{ ampères-heure.}$$

On rechargera les accumulateurs pendant environ 5 heures avec un courant de 40 ampères, de façon à leur fournir :

$$40 \times 5 = 200 \text{ ampères-heure.}$$

Grâce à l'emploi des accumulateurs, on a pu répartir les lampes dans toutes les parties de l'hôtel où elles sont toujours prêtes à fonctionner par la simple manœuvre d'un commutateur.

Les accumulateurs installés depuis près d'un an n'ont pas encore eu besoin d'être renouvelés, même partiellement. Il faut reconnaître aussi qu'ils sont parfaitement entretenus, et qu'étant placés à poste fixe, ils ne sont pas soumis à des chocs et des trépidations qui, dans bien des circonstances, nuisent tant à leur durée.

Les jours où l'on veut éclairer tout l'hôtel et faire fonctionner la presque totalité des lampes, il suffit de charger les accumulateurs pendant la journée et de les décharger le soir sur les lampes pendant que la machine fonctionne. Cette dernière pouvant donner jusqu'à 60 ampères et les accumulateurs plus de 40, on a ainsi les 100 ampères nécessaires à l'éclairage total. Les conducteurs sous plomb isolés au caoutchouc ont été prévus pour des courants bien supérieurs à ce chiffre, aussi ne constate-t-on jamais la moindre élévation de température sur la canalisation.

L'intermédiaire des accumulateurs, coûteux en apparence, se traduit finalement par une économie, car la machine ne doit restituer que ce qui a été consommé utilement pour l'éclairage, en tenant compte d'un coefficient relatif au rendement propre de l'accumulateur, mais cette restitution se fait dans les circonstances de *plein travail* du moteur à gaz, c'est-à-dire dans les conditions les plus économiques et avec son rendement le meilleur, tandis qu'un éclairage direct met le moteur dans des conditions de travail fort variables, et des rendements très inégaux.

Tout compte fait, la dépense en litres de gaz consommé par le moteur ramené au bec Carcel-heure doit être plus grande pour le système direct que pour le système avec accumulateurs, sans compter d'autres avantages évidents sans qu'il soit nécessaire d'insister davantage.

PETITES INSTALLATIONS.

Éclairages directs. — Autant il est facile — et souvent économique — d'installer un éclairage industriel à l'aide de machines dynamo-électriques actionnées par des moteurs hydrauliques, à vapeur ou à gaz, autant il est difficile et coûteux, dans l'état actuel de nos connaissances, d'établir un petit éclairage domestique comportant une lampe ou un petit nombre de petites lampes à incandescence, devant fournir *chaque jour* quatre à cinq heures de lumière. La difficulté réside, chacun le sait, dans la production de l'énergie électrique qui, pour les petites installations, doit toujours être demandée à l'énergie chimique, c'est-à-dire aux piles hydro-électriques. Malheureusement les piles relativement économiques et constantes

Fig. 98. — Type d'installation d'un éclairage électrique privé. Moteur à gaz actionnant des machines dynamo-électriques. (Sous-sol ou rez-de-chaussée.)

ont un trop faible débit, et il en faudrait un nombre beaucoup trop grand pour obtenir des résultats satisfaisants ; les piles constantes et à débit convenable sont chères et ont, pour la plupart, l'inconvénient de dépenser autant de substances actives, — zinc et liquides — à circuit ouvert qu'à circuit fermé, ce qui oblige à retirer les zincs du liquide lorsque les lampes ne sont pas allumées. Nous avons décrit précédemment (p. 20, 120 et suiv.) quelques-unes des piles utilisables pour l'éclairage électrique domestique. C'est ici le cas de faire ressortir leurs avantages et leurs inconvénients.

Les piles de *Lalande* et *Chaperon* au bioxyde de cuivre ont le grand avantage sur toutes les autres qu'elles peuvent rester montées plusieurs mois sans qu'on y touche, et que, pendant ce temps, elles peuvent fournir, à intervalles réguliers ou irréguliers, une somme d'énergie électrique, et par suite une durée correspondante de lumière, proportionnée à la grandeur des éléments employés. C'est ainsi que pendant l'hiver 1883-84 une pile de douze éléments à auge petit modèle nous a donné environ 120 heures d'éclairage sur une petite lampe à incandescence de 6 volts. Il faut seulement avoir soin, lorsqu'on fait usage de ces piles pour l'éclairage direct, d'intercaler dans le circuit un petit rhéostat à résistance afin d'éliminer le *coup de fouet* qui se produit au moment de l'allumage, avant que la pile n'ait pris son régime régulier et normal. On peut à cet effet employer le petit rhéostat de M. Trouvé que nous avons décrit page 168.

Avant que les piles au bioxyde de cuivre ne soient épuisées, leur résistance augmente un peu en même temps que leur force électromotrice s'affaiblit ; il convient donc d'avoir quelques éléments de plus en réserve — éléments qui peuvent être d'un petit modèle, — et qu'on intercale dans le circuit à mesure que diminue la *puissance de l'éclairage*.

Les piles au *bichromate de potasse à un liquide* conviennent surtout pour des éclairages de quelques heures. Avec deux batteries à treuil de six éléments, modèle Trouvé (p. 122), montées en ten-

sion, on peut entretenir quatre à cinq lampes de 14 à 16 volts en
dérivation pendant 4 à 5 heures. Nous nous abstenons à dessein de
parler de la puissance photométrique des lampes, et pour cause.
Lorsqu'on ne veut alimenter qu'une seule lampe à la fois, on
peut augmenter proportionnellement la durée de l'éclairage,
mais il faut avoir soin de ne pas trop plonger les zincs dans le

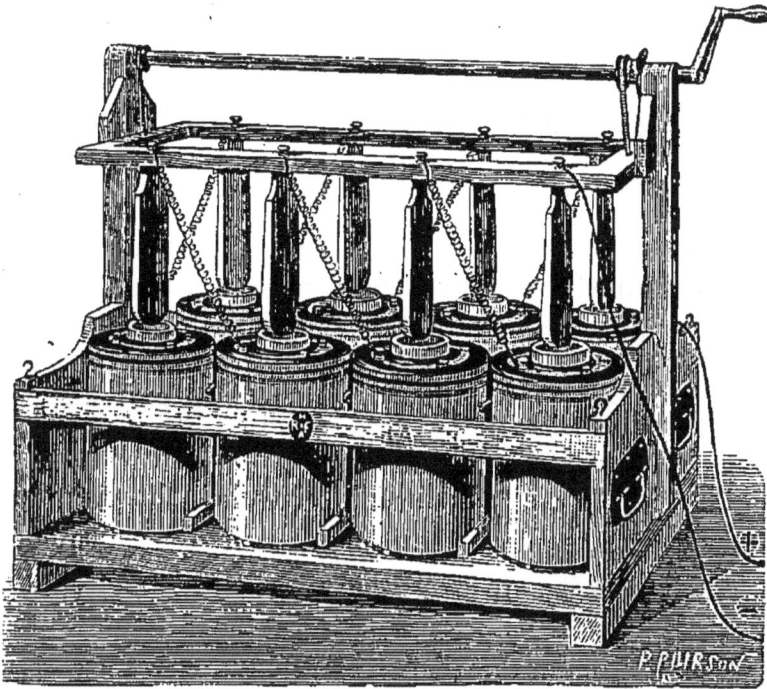

Fig. 99. — Batterie de 8 éléments au bichromate de potasse à deux liquides.
(Modèle de M. Radiguet.)

liquide autant pour ne pas brûler les lampes que pour diminuer l'action locale qui use les zincs en pure perte.

Avec les piles au *bichromate de potasse à deux liquides*, on
arrive à réduire l'action locale, mais la résistance intérieure de
l'élément se trouve augmentée par la présence du vase poreux
et le débit diminué. A dimensions égales, les piles à deux liquides peuvent alimenter un moins grand nombre de lampes à
la fois, la moitié environ, que les piles à un seul liquide.

Il existe un grand nombre de modèles au bichromate de potasse à deux liquides destinés à l'éclairage électrique domestique.

Nous reproduisons ici, à titre d'exemple (fig. 99), la batterie de 8 éléments du modèle de M. Radiguet, destinée à alimenter une ou deux lampes de 12 volts. La force électromotrice en service est d'environ deux volts par élément, soit 16 volts pour les huit éléments en tension, et 12 à 13 volts utiles aux bornes pour les lampes. L'inconvénient de cette pile réside dans la nécessité de changer tous les deux ou trois jours l'eau acidulée que renferme le vase poreux et la solution de bichromate de potasse lorsqu'elle prend une teinte verdâtre indiquant son épuisement.

La pile *Daniell* et ses dérivées *Callaud*, *Minotto*, etc., ne conviennent pas à l'éclairage domestique *direct*. En voici la raison. Il est difficile, même en faisant des éléments de grandes dimensions, d'obtenir des piles qui, dans les conditions de travail maximum, débitent plus de *un watt* (2 ampères et 0,5 volt). Pour alimenter seulement deux lampes de 1,5 ampère et 12 volts, il faut dans le circuit extérieur

$$1,5 \times 12 \times 2 = 36 \text{ watts.}$$

Soit au moins 36 éléments Daniell de grandes dimensions, encombrants, coûteux de prix d'achat et d'entretien, car ils consomment en circuit ouvert. Les piles zinc-charbon, eau acidulée ou eau salée, ne conviennent pas davantage à cause de leur faible débit. Les piles Leclanché, qui ne consomment guère en circuit ouvert, joignent à l'inconvénient de présenter un faible débit celui, plus grave encore, de se polariser très rapidement dès que leur circuit est fermé.

Éclairages indirects. — Mais si toutes ces piles sont incapables de fonctionner *directement* sur des lampes, il n'en est pas de même lorsqu'on en fait usage *indirectement*, en les utilisant à la charge d'accumulateurs appropriés.

L'accumulateur appliqué à l'éclairage domestique agit à la fois comme *réservoir* et comme *transformateur*. Comme réservoir, il permet d'utiliser un débit *lent* et *continu* à la production

d'effets plus puissants, mais intermittents et de moins longue
durée. Comme transformateur, il permet, par un couplage convenable des éléments, d'obtenir une tension plus grande que
celle de la source initiale, tout en maintenant un débit plus
grand, à la condition de faire un sacrifice proportionnel sur la
durée. Ce sacrifice sera facile lorsqu'il s'agit d'éclairage, car,

Fig. 100. — Lampe à incandescence mobile, alimentée par des accumulateurs et des
piles au sulfate de cuivre.

en supposant en moyenne quatre heures d'éclairage par jour (1),
il reste vingt heures par jour pour effectuer la charge. Il suffit
donc que la source électrique choisie puisse débiter en vingt
heures ce que nous dépenserons ensuite en quatre, pour assurer
le fonctionnement de l'éclairage.

(1) Nous supposons quatre heures par jour en moyenne pour tenir compte
des jours d'absence ou de courte veillée.

Les dispositions peuvent varier à l'infini ; nous nous contente-rons d'en signaler quelques-unes. Voici d'abord un petit gué-ridon avec lampe électrique (fig. 100) combiné par M. Aboilard pour éclairage fixe ou mobile. La lampe a la forme d'un carcel ordinaire, mais la mèche est remplacée par une petite lampe de 6 volts. Le socle renferme une boîte d'ébonite cylindrique à

Fig. 101. — Lanterne électrique de voiture avec sa boîte d'accumulateurs, pouvant se placer sous le siège du cocher.

quatre compartiments renfermant quatre petits accumulateurs couplés en tension. La clef que l'on voit sur la gauche agit sur un commutateur destiné à allumer ou à éteindre la lampe à volonté. Ces quatre petits accumulateurs ne fourniraient qu'un éclairage de durée insuffisante à cause de leurs petites dimen-sions, aussi ne servent-ils que lorsqu'on déplace la lampe. Lors-que la lampe est sur le guéridon, elle est en relation avec quatre autres accumulateurs de même forme et de plus grandes dimensions disposés dans une seconde boîte d'ébonite formant colonne au milieu de la table. Ces accumulateurs doublent les premiers et permettent d'obtenir six heures d'éclairage.

Le compartiment inférieur du guéridon dissimule la pile de charge composée de 16 éléments au sulfate de cuivre montés en tension et assez petits pour être dissimulés dans un espace de 40 centimètres de côté et de 25 centimètres de hauteur. On entretient ces éléments en ajoutant chaque jour de l'eau et des cristaux de sulfate de cuivre, et en siphonnant de temps en temps l'eau chargée de sulfate de zinc produite par le fonctionnement des éléments.

C'est encore une lampe mobile pour l'éclairage des voitures de luxe que M. Aboilard a réalisée dans l'appareil représenté figure 101. Grâce à une garniture en métal blanc formant réflecteur, la lampe à incandescence alimentée par trois accumulateurs en tension fournit un puissant éclairage.

La boîte qui le renferme n'a pas plus de 25 centim. de hauteur, et peut facilement se placer sous le siège du cocher. Quand la voiture est remisée, les accumulateurs se chargent encore à l'aide de piles au sulfate de cuivre. Il faut compter de trois à quatre éléments par accumulateur, soit ici de dix à douze éléments.

La figure 102 représente quelques autres appareils élégants et ingénieux fonctionnant toujours à l'aide d'accumulateurs plus ou moins petits. C'est d'abord (n° 1) un cartel porte-montre très précieux pour la nuit. Il mesure $0^m,09$ de hauteur, $0^m,06$ de largeur et $0^m,19$ de longueur. Il renferme deux petits accumulateurs montés en tension qui actionnent une lampe à incandescence minuscule de $0^m,004$ de diamètre, placée au bas de la montre dans une coquille formant réflecteur. Vous vous réveillez la nuit, et vous voulez savoir l'heure. Vous touchez le bouton-commutateur fixé au cartel, la lampe brille et jette la lumière sur le cadran de votre montre. Non seulement vous voyez l'heure, mais votre chambre tout entière se trouve éclairée. Voici une sacoche portative de voyage (n° 2) que l'on porte en bandoulière, elle renferme deux accumulateurs et pèse 1 kilogramme. Elle fait fonctionner une petite lanterne électrique de 3 bougies que l'on pend à la boutonnière de son habit. Voici (n° 3) une autre sacoche à accumulateur de plus grandes dimensions, pour des

Fig. 102. — Porte-montre (1). — Sacoche pour éclairage de voyage (2). Lanterne de voyage (3).

voyages de plus longue durée. Nous parlerons des bijoux électriques au chapitre des *Récréations*.

Nous pourrons utiliser ces petites sacoches de voyage pour descendre à la cave, aller regarder l'heure la nuit, consulter le thermomètre, etc. Les piles Daniell pourront aussi servir à charger un petit accumulateur Planté suffisant pour faire rougir un fil de platine et produire l'allumage d'une bougie ou d'un rat-de-cave.

C'est l'appareil représenté figure 103, auquel M. Planté a donné le nom de *briquet de Saturne*. Il suffit de trois petits éléments Calland de 8 centim. de hauteur pour entretenir la charge de l'accumulateur.

Dans toutes ces applications, nous avons toujours supposé que la pile de charge avait un nombre d'éléments en tension suffisant pour effectuer la charge des accumulateurs sans changer leur couplage. Lorsqu'il n'en est pas ainsi, il faut coupler les accumulateurs *en quantité* pour la charge, et *en tension* pour la décharge.

On peut, à cet effet, se servir soit d'un commutateur Planté, ma-

Fig. 103. — Briquet de Saturne.

nœuvré à la main, comme celui dont nous avons parlé page 147, soit du *coupleur automatique* Planté-Hospitalier, représenté figure 104.

Cet appareil a pour but de réaliser automatiquement, sans manœuvre spéciale autre que l'allumage ou l'extinction de la lampe ou des lampes alimentées par les accumulateurs, le cou-

plage en quantité sur la pile de charge et le couplage en tension sur les lampes, remettant de nouveau les accumulateurs en charge lorsque les lampes sont éteintes. Il se compose d'une planchette en bois portant un certain nombre de godets à mercure, reliés à des bornes par des lames de cuivre et dans lesquels viennent plonger des cavaliers suspendus à un axe horizontal qui pivote sur deux tourillons et peut prendre deux positions distinctes. Dans l'appareil représenté figure 104, et disposé pour agir sur *trois* accumulateurs, les bornes sont au nombre de dix :

2 bornes pour la pile de charge.

2 bornes pour le circuit extérieur, comprenant la lampe et le commutateur interrupteur.

3 bornes pour les pôles positifs des trois accumulateurs A, B, C.

3 bornes pour les pôles négatifs des trois accumulateurs A, B, C.

Dans la position ordinaire, les lampes étant éteintes, les lames sont dans la position représentée par la figure 104, c'est-à-dire dans la position de charge : tous les pôles positifs des accumulateurs communiquant avec le pôle positif de la pile de charge, et tous les pôles négatifs des accumulateurs avec le pôle négatif de cette pile. Lorsqu'on ferme le circuit sur la lampe, le courant traverse un électro-aimant à *deux fils*, l'un fin et long, l'autre court et gros. L'électro devenant actif attire une armature qui

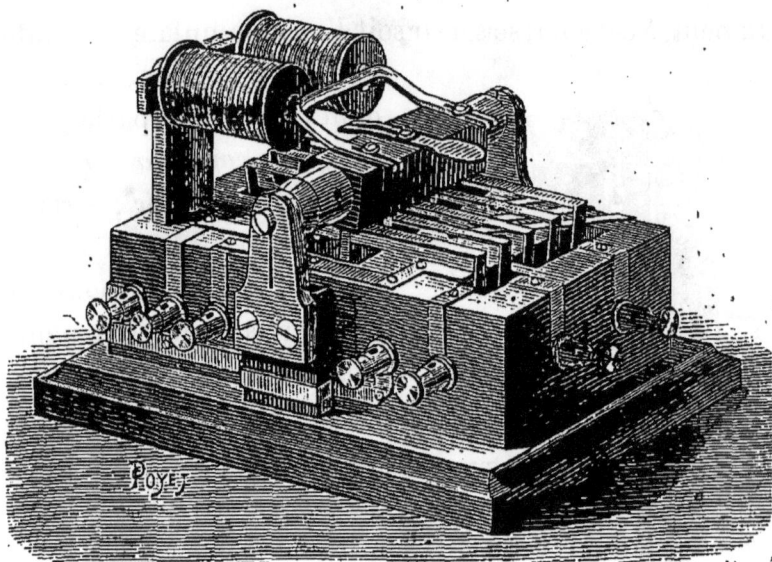

Fig. 104. — Coupleur automatique Planté-Hospitalier.

fait basculer l'axe portant les cavaliers ; cet axe, en basculant, fait plonger ces cavaliers dans d'autres godets et change le couplage : il isole la pile de charge du circuit, et couple les accumulateurs en tension.

Si l'électro n'avait qu'un seul fil, le couplage s'effectuerait bien, mais la lampe ne s'illuminerait pas, la résistance de l'électro affaiblissant le courant ; mais au moment où le mouvement de l'électro est presque terminé, le gros fil est mis en dérivation sur le fil fin, la résistance devient presque nulle ; mais le magnétisme entretenu par le courant qui circule dans l'électro est assez puissant pour maintenir l'armature dans sa seconde position, c'est-à-dire pour maintenir le couplage en tension. Lorsqu'on éteint la lampe, aucun courant ne circulant plus dans l'électro, les cavaliers retombent et remettent les accumulateurs *en quantité* et *sur charge*. Les couplages s'effectuent donc automatiquement, sans qu'on ait à s'inquiéter du commutateur, ni à se déranger chaque fois, comme cela est nécessaire avec un appareil manœuvré à la main ; on évite ainsi toute perte de temps.

Grâce à l'emploi des accumulateurs et à leur couplage judicieux, il devient inutile d'avoir recours à des piles à grand débit ; un petit nombre d'éléments à petit débit suffit, pourvu que ces éléments soient *continus*.

Il n'existe pas encore de piles combinées spécialement pour cette application à l'éclairage domestique, si récente encore : nous croyons qu'il conviendra de faire usage de piles à écoulement de petites dimensions, garnies préalablement d'un morceau de zinc assez gros pour fonctionner longtemps sans avoir à le renouveler, et d'un grand réservoir en grès, en verre, en porcelaine, quelquefois même en bois convenablement protégé à l'intérieur, dans lequel on aura mis une grande provision de liquide actif préparé une fois pour toutes, et qui viendra s'écouler lentement dans les piles. Ce liquide actif pourra être une solution de sel marin, d'eau acidulée sulfurique, ou une solution acide de bichromate de potasse. Suivant les cas, la solution sortant des piles pourra être jetée à l'égout ou utilisée à nouveau en la recueillant à sa sortie. Nous ne saurions trop engager les inventeurs et les constructeurs à s'engager résolument dans la construction des piles continues à écoulement.

Il ne manque pas d'amateurs qui ne reculent pas devant la dépense pour s'offrir un petit éclairage électrique, à cause des qualités spéciales de la lumière, mais qui s'effraient avec raison des manipulations journalières auxquelles entraînent les piles en usage jusqu'ici. Offrez-leur une installation capable de fonctionner quelques mois sans surveillance et sans entretien — l'on vient de voir que par l'emploi des accumulateurs, des coupleurs automatiques et des piles à écoulement, ce n'est pas chose impossible, — et les applications ne manqueront pas. Dans les éclairages de luxe, l'économie est tout à fait secondaire ; ce qui ne l'est pas, c'est la simplicité, la facilité et la sûreté d'emploi, toutes qualités inhérentes aux dispositions que nous prenons la liberté de préconiser.

L'éclairage électrique domestique par les piles n'est pas et ne saurait être économique, mais il n'est pas non plus d'un prix assez élevé pour le rendre inabordable et inapplicable. Il nous a suffi de montrer qu'il était *possible* et digne de tenter l'amateur, sans prétendre le voir jamais devenir *général*, et d'indiquer les meilleurs moyens aujourd'hui connus pour le réaliser sur une petite échelle, et comme application de luxe.

LES MOTEURS ÉLECTRIQUES

La facilité avec laquelle l'énergie électrique se transforme en travail, la propreté, l'élégance, la légèreté, la facilité de mise en marche et d'arrêt des moteurs électriques ont séduit bien des inventeurs. Mais malheureusement, comme pour l'éclairage, les difficultés de l'emploi ne résident pas dans le moteur lui-même, mais dans la source électrique destinée à l'alimenter.

Il est cependant des cas où, pour de petites forces intermittentes, par exemple, il sera commode de faire usage de moteurs électriques alimentés par des piles attelées soit directement, soit indirectement sur le moteur, en adoptant des dispositions analogues à celles que nous avons fait connaître pour l'éclairage par incandescence. Ce sont les petits moteurs aptes à rendre des services dans ces cas spéciaux que nous décrirons rapidement, en commençant par exposer brièvement les phénomènes sur lesquels ils sont fondés.

Les actions magnétiques du courant électrique. — Les phénomènes électriques et magnétiques ont entre eux les rapports mis pour la première fois en évidence par *OErsted* en 1820, lorsqu'il montra l'action exercée par un courant électrique sur l'aiguille aimantée.

Peu de temps après, Ampère indiqua une règle qui porte son nom pour déterminer dans chaque cas l'action relative d'un courant et d'un aimant. Cette règle n'est elle-même qu'une conséquence des indications fournies par les *spectres* ou *fantômes* magnétiques et galvaniques.

Fantômes magnétiques et galvaniques. — Quand on place sur un aimant une lame mince de carton ou de verre et que l'on projette de la limaille de fer sur cette lame, on voit la limaille prendre certaines positions et tracer certaines lignes auxquelles *Faraday* a donné le nom de *lignes de force magnétiques*, ou plus simplement lignes de force. L'ensemble de la figure ainsi formée constitue un *spectre* ou *fantôme magnétique*.

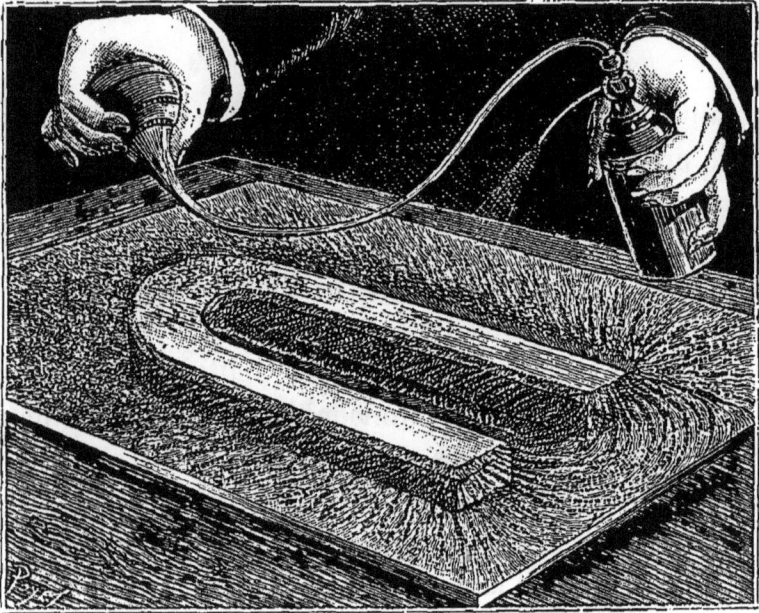

Fig. 105. — Fixation des fantômes magnétiques.

Les formes du fantôme varient avec celles des aimants, les positions relatives de l'aimant et de la lame, etc.

Tout l'espace soumis à l'influence de cet aimant constitue le *champ magnétique*, caractérisé par la présence de ces lignes de force, dont l'étude est des plus importantes au point de vue des actions électro-magnétiques et de l'induction. Il est commode, pour étudier ces fantômes, de les fixer pour pouvoir les conserver, les projeter ou les photographier.

La figure 105 montre comment on peut fixer ces fantômes. A cet effet, on recouvre la plaque d'une couche de dissolution de

gomme arabique que l'on laisse sécher, puis on la place au-
dessus de l'aimant; on saupoudre sa surface de limaille de fer
doux à l'aide d'un petit tamis, et lorsque les courbes sont bien
développées, ce qu'on obtient en donnant de légers coups sur la
plaque à l'aide d'une baguette de verre, on *pulvérise* de l'eau à
sa surface à l'aide d'un pulvérisateur ordinaire. La couche de
gomme arabique se ramollit, emprisonne la limaille sans que les
parcelles changent de position ; lorsque la gomme est sèche de
nouveau, l'on retire l'aimant et le fantôme se trouve fixé.

L'on a ainsi une représentation matérielle du champ magnétique produit par l'aimant dans le plan de la lame de verre ou
de la feuille de papier. Le nombre de ces lignes ou leur densité
est en chaque point proportionnelle à l'intensité du champ, les
courbes tracées indiquent leur direction. Pour achever de définir le champ, il reste à déterminer le *sens* de ces lignes de
force. Ce sens est, par définition et par convention, la direction
dans laquelle se déplacerait le pôle *nord* (1) d'une petite aiguille
aimantée, libre de se mouvoir dans le champ. Il résulte de cette
définition que les lignes de force *sortent* du pôle *nord* d'un aimant
et *rentrent* dans le pôle *sud*, puisque le pôle nord d'un aimant
repousse le pôle nord de l'aiguille et que le pôle sud de l'aimant
attire le pôle nord de l'aiguille.

Faraday a découvert deux propriétés physiques des lignes de
force que les fantômes mettent en relief :

1° Les lignes de force tendent à se raccourcir.

2° Deux lignes de force parallèles et de même sens se repous-
sent.

Ces deux actions expliquent la forme arquée que prennent les
lignes de force entre les deux pôles d'un aimant ; elles sont en
équilibre lorsque leur tendance à se raccourcir compense leur
répulsion mutuelle.

Lorsque nous placerons une aiguille aimantée dans un champ
magnétique, en vertu de la tendance des lignes de force à se rac-.

(1) Le pôle *nord* d'une aiguille aimantée est le pôle qui se dirige *vers le
nord* de la terre.

courcir, l'aiguille se placera dans la direction des lignes de force
du champ qui entreront par le pôle sud de l'aiguille et sortiront
par le pôle nord. Ainsi s'explique la direction prise par une aiguille aimantée placée dans un champ magnétique.

C'est en vertu de la même action qu'un courant électrique
dirige une aiguille aimantée.

En effet, l'espace qui entoure un conducteur traversé par un
courant électrique est également rempli de *lignes de force galvaniques* analogues à celles du champ magnétique produit par
un aimant permanent, lignes de force dont l'existence est subor-
donnée au passage du courant; elles commencent avec lui et
cessent avec lui. Dans le cas d'un conducteur rectiligne, ces
lignes de force sont des cercles parallèles dont les centres sont
sur le conducteur lui-même et les plans sont les perpendicu-
laires au conducteur. La direction de ces lignes de force est
donnée par la règle suivante : si l'on regarde un conducteur
rectiligne par l'extrémité d'*entrée* du courant, la direction des
lignes de force sera celle des aiguilles d'une montre. Les lignes
de force galvaniques jouissent des mêmes propriétés que les
lignes de force magnétiques; elles en diffèrent cependant par
un point essentiel : tandis que les lignes de force magnétiques
persistent continuellement dans le champ magnétique sans dépense d'énergie autre que celle qui a été nécessaire la première
fois pour provoquer l'aimantation, les lignes de force galvaniques commencent avec le courant et finissent avec lui; elles ne
peuvent exister qu'à la condition de dépenser une certaine quantité d'énergie électrique dans le conducteur qu'elles entou-
rent.

Principe des moteurs électriques. — Il sera maintenant facile, si l'on a bien compris ce qui précède, d'expliquer le
principe de fonctionnement d'un moteur électrique. On sait
qu'un moteur électrique se compose toujours essentiellement de
trois parties : un *aimant* ou un *électro-aimant* dont le rôle est de
produire un champ magnétique; une *bobine* qui, traversée par
le courant, produit un champ galvanique; un *commutateur* ou

collecteur chargé de distribuer le courant dans la bobine d'une façon utile au mouvement.

Chaque fois qu'un courant traverse la bobine, le champ galvanique réagit sur le champ magnétique; en vertu des actions mutuelles des lignes de force. Si l'on suppose la bobine mobile et le champ magnétique fixe, elle se déplacera pour satisfaire aux attractions et répulsions mutuelles des lignes de force et tendra à prendre une certaine position d'équilibre. Si, au moment où elle va prendre cette position d'équilibre, nous inversons le courant dans la bobine à l'aide du commutateur, nous inversons les actions réciproques des champs magnétique et galvanique, les attractions se changent en répulsions et inversement; la bobine tend à prendre une nouvelle position d'équilibre différente de la première. Lorsqu'elle arrive à cette seconde position d'équilibre, nous inversons de nouveau le courant, le sens des actions change, et ainsi de suite; il se produit donc une série de mouvements de la bobine vers deux positions d'équilibre qu'elle ne peut conserver par suite des inversions successives du courant. Donnons à la bobine une forme convenable, et arrangeons-nous de façon que le déplacement, pour prendre ses deux positions d'équilibre, lui imprime une rotation de 180° autour de l'axe qui sert à la supporter, et nous aurons ainsi créé un *moteur rotatif*. Ici les inversions peuvent être très rapides, et se produire jusqu'à 200 et 300 fois dans une seconde. En pratique, les petits moteurs tournent normalement à 1800 tours par minute, soit 30 tours et 60 inversions par seconde.

Dans les moteurs de grandes dimensions, les bobines sont sectionnées, et le commutateur, qui prend alors le nom de *collecteur*, effectue le changement de sens du courant dans la bobine, non plus sur le fil tout entier, mais section par section : c'est une commutation *continue*, la variation ne porte que sur $\frac{1}{20}$, $\frac{1}{40}$ et même $\frac{1}{60}$ de bobine à la fois, aussi le courant reste-t-il pratiquement continu, le point mort est supprimé, le fonctionnement devient plus régulier et le rendement meilleur.

Les petits moteurs. — Les meilleurs générateurs électriques à courant continu sont donc, en principe, les meilleurs moteurs électriques, sous réserve des proportions relatives qu'il convient de donner à leurs organes suivant le rôle qu'ils doivent remplir.

Mais lorsqu'il s'agit de produire de petites forces ne dépassant pas 4 à 5 kilogrammètres par seconde, par exemple, le problème se pose très différemment.

Les anneaux Gramme et Siemens deviennent d'une construction difficile et d'un prix coûteux dès que les dimensions sont un peu petites. C'est un peu l'histoire de la grosse pendule et de la petite montre. Il faut donc, en faisant quelques sacrifices sur le rendement de l'appareil, construire un moteur, simple, rustique, peu coûteux, pour que son emploi puisse se généraliser.

Tous les constructeurs qui se sont préoccupés de cette question sont alors revenus à la bobine primitive de Siemens, et c'est elle que nous retrouvons, plus ou moins profondément modifiée, dans la plupart des petits moteurs actuels.

La bobine de Siemens se compose d'un cylindre de fer doux creusé de deux rainures longitudinales qui lui donnent l'aspect d'un fer en double T. On enroule sur cette rainure un fil isolé dont les extrémités aboutissent aux deux coquilles d'un commutateur de Clarke. La bobine ainsi construite est placée dans le champ magnétique formé par un aimant ou un électro-aimant. Sous l'action des courants alternativement de sens inverse qui la traversent, elle prend un rapide mouvement de rotation.

Dans le moteur de M. *Marcel Deprez* (fig. 106) le champ magnétique est formé par un aimant en U, et la bobine est placée longitudinalement entre les branches de l'aimant, ce qui rend le moteur plus léger et plus compact. Le courant de la source arrive aux coquilles du commutateur par deux balais formés de fils de laiton très fins, comme dans la machine Gramme. Le courant qui traverse la bobine change de sens chaque demi-tour, au moment où les pôles qu'il détermine passent devant ceux de l'aimant. Les balais sont montés sur un support pouvant tourner autour de l'axe de la bobine. On peut changer ainsi le calage du commulateur et la vitesse du moteur suivant l'effort qu'il doit produire. Avec un aimant de 1700 grammes, et une bobine de 400 grammes, le poids du moteur complet n'atteint pas 4 kilogrammes. A la vitesse de trois mille tours par minute, il développe 2,5 kilogrammes par seconde avec huit éléments Bunsen plats, modèle Ruhmkorff. Lorsque la vitesse tend à devenir trop grande, un petit ressort, en communication fixe par une de ses extrémités avec un des bouts du fil de la bobine et venant s'appuyer par son autre extrémité sur une des coquilles du commutateur, s'écarte

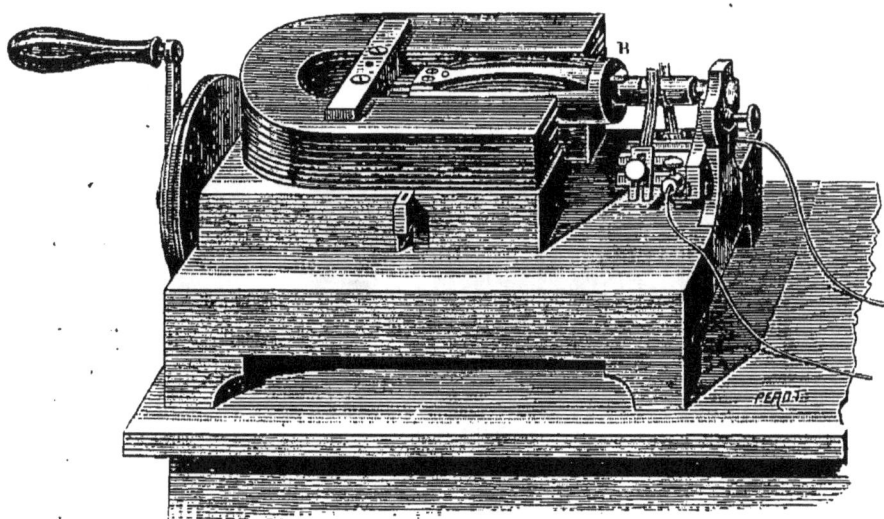

Fig. 106. — Moteur magnéto-électrique de M. Marcel Deprez.

par l'effet de la force centrifuge. Le circuit est rompu et reste ouvert jusqu'à ce que la vitesse redevienne normale. En pratique, les ruptures et les fermetures de circuit se produisent assez rapidement pour que les variations de vitesse ne dépassent pas $\frac{1}{700}$ de la vitesse normale.

Le moteur de M. *Trouvé* se compose aussi d'une bobine de Siemens à joues légèrement excentrées, tournant entre les branches d'un électro-aimant placé dans le même circuit que la bobine.

La figure 107 représente le moteur de M. Trouvé appliqué par M. Journaux à une machine à coudre ordinaire, sans introduire de modifications sensibles dans son installation primitive.

Le moteur est placé verticalement. L'arbre porte une poulie garnie de caoutchouc qui s'applique contre le volant de la machine et l'entraîne. Le rapport des diamètres étant très grand, le moteur électrique peut tourner à une grande vitesse, ce qui justifie ses petites dimensions. On règle la pression de la poulie contre le volant à l'aide d'un ressort. Il est d'ailleurs très facile de rendre le moteur indépendant de la machine à coudre en agissant sur un levier en équerre qui éloigne le moteur à une distance suffisante pour qu'il n'y ait plus contact de la poulie et du

Fig. 107. — Application du moteur de M. Trouvé aux machines à coudre par M. Journaux.

volant. On remet alors la corde, et la machine peut aussitôt marcher à la pédale, disposition qui n'est pas sans intérêt lorsqu'on marche avec des accumulateurs et que, soit par négligence, soit pour tout autre cause, ils ne sont plus chargés.

L'arrêt et la mise en marche sont des plus simples. En appuyant sur la pédale, on produit deux actions : la première c'est d'envoyer le courant dans l'appareil, la seconde c'est d'exercer une traction graduée sur une chaîne composée d'un certain nombre de maillons en argent, intercalée dans le circuit du moteur et de la source électrique. La traction plus ou moins grande exercée sur la chaîne diminue ou augmente la résistance électrique offerte par la chaîne au passage du courant. Cette application ingénieuse des contacts microphoniques est due à M. Émile Reynier. On dispose ainsi d'un moyen très simple et très pratique pour graduer la vitesse de la machine instantané- ment et à volonté.

Le moteur de M. *Griscom* (fig. 108) destiné à une petite

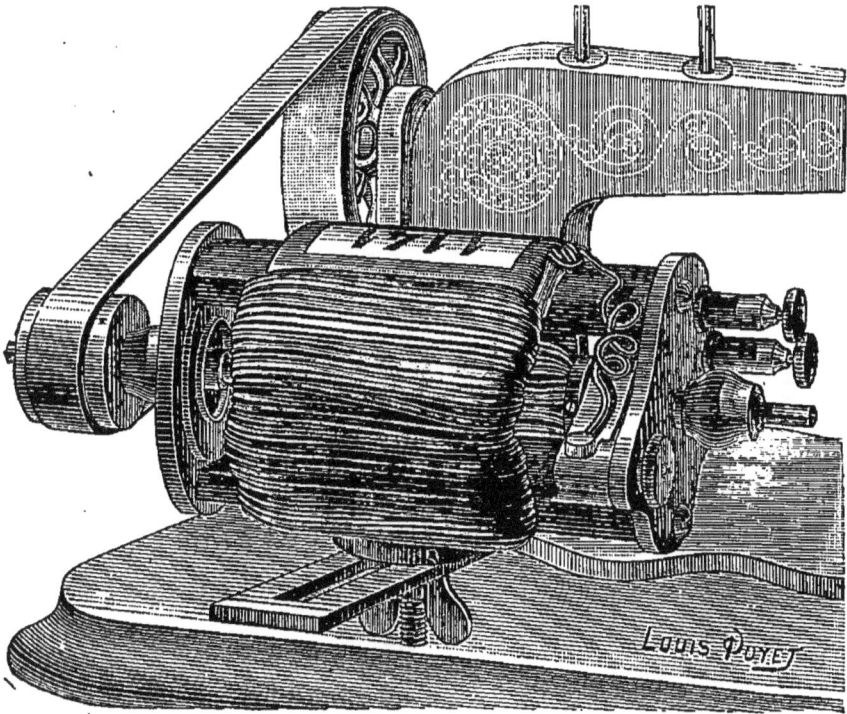

Fig. 108. — Moteur électrique de M. W. Griscom.

force, n'a pas plus de 10 centimètres de longueur et ne pèse que 1200 grammes. A la vitesse de 5000 tours par minute, il peut produire cependant 3 à 4 kilogrammètres par seconde. On y retrouve toujours la bobine Siemens double T, tournant dans le champ magnétique formé par un électro annulaire à points conséquents. La bobine est entièrement renfermée dans l'in- ducteur qui la protège. La bobine et l'inducteur sont en fonte malléable dont la force coercitive est aussi faible que celle du fer doux. On peut ainsi fondre toutes les pièces, ce qui en rend la fabrication très économique.

L'appareil est habilement disposé pour s'appliquer sans difficulté à toutes les machines à coudre déjà existantes, un petit support droit ou en équerre et un petit écrou à oreilles placés à la partie inférieure du moteur suffisent pour l'installer.

M. Griscom emploie comme générateur électrique une pile au bichromate de potasse de six éléments.

La vitesse du moteur se règle en plongeant plus ou moins les éléments dans le liquide à l'aide d'une pédale placée sur le côté

Fig. 109. — Moteur cylindrique de M. Gramme.

de la boîte qui contient les éléments et qui peut servir en même temps de siège : une seule charge de la pile suffit, d'après M. Griscom, pour effectuer de 500 à 1000 mètres de couture, soit en quinze jours, soit en six mois, à intervalles irréguliers. C'est donc là une application vraiment domestique si l'on sait prendre son parti du rechargement inévitable de la pile, une fois qu'elle a fourni la somme de travail qu'elle est susceptible de donner.

Moteurs continus. — Lorsqu'il s'agit de produire des forces supérieures à 4 ou 5 kilogrammètres par seconde, les machines *à courant continu* constituent des moteurs plus réguliers, plus légers et plus économiques que les moteurs à *inversion* *totale* de courant, fondés sur le principe de la bobine en double T de Siemens.

C'est dans le but de constituer un moteur électrique solide, léger et compact que M. *Gramme* a modifié sa machine dynamo-électrique et en a fait le moteur cylindrique représenté fig. 109. On y retrouve toujours les pièces essentielles : inducteur, bobine annulaire et collecteur, mais le tout habilement groupé et bien protégé par une enveloppe cylindrique en tôle de laiton ; la déchirure pratiquée dans cette tôle sur la figure 109, permet de se rendre facilement compte des dispositions intérieures du

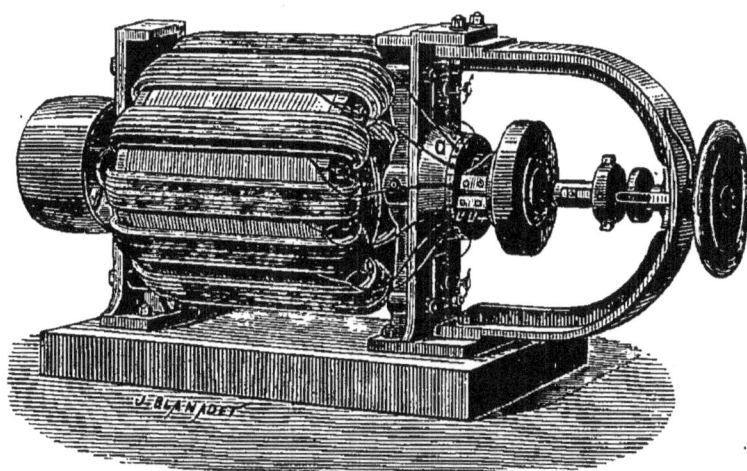

Fig. 110. — Moteur électrique de MM. Ayrton et Perry.

moteur. Il en existe de toutes les puissances, depuis un kilogrammètre par seconde jusqu'à deux et trois chevaux.

Moteur de MM. Ayrton et Perry. — Par des considérations théoriques qui ne sauraient trouver place ici, MM. Ayrton et Perry sont arrivés à établir que les machines dynamo-électriques ne doivent pas présenter les mêmes proportions dans leurs différentes parties, suivant qu'elles fonctionnent comme *générateur* ou comme *moteur* électrique.

Une dynamo génératrice doit avoir des inducteurs massifs de façon à constituer un champ magnétique intense, tandis qu'il est préférable, dans une machine dynamo fonctionnant comme moteur, d'avoir un induit très grand et un inducteur de petites dimensions. Pour réaliser ces conditions, il a fallu renverser l'ordre habituel des choses, et créer le moteur représenté ci-dessous (fig. 110 et 111), qu'on peut définir une machine Pacinotti-Gramme renversée, à inducteur mobile et à induit fixe. L'inducteur, représenté séparément en F (fig. 111) n'est pas autre chose qu'une bobine de Siemens double T tournant à l'intérieur d'un anneau Pacinotti représenté en A ; les différentes sections de cet anneau sont reliées à un collecteur *fixe*, plat ou circulaire ; l'induit en tournant entraîne avec lui deux balais qui viennent s'appliquer sur le collecteur et font la commutation. Dans les

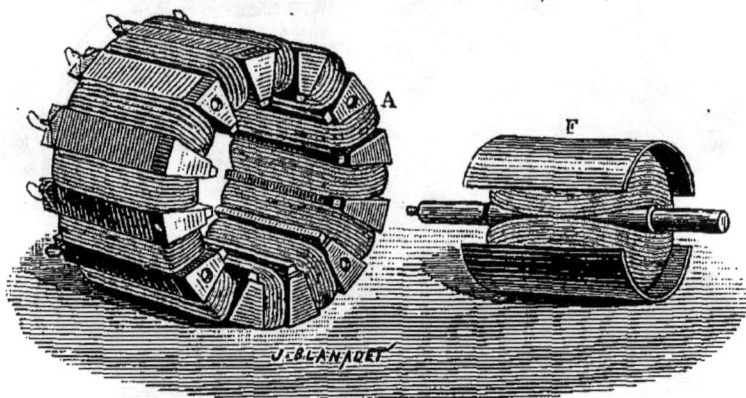

Fig. 111. — Inducteur (F) et induit (A) du moteur de MM. Ayrton et Perry.

moteurs destinés à être commandés directement *à la main*, moteurs de bateaux, moteurs domestiques, etc., on règle la vitesse et on change le mouvement de rotation par un décalage des balais, décalage qu'on règle à volonté à l'aide d'un levier de changement de marche, analogue au levier de changement de marche des locomotives.

Conditions de fonctionnement des moteurs Ayrton et Perry. — Le plus petit type des moteurs de MM. Ayrton et Perry ne pèse que 16 kilogrammes ; il est construit pour fournir un travail moyen de *trois dixièmes* de cheval-vapeur, c'est-à-dire 22 à 23 kilogrammètres par seconde. Ces moteurs, suivant la force électromotrice et l'intensité du courant dont on dispose,

sont établis sur trois types exigeant 25 volts ou 100 volts aux
bornes pour fonctionner normalement.

Type de 25 volts. — A 1800 tours par minute, il produit
0,3 cheval-vapeur avec 22,4 volts aux bornes et un courant
de 25 ampères. Le rendement, c'est-à-dire le rapport du travail mécanique disponible sur l'arbre du moteur, *mesuré au
frein*, à l'énergie électrique fournie de borne à borne, est de
39 p. 100.

Type de 50 volts. — A 2000 tours par minute, il produit
0,33 cheval-vapeur avec 48 volts aux bornes et un courant de
14,2 ampères. Le rendement est de 36 p. 100.

Type de 100 volts. — A 2100 tours par minute, il produit
0,35 cheval-vapeur avec 98 volts aux bornes et un courant de
6,1 ampères. Le rendement est de 38 p. 100.

On voit par ces chiffres que le rendement des petits moteurs
est assez peu élevé; il faut en effet que le travail produit atteigne
un cheval-vapeur pour que le moteur transforme en travail
50 p. 100 de l'énergie électrique qui lui est fournie de borne
à borne. Pour atteindre un rendement de 60 à 70 p. 100, il faut
que le moteur produise au moins 3 ou 4 chevaux.

Les chiffres que nous venons de publier permettent de déterminer rapidement le nombre de piles ou d'accumulateurs
nécessaires pour actionner un de ces moteurs à sa vitesse normale. Il nous suffit pour cela de connaître quelle est la différence
de potentiel utile aux bornes de l'élément dont on dispose
lorsqu'on lui fait débiter le nombre d'ampères exigé par le
moteur. Cette différence de potentiel utile aux bornes ne doit
pas être confondue avec la force électromotrice de la pile; elle
a toujours une valeur notablement plus faible et qui, dans les
conditions de débit maximum de l'élément, et même en supposant la pile absolument impolarisable, n'est que *la moitié* de
la force électromotrice.

Supposons, par exemple, que nous disposions d'un accumulateur capable de débiter 15 ampères avec une différence de
potentiel utile aux bornes de 1,5 volt.

Cet accumulateur pourra donc faire fonctionner le type de 50 volts qui n'exige que 14,2 ampères. Le nombre d'accumulateurs en tension nécessaire sera de :

$$\frac{50}{1,5} = 33,3$$

On devra donc employer 34 accumulateurs en tension. Si nous prenions au contraire des accumulateurs de plus grandes dimensions, capables de fournir 25 ampères avec la même différence de potentiel utile (1,5 volt), nous pourrions alors faire usage du moteur type de 25 volts. Le nombre d'accumulateurs à coupler en tension se trouverait réduit à :

$$\frac{22,4}{1,5} = 15$$

Si, au contraire, nous n'avions que des piles incapables de débiter plus de 6,1 ampères, il faudrait faire choix du moteur type de 100 volts, et le nombre d'éléments à coupler en tension ne serait pas moindre de :

$$\frac{98}{1,5} = 65,3 \text{ éléments.}$$

Le nombre d'éléments varie du simple au quadruple en raison inverse du débit de l'élément qui varie du quadruple au simple, mais l'on voit que le produit du débit par le nombre d'éléments reste sensiblement constant, comme le travail lui-même, ce qui est conforme au principe de la conservation de l'énergie.

Réversibilité des machines et des moteurs électriques. — Tout générateur mécanique d'énergie électrique peut constituer un moteur électrique et inversement, en vertu du principe de la réversibilité. C'est là une expérience des plus instructives et des plus intéressantes réalisée pour la première fois en 1873 par MM. Gaston Planté et A. Niaudet, à l'aide d'une machine Gramme à manivelle et d'un accumulateur Planté (fig. 112). Une machine Gramme mise en mouvement à la main

dépense de l'énergie mécanique et *produit* de l'énergie électrique qui *s'emmagasine* dans l'accumulateur sous forme d'é-
nergie chimique, en réduisant l'une des lames de plomb et en
peroxydant l'autre.

Lorsque les lames sont fermées sur le circuit de la machine,
les corps préalablement séparés se combinent, produisent de

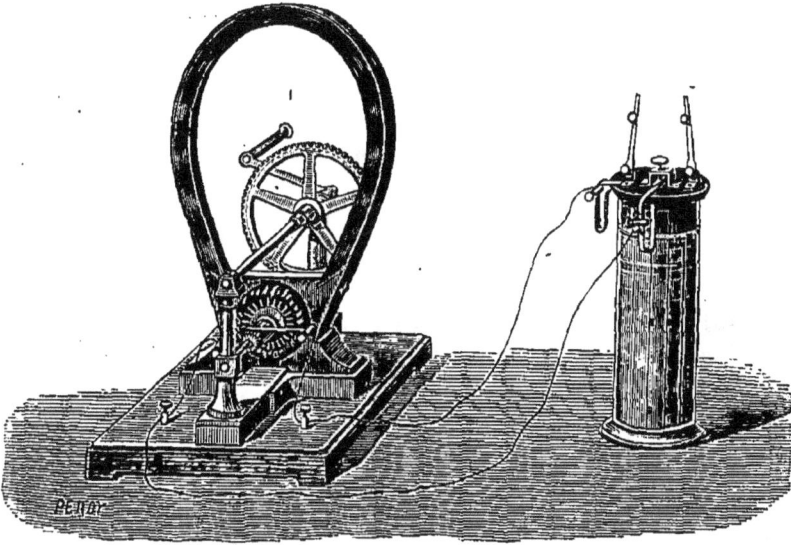

Fig. 112. — Pile secondaire Planté, chargée par une machine Gramme à manivelle.

l'énergie électrique qui, traversant la machine, produit de
l'énergie mécanique en la mettant en mouvement. C'est là une
des plus belles démonstrations de l'*unité des forces physiques*
et de leurs transformations mutuelles. La conséquence pratique
est qu'une seule et même machine peut servir alternativement
de générateur et de moteur électrique, suivant qu'on lui fournit
du travail ou de l'électricité, conséquence des plus importantes
au point de vue pratique.

LA LOCOMOTION ÉLECTRIQUE

Si la locomotion électrique n'est pas encore, dans l'état actuel, un problème qu'on puisse considérer comme résolu, des tentatives honorables, quelques-unes couronnées de succès et susceptibles d'applications dans certains cas spéciaux, prouvent que sa solution complète est proche. Chaque progrès réalisé dans les piles ou les accumulateurs, chaque perfectionnement apporté aux petits moteurs pour diminuer leur poids pour une puissance donnée, et augmenter leur rendement, font avancer d'autant cette solution. Aussi n'est-il pas sans intérêt de passer en revue les résultats acquis jusqu'à ce jour, ne fût-ce que pour montrer le chemin parcouru et ce qui reste encore à faire pour atteindre le but.

Nous laisserons de côté la locomotion aérienne ; aussi bien n'a-t-elle, dans l'état actuel, qu'une relation très indirecte avec le sujet que nous traitons, et ne parlerons-nous ici que de la *locomotion terrestre* et de la *navigation*.

LA LOCOMOTION TERRESTRE

Posséder une voiture mise en mouvement par l'électricité est, on peut le dire, le rêve caressé par tout amateur électricien. Avoir à sa disposition, pendant quelques heures, un véhicule docile, mis en mouvement et arrêté instantanément par la manœuvre d'un simple commutateur, sans qu'on ait autrement à s'en préoccuper, quoi de plus charmant?

Il y a malheureusement loin de la coupe aux lèvres, et ce rêve de tous n'est encore devenu, *à ce jour*, une réalité pratique pour personne. L'inconvénient principal est toujours, comme pour l'éclairage et les petits moteurs fixes, la difficulté de produire facilement et commodément l'énergie électrique nécessaire. Mais ici la difficulté se complique par le fait même du mode d'emploi : le véhicule doit transporter sa source avec lui, elle doit donc être à la fois puissante et légère pour ne pas dépenser tout le travail qu'elle peut produire à se traîner elle-même, et ne rien laisser de disponible pour le poids utile, c'est-à-dire le ou les voyageurs. A qui sera le dernier mot de la légèreté? La lutte est vive entre les piles et les accumulateurs, et il serait encore difficile de se prononcer. Les uns et les autres ont leurs avantages et leurs inconvénients.

Il existe des accumulateurs qui peuvent débiter un cheval-heure d'énergie électrique sous un poids de 40 kilogrammes, mais MM. Renard et Krebs auraient, paraît-il, combiné récemment une pile éminement légère, dont la composition est tenue secrète, et qui pourrait donner ce cheval-heure avec un poids inférieur à 20 kilogrammes. Les accumulateurs peuvent se recharger à la machine, ce qui est un avantage et une économie lorsqu'on dispose d'une force motrice, et un inconvénient dans le cas contraire. D'autre part, les piles sont bien dispendieuses et demandent beaucoup de manipulations chaque fois qu'il s'agit de les mettre en état.

Il y aurait peut-être avec les piles, une solution dans la voie que nous allons ébaucher; elle est calquée sur ce qui se fait avec les locomotives. Ce qui rend les piles singulièrement lourdes, c'est la quantité énorme de solution qu'il faut emporter pour assurer un fonctionnement d'une durée suffisante. L'eau est ici un *lestant*, et un lestant fort gênant. Au lieu d'emporter la solution pour tout le trajet, n'en emportons qu'une partie; nous fabriquerons le reste en route, au fur et à mesure des besoins, en faisant de l'eau, comme une locomotive. Nous n'aurons donc besoin, sur le véhicule, que de la provision de zinc et de la provision de substances actives nécessaires pour le trajet entier. C'est un retour, sous une autre forme, aux piles continues dont nous avons parlé à propos des petits éclairages domestiques. Deux formes de piles se prêtent déjà assez simplement à ce mode d'emploi. L'une est la pile zinc-charbon avec solution formée de sel chromique qu'on ferait dissoudre au fur et à mesure des besoins, en rejetant de temps en temps la solution épuisée.

Le seconde pile serait une espèce d'accumulateur zinc-peroxyde de plomb dans lequel l'espace réservé au liquide serait très restreint; on fournirait ce dernier au générateur électrique au fur et à mesure des besoins, et la solution qui, après usage, se composerait presque exclusivement de sulfate de zinc, pourrait être jetée au ruisseau. Pendant les arrêts un peu longs, la pile serait à sec, et il n'y aurait ainsi aucune action locale sur les zincs.

Cette combinaison, complexe en apparence, présente cependant des avantages : la force électromotrice serait très élevée (2,35 volts) et constante tant que les plaques de peroxyde de plomb, qu'on pourrait d'ailleurs remplacer, ne seraient pas épuisées. L'équivalent du zinc étant inférieur à celui du plomb, les plaques négatives seraient moins lourdes, pour la même quantité d'électricité, dans le rapport de 1 à 3. Enfin, le renouvellement du liquide permettrait d'épuiser plus complètement la plaque positive et d'en tirer, pour un poids donné, une plus grande quantité d'électricité, et d'augmenter, en fait, la capacité d'emmagasinement.

Quoi qu'il en soit, les idées que nous venons d'émettre n'ont pas encore été expérimentées, et nous nous abstiendrons de discuter leur valeur.

Pour en revenir aux essais déjà faits, nous parlerons du *tricycle* représenté (fig. 113), expérimenté à Londres en 1882 par M. Ayrton, qu'il convient de considérer plutôt comme une *adaptation* d'un moteur électrique à un tricycle que comme un véritable véhicule électrique. L'énergie est fournie par dix accumulateurs Faure-Sellon-Volckmar d'un modèle spécial placés sous la banquette qui sert de siège. Ces accumulateurs actionnent un moteur électrique de MM. Ayrton et Perry (voir page 196) pesant 18 kilogrammes et pouvant fournir jusqu'à 25 kilogram-mètres de travail effectif par seconde. Ce moteur commande une des grandes roues du tricycle à l'aide d'un pignon et d'un engrenage calé sur l'axe de cette roue. Le voyageur a sous la

Fig. 113. — Tricycle électrique à accumulateurs.

main un commutateur permettant de faire varier à volonté le nombre des accumulateurs en circuit sur la machine suivant la nature du terrain et la vitesse à obtenir, le frein et le levier de direction. Un ampère-mètre et un volt-mètre indiquent à chaque instant l'énergie électrique dépensée. Enfin, deux petites lam-pes Swan servent de lanternes réglementaires et éclairent les appareils de mesure. Les résultats ne paraissent pas avoir été bien brillants, car il n'a pas été construit depuis, à notre connaissance, d'autre appareil de ce genre. Mais il ne faudrait pas conclure de cet insuccès à l'abandon des petits véhicules électriques. Des études se poursuivent de différents côtés à la fois, et il n'est pas douteux que cette application de luxe trouvera de nombreux amateurs le jour où elle sera devenue plus pratique, avec des appareils plus élégants, plus perfectionnés et mieux appropriés à leur destination.

LA NAVIGATION ÉLECTRIQUE.

Si la locomotion terrestre électrique est encore dans l'enfance, il n'en est pas de même de la navigation électrique, et l'idée d'appliquer l'électricité à la propulsion des bateaux est loin d'être nouvelle. L'invention de l'électro-aimant a montré la possibilité de produire un travail mécanique à l'aide d'un courant électrique. Ce n'était pas chose difficile pour les électriciens d'il y a cinquante ans d'utiliser la force d'un électro-aimant à actionner des petits moteurs électro-magnétiques ; les premières tentatives de Salvator del Negro, Henry, Ritchie et Page ont produit un groupe d'électro-moteurs auxquels il ne manquait qu'une source électrique économique pour recevoir un grand nombre d'applications utiles. Il n'a pas fallu de grands efforts pour comprendre que si l'on pouvait disposer sur un bateau une batterie assez puissante, il serait possible d'alimenter un moteur qui produirait la propulsion de ce bateau. Cette idée, une des premières parmi les applications si nombreuses des électro-aimants, fut réalisée pour la première fois par le professeur Jacobi de Saint-Pétersbourg, qui, en 1838, construisit un bateau électrique. La figure 115, reproduite d'après le *Lehrbuch der Technischen Physik* de Hessler, représente le primitif moteur électrique imaginé par Jacobi pour actionner son bateau. Deux séries d'électro-aimants en fer à cheval étaient fixés sur une solide charpente en bois ; entre ces électro-aimants, fixés sur un arbre, se trouvait une charpente en forme de roue portant une série d'électro-aimants droits.

A l'aide d'un commutateur tournant formé d'une série de roues dentées, le courant changeait de sens à intervalles réguliers, les électro-aimants mobiles étaient d'abord attirés, puis repoussés, ce qui produisait un mouvement de rotation continu.

Cette machine était d'abord actionnée par une pile Daniell de 320 couples, formée de plaques de zinc et de cuivre, de 36 pouces carrés chacune, excitées par une solution d'acide sulfurique et

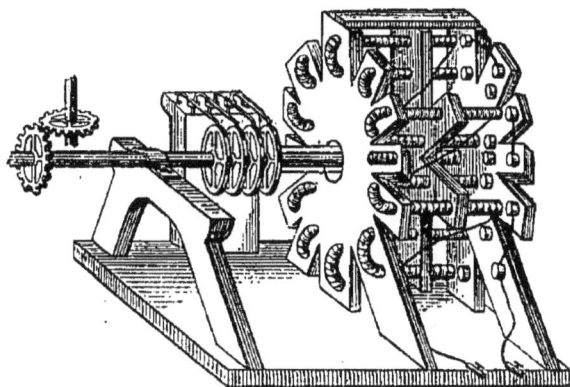

Fig. 114. — La machine du bateau électrique de Jacobi en 1838.

de sulfate de cuivre. Cette pile ne put fournir une vitesse supérieure à 1 mile 1/4 par heure (2300 mètres).

L'année suivante, en 1839, on remplaça les piles Daniell par 64 éléments de Grove dont la lame de platine avait 36 pouces carrés de surface. Le bateau, qui avait 28 pieds de long, 7 1/2 de large et 3 pieds de tirant d'eau, navigua sur la Néva, chargé de quatorze personnes, à une vitesse de 2 miles 1/4 par heure (4170 mètres).

Canot de M. Trouvé avec pile au bichromate de potasse. — M. Trouvé a eu l'idée ingénieuse, pour rendre la navigation électrique de plaisance commode et pratique sans modifier essentiellement la carcasse de l'embarcation, de placer le moteur sur la tête du gouvernail et de lui communiquer le mouvement de l'hélice à l'aide d'une chaîne sans fin (fig. 115). La pile se compose de deux batteries à treuil au bichromate de potasse de

6 éléments dont nous avons précédemment donné la description (voy. page 122). Ces piles occupant un espace restreint, peuvent facilement s'installer sur une embarcation.

Le courant arrive au moteur par deux *tire-veilles* qui contien-

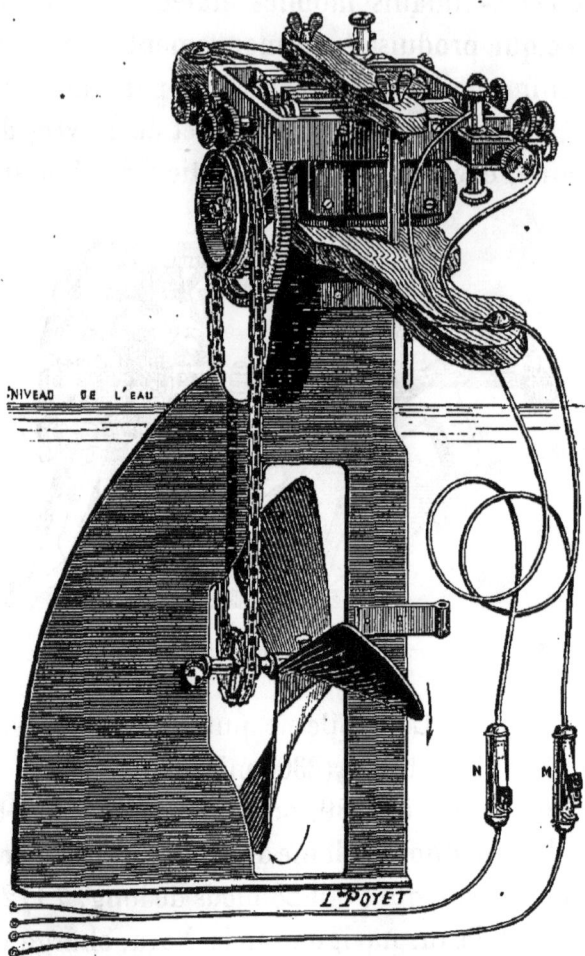

Fig. 115. — Gouvernail moteur-propulseur de M. G. Trouvé.

nent en même temps un commutateur destiné à fermer et à ouvrir le circuit à volonté. On peut donc sans se déranger, conduire l'embarcation à volonté comme direction et comme vitesse. L'hélice tournant avec le gouvernail dont elle fait partie peut actionner le canot sur le côté et permet ainsi de virer de bord presque sur place.

Le premier canot muni du gouvernail moteur-propulseur de
M. Trouvé a été expérimenté sur la Seine, près du Pont-Royal,
le 26 mai 1881. La figure 116 représente cette expérience, dans
laquelle on a pu obtenir une vitesse de 1 mètre par seconde en
remontant le courant, et de 2,5 mètres par seconde en le redes-
cendant.

Bateau électrique à accumulateurs. — La grande quantité d'énergie électrique qu'il est aujourd'hui possible d'emmagasiner dans les accumulateurs, et la probilité de dépenser cette
énergie à volonté, ont donné l'idée d'utiliser ces propriétés remarquables à la navigation de plaisance. Le premier canot électrique à-accumulateur a été construit en Angleterre par M. *A.
Reckenzaun*, ingénieur de l'*Electrical power Storage C°* à Londres et expérimenté sur la Tamise le 28 septembre 1882. La figure 116 en donne une vue d'ensemble ; les figures 117 et 118
sont des coupes qui en montrent les dispositions principales.

Le bateau *Electricity* est tout en fer : sa longueur est presque
la même que celle du bateau en bois de Jacobi. Il peut recevoir
douze personnes : l'hélice est établie pour 350 tours, les moteurs
qui l'actionnent en faisant 950. Les accumulateurs, au nombre
de 45 pèsent 1250 kilogrammes et peuvent fournir une puissance
de 4 chevaux-vapeur pendant six heures.

Ils sont du type Faure-Sellon-Volckmar, d'une fabrication
compacte spécialement étudiée pour la navigation électrique.
Chaque élément renferme quarante plaques et pèse près de 40 li-
vres anglaises. Ils ont 10 pouces (25 centimètres) de côté et 8 pouces (20 centimètres) de hauteur. Il y a place dans le canot pour
cinquante-quatre éléments de ce modèle, mais on n'en a emporté
que quarante-cinq pour le premier voyage.

Ces accumulateurs peuvent fournir plus de 30 ampères pendant neuf heures, ce qui correspondrait, pour les quarante-cinq
accumulateurs, à une énergie électrique totale — circuit extérieur et circuit intérieur — de 36 chevaux-heure, sur lesquels
il sera possible d'en obtenir 20 à 24, soit environ 4 chevaux
pendant six heures.

Fig. 116. — Première expérience du canot électrique de M. G. Trouvé, le 26 mai 1881.

Ces accumulateurs étaient en relation avec deux dynamos Siemens du type D³ munis d'inverseurs et de régulateurs pour actionner l'hélice à volonté dans les deux sens. On peut placer en circuit l'un quelconque de ces moteurs ou tous les deux à la fois. Dans le premier voyage effectué, on a atteint une vitesse de 8 milles à l'heure, contre le courant, en présence d'une longue ligne de curieux qui, échelonnés sur le parapet de London-Bridge, regardaient cette embarcation qui sans vapeur, sans force visible, et même sans timonier visible, suivait son chemin contre le vent et le courant.

La force électromotrice totale des accumulateurs était de 96 volts, et pendant la marche, le courant a été maintenu d'une manière très constante à une intensité de 24 ampères dans chaque machine. Le calcul montre que ces conditions correspondent à une dépense d'énergie électrique de 3,1 chevaux-vapeur.

Les deux machines Siemens sont reliées par des courroies à un arbre de transmission placé au-dessus et disposé avec un embrayage à friction qui permet de le mettre en prise avec les machines dynamo-électriques ou de le retirer à volonté.

Une troisième courroie actionne l'arbre de l'hélice. Chacun des moteurs dynamo-électriques est muni de deux paires de balais disposés en regard du collecteur, une paire est destinée à la marche en avant, l'autre paire à la marche en arrière.

Les accumulateurs, disposés sous le plancher, forment un lest parfait et laissent le pont entièrement libre. Il en résulte qu'un bateau de 12 mètres peut remplacer, au point de vue du nombre des voyageurs et de leurs aises, un bateau à vapeur qui aurait 15 ou 16 mètres de longueur ; toutes les parties sont également agréables et accessibles, et l'on est entièrement débarrassé de la fumée, de la vapeur, des cendres et du bruit.

Considéré exclusivement au point de vue de l'agrément, le bateau électrique réalise évidemment la perfection ; le prix d'achat et d'entretien serait à peu près équivalent à celui d'un canot à vapeur, mais l'on ne doit pas oublier que la dépense est ici une question secondaire.

Pour en répandre l'application sur les bords d'une rivière, il suffirait d'établir quelques usines de *rechargement* où l'on

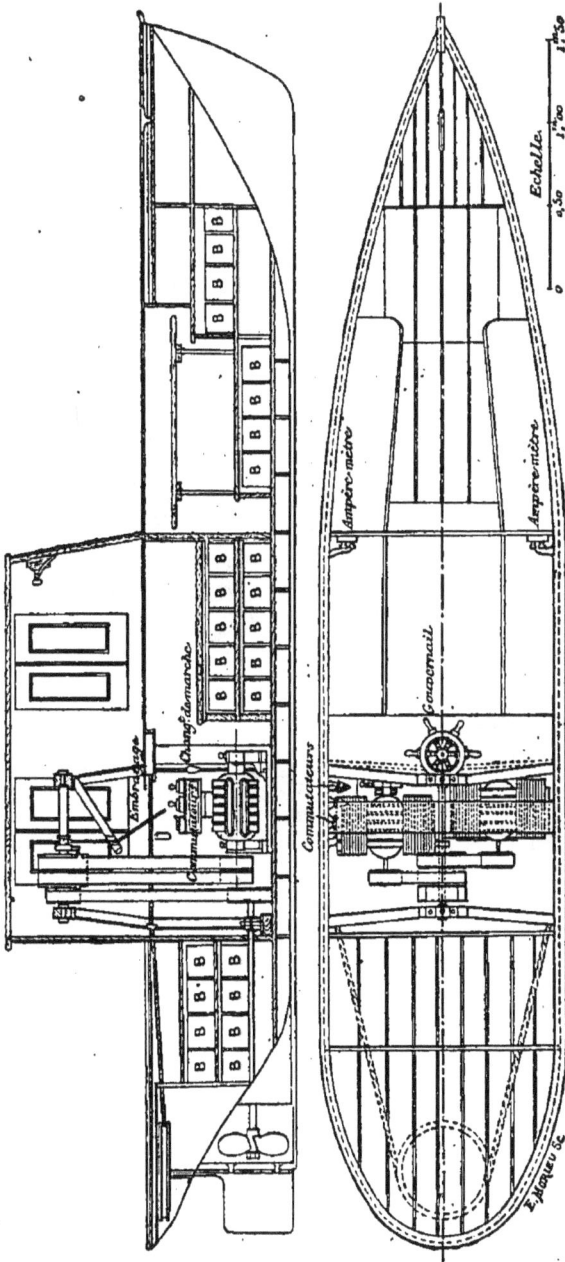

Fig. 117. — Coupe longitudinale et plan du bateau *Électricity*.

ferait de l'électricité comme on *fait* aujourd'hui du charbon. Ajoutons encore aux avantages déjà signalés la suppression de

Fig. 118. — *Electricity*. Bateau expérimenté sur la Tamise, le 28 septembre 1882, et actionné par deux dynamos Siemens et des accumulateurs Faure-Sellon-Vockmar.

tout entretien et de toute alimentation pendant la marche, les réparations fréquentes qu'exigent les chaudières de petit modèle employées sur ces petits bateaux, ainsi que les accidents qui peuvent survenir à la pompe d'alimentation.

Enfin, lorsque les accumulateurs ont été chargés, ils conservent leur charge pendant un temps assez long, puisque la perte peut ne pas dépasser un pour cent par jour; ils représentent donc une somme d'énergie toujours prête à fonctionner à l'instant où l'on en a besoin, tandis que la *mise en pression* d'un canot à vapeur demande que le mécanicien soit prévenu deux ou trois heures avant le départ.

On pourrait peut-être même combiner un système pour obtenir *gratuitement* le rechargement des accumulateurs pendant les périodes relativement longues de repos, soit par l'utilisation du vent, soit par l'utilisation même du courant de la rivière à l'aide de roues flottantes.

Puisque nous sommes en train d'émettre des idées nouvelles, signalons-en une dernière. Ne pourrait-on pas utiliser la grande vitesse des moteurs dynamo-électriques

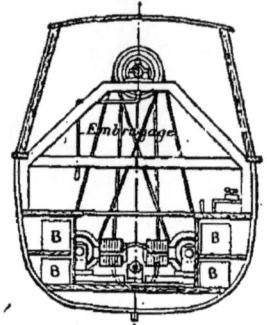

Fig. 119. — Coupe transversale du bateau *Electricity.*

pour supprimer l'hélice, dont la commande à grande vitesse présente certaines difficultés, et la remplacer par un *propulseur hydraulique* commandé par une pompe rotative? Les essais faits dans cet ordre d'idées ont, si nos renseignements sont exacts, fourni des résultats encourageants. N'y aurait-il pas lieu de reprendre ces essais avec des moteurs dynamo-électriques dont la grande vitesse est tout particulièrement favorable à cette application? La suppression de l'hélice aurait un avantage considérable partout où le tirant d'eau est faible et où l'impureté des eaux, herbes, corps flottants, etc., met à chaque instant l'hélice en danger.

Dans l'état actuel, la navigation électrique n'est encore, comme la locomotion terrestre, qu'une application peu importante, si elle est faite avec des piles au bichromate, ou un grand luxe si on fait usage d'accumulateurs; mais on peut certainement lui prédire un brillant avenir, si l'on considère combien les expériences sont récentes, et si l'on tient compte des surprises et des progrès que l'avenir nous réserve.

En attendant l'avènement de bateaux électriques dans la pratique courante, signalons leur entrée dans le monde du sport nautique.

Les journaux anglais nous rapportent le récit d'une récente course faite entre deux canots électriques : *Electricity*, dont nous venons de donner une description, et *Australia*, de construction plus récente et muni d'appareils perfectionnés.

Comme on pouvait le prévoir, c'est le plus nouveau qui a gagné. A quand les courses de vélocipèdes électriques?

LA GALVANOPLASTIE ET LES DÉPOTS ÉLECTRO-CHIMIQUES ADHÉRENTS

DORURE, ARGENTURE, NICKELAGE.

L'art d'effectuer des dépôts métalliques par l'action d'un courant est dû entièrement à Jacobi, professeur de physique à l'Université de Dorpat. L'histoire de cette découverte est bien connue, aussi nous contenterons-nous d'indiquer rapidement les procédés les plus simples qui permettront à l'amateur d'obtenir rapidement des résultats intéressants, soit pour la reproduction des médailles et la métallisation de certains petits objets, soit pour les dépôts minces et adhérents de dorure, d'argenture ou de nickelage.

LA GALVANOPLASTIE.

La *galvanoplastie* proprement dite est l'art d'effectuer des dépôts métalliques *non adhérents* et d'épaisseur suffisante pour que les métaux déposés fassent corps par eux-mêmes et puissent se séparer de l'objet qui leur a servi de moule ou de support, tout en conservant leurs formes et leurs dimensions.

Ce phénomène de dépôt électro-chimique est fondé sur une action électrolytique du courant dont voici le principe : nous supposerons, pour fixer les idées et prendre un exemple, que nous ayons une cuve remplie d'une solution saturée de sulfate de cuivre dans laquelle plongent deux lames de cuivre. Relions ces deux lames de cuivre aux deux pôles d'une pile Daniell; le passage du courant produira la décomposition ou *électrolyse* de la solution ou *électrolyte.* Le métal, qui est ici le cuivre, viendra se déposer sur la lame fixée au pôle négatif de la pile ou *cathode,* tandis que l'acide sulfurique mis en liberté par la décomposition ira attaquer la lame fixe au pôle positif de la pile ou *anode* et la dissoudra. Si l'action est bien régulière, l'anode bien pure, le poids de cuivre déposé sur la cathode sera égal au poids de cuivre dissous sur l'anode, et il sera lui-même proportionnel à la quantité d'électricité qui aura traversé le circuit. Pour la bonne marche de l'opération et l'obtention d'un bon dépôt auquel Smée donne le nom de *réguline,* il faut certaines relations entre la composition des bains, l'intensité du courant et les surfaces à recouvrir, relations que nous préciserons tout à l'heure.

Si nous remplaçons la lame de cuivre par un *moule* approprié et rendu conducteur, le dépôt électro-chimique s'effectuera sur ce moule ; la pièce séparée du moule, reproduira en creux tous ses reliefs et inversement.

Nous allons donc nous occuper successivement des moules, des bains et de leur conduite générale, en supposant d'abord un bain avec anode soluble ; et nous dirons ensuite quelques mots de l'appareil simple d'amateur, qui n'est autre chose qu'une pile Daniell fermée sur elle-même, et dans laquelle le pôle positif de la pile est remplacé par les moules eux-mêmes.

Moules. — Le corps le plus anciennement employé est le plâtre, mais comme il est poreux, il faut l'imperméabiliser. On moule aujourd'hui à la stéarine, à la cire, à la glu marine, à la gélatine, à la gutta-percha et aux alliages fusibles. Le moulage s'opère à la presse, au contre-moule, ou par affaissement, à la main ou au pétrissage, et par coulage. Lorsque les moules sont creux, on dispose à l'intérieur une carcasse métallique en fil de platine reliée à l'anode qui sert à répartir le courant et à égaliser le dépôt ; ces fils sont roulés d'une spirale de caoutchouc pour empêcher tout contact entre la paroi du moule et l'anode. M. Gaston Planté a substitué des fils de plomb aux fils de platine employés avant lui, et réalisé ainsi une économie importante.

En recouvrant plusieurs pièces à la fois, il est prudent de relier chacune d'elles au pôle négatif par un fil de fer ou de plomb de grosseur appropriée à la pièce : ce fil fond s'il se produit un contact intérieur dans la pièce correspondante, et retire ainsi automatiquement la pièce du circuit.

On métallise les moules à l'aide de plombagine pure, de plombagine dorée ou argentée ; on doit frotter le moule avec une brosse dite *d'horloger* ou une brosse à reluire ; la cire demande des pinceaux très doux. On métallise aussi par voie humide avec une solution d'azotate d'argent étendue sur l'objet à deux ou trois reprises et réduite par la vapeur d'une solution concentrée de phosphore dans le sulfure de carbone. La voie humide convient aux pièces délicates et fouillées, dentelles, fleurs, feuilles, mousses, lichens, insectes. On peut, sans métallisation, reproduire un camée en agate en l'entourant simplement d'un fil de cuivre et le portant au bain.

Bain. — Quelle que soit l'opération qu'on ait en vue, moulage, métallisation, électrotypie, etc., le bain est toujours le même ; voici comment on le prépare :

On place dans un vase une certaine quantité d'eau à laquelle on ajoute par petite quantité à la fois et en agitant constamment 8 à 10 p. 100 en volume d'acide sulfurique ; on fait ensuite dissoudre dans cette eau acidulée autant de sulfate de cuivre qu'elle en peut prendre à la température ordinaire, en agitant. Le bain saturé doit marquer 25° Baumé ; il s'emploie toujours à froid et doit être maintenu saturé par l'addition de cristaux, ou l'emploi d'anodes convenables. Il doit être mis dans des vases en grès, porcelaine, verre ou faïence dure, ou gutta-percha ; pour les grands bains, faire usage de cuves en bois recouvertes intérieurement d'une couche mince de gutta-percha, de glu marine ou de feuilles de plomb verni. Ne jamais les doubler de fer, de zinc ou d'étain.

Rapidité du dépôt. — On peut faire varier dans d'assez grandes limites la rapidité du dépôt sans altérer trop profondément sa qualité.

Pour les clichés d'imprimerie, par exemple, on dépose environ
1 gramme de cuivre par heure et par décimètre carré, et l'opération dure 24 heures, mais on peut sans inconvénient effectuer
le même dépôt en 12 heures et même en 8 heures. Un courant
de 2, 6 ampères par décimètre carré de surface à recouvrir
donne un magnifique dépôt à raison de 7 grammes par heure et
par décimètre carré. Un ampère-heure, c'est-à-dire un courant
d'un ampère pendant une heure, laisse passer 3600 coulombs
d'électricité et dépose 1,19 gramme de cuivre. Ces quelques chiffres permettent de régler l'intensité du courant, la rapidité du
dépôt et la durée de l'opération suivant les surfaces à recouvrir
et l'épaisseur qu'on veut obtenir.

Conduite générale des bains et des courants. — Lorsque la solution est trop faible et le courant trop puissant, le dépôt
est *noir;* lorsque la solution est trop concentrée et le courant
trop faible, le dépôt est *cristallin.* On obtient un dépôt convenable et un métal flexible nommé par Smée *réguline,* en se plaçant dans des conditions moyennes. Les stratifications du liquide
et la circulation qui se produit à l'intérieur du bain par la décomposition de l'anode et le dépôt sur la cathode produisent de
longues lignes verticales semblables à des points d'exclamation.
Il faut agiter les pièces le plus possible pour conserver le bain
bien homogène. Les bains de grand volume sont avantageux à
ce point de vue. Une grande distance entre les anodes et les ca-
thodes produit un dépôt plus régulier; elle est nécessaire surtout pour les petits objets, mais elle fait perdre sur la rapidité
du dépôt ou demande une source électrique plus puissante.
Le même bain peut servir à plusieurs objets reliés chacun
à une source électrique distincte, à la condition d'employer
une seule anode reliée à tous les pôles positifs des différentes
sources. La surface de l'anode doit être, en général, égale à la
surface de la cathode, une anode trop petite appauvrit la solution, une anode trop grande l'enrichit; l'expérience indique,
dans chaque cas, si l'on a intérêt à produire l'un ou l'autre
effet.

Appareil simple d'amateur. — On peut fabriquer sans difficulté un appareil simple et d'un prix modique qui convient pour recouvrir de cuivre de petites surfaces planes ou pour la reproduction de médailles ou bas-reliefs de petites dimensions, en plaçant la solution de sulfate de cuivre dans un seau de grès, de faïence ou de porcelaine, au centre duquel est un vase poreux renfermant un zinc amalgamé et une solution d'eau acidulée sulfurique, à 2 ou 3 p. 100 en volume. On fixe sur la tête de ce zinc une tige en laiton supportant un cercle de même métal dont le diamètre est intermédiaire entre celui du récipient et celui du vase poreux : c'est à ce cercle de laiton que se suspendent les pièces, de manière que les parties à recouvrir soient tournées du côté du vase poreux.

Deux petits sacs en crin remplis de cristaux de sulfate de cuivre seront suspendus dans la solution de sulfate de cuivre, pour maintenir sa saturation.

On construit aussi des bains simples d'amateur en gutta-percha, sous forme de caisse plate rectangulaire, moins fragile et plus facile à déplacer.

La grandeur varie suivant les objets à recouvrir.

LES DÉPOTS MINCES ADHÉRENTS.

Les dépôts minces adhérents s'effectuent aujourd'hui avec tous les métaux et sur tous les métaux. Nous ne parlerons ici que des plus importants pour l'amateur, c'est-à-dire du dépôt de l'*or*, de l'*argent* et du *nickel*, destinés à donner aux pièces qu'on en recouvre certaines propriétés particulières d'aspect et d'inaltérabilité.

Ces dépôts qui constituent la dorure, l'argenture et le nickelage ne s'obtiennent bons et durables qu'après une série d'opérations des plus importantes qui constituent le *décapage*, et qui ont pour but de préparer la surface métallique de manière à recevoir le dépôt et à assurer une adhérence aussi parfaite que possible entre les deux métaux. On ne saurait trop insister sur la nécessité de ce décapage ; la plupart des insuccès peuvent être attribués à un mauvais décapage, comme la plupart des insuccès en photographie proviennent d'un mauvais nettoyage de la lame de verre.

Décapage. — Quelle que soit la nature du dépôt à effectuer ultérieurement, dorure, argenture ou nickelage, voici, d'après M. *Roseleur*, la série des opérations à effectuer pour obtenir un dépôt adhérent, mat ou brillant, solide et résistant.

1° *Recuisson ou dégraissage.* — A pour but d'enlever les corps gras. Chauffer les pièces sur un feu doux de poussier de charbon, de braise de boulanger, ou mieux dans un four jusqu'au rouge sombre. Pour les objets délicats ou soudés, faire bouillir dans une solution alcaline de potasse caustique dissoute dans 10 fois son poids d'eau.

2° *Déroche.* — Le bain de déroche se compose de 100 parties d'eau ordinaire et de 5 à 20 parties d'acide sulfurique à 66° Baumé. On peut y plonger les objets *à chaud* en général ; les laisser dans le bain jusqu'à ce que la surface prenne une teinte rouge ocreux. Les objets dégraissés à la potasse devront être lavés et rincés à grande eau avant de passer à la déroche.

A partir de ce moment, les objets ne doivent plus être touchés avec la main ; il faut faire usage de crochets en cuivre, ou mieux en verre, et pour les menus objets, de passoires en grès ou en porcelaine.

3° *Passé à l'eau-forte vieille.* — C'est de l'acide azotique très affaibli par de précédents décapages. On y laisse les objets jusqu'à ce que la couche rouge disparaisse pour ne présenter, après rinçage, qu'une teinte métallique uniforme. Rincer.

4° *Passé a l'eau-forte vive.* — Les objets bien secoués et égouttés sont plongés dans un mélange de :

Acide azotique à 36° Baumé (eau-forte *jaune*).	100 volumes
Chlorure de sodium......................	1 —
Suie grasse calcinée (bistre)	1 —

Les pièces ne doivent séjourner dans le bain que *quelques se-*

condes. Éviter l'échauffement ou l'emploi d'un bain trop froid. Rincer à l'eau froide.

5° *Passé à l'eau-forte à brillanter ou à mater.* — Pour les objets qui doivent présenter un beau *brillant,* plonger pendant une ou deux secondes, en agitant dans un bain *froid,* etc. :

Acide azotique à 36°......................	100	volumes
Acide sulfurique à 66°....................	100	—
Sel de cuisine, environ..................	1	—

Rincer très vivement et à grande eau.

Lorsqu'on veut un aspect *mat,* le bain est composé de :

Acide azotique à 36°...................,..........	200	volumes
Acide sulfurique à 66°....................	100	—
Sel marin...........................·............	1	—
Sulfate de zinc..........................	1 à 5	—

La durée d'immersion varie de 5 à 20 minutes, suivant le mat à obtenir. Il faut laver longtemps à grande eau. Les objets présentent un aspect terreux et désagréable qui disparaît en les plongeant rapidement dans le bain à brillanter et en rinçant ensuite vivement.

6° *Passé à l'azotate de bioxyde de mercure.* — Plonger pendant une ou deux secondes les objets décapés dans un bain de :

Eau ordinaire.......	10	kilogrammes
Azotate de bioxyde de mercure..........	10	grammes
Acide sulfurique......................	20	—

Agiter avant de s'en servir. Le bain devra être plus riche en bioxyde si les objets sont lourds, moins riche s'ils sont légers. Un objet mal décapé sortira teinté de diverses nuances et sans éclat métallique. Il vaut mieux jeter un bain épuisé que de le remonter. Après le passé au bioxyde, il faut rincer à grande eau et porter au bain d'or et d'argent.

Dorure (*Roseleur*). — La dorure s'effectue à chaud pour les menus objets, à froid pour les grandes pièces.

Bain au cyanure double d'or et de potassium à froid.

Eau distillée...........................	10 litres
Cyanure de potassium *pur*..............	200 grammes
Or vierge...............................	100 —

L'or vierge transformé en chlorure est dissous dans 2 litres d'eau, le cyanure dans 8 litres d'eau, on mélange les deux solutions qui se décolorent et on fait bouillir pendant une demi-heure. On entretient la richesse du bain, suivant les besoins, en ajoutant parties égales de cyanure de potassium pur et de chlorure d'or, quelques grammes à la fois. Si le bain est trop riche en or, le dépôt est noirâtre ou rouge foncé; s'il y a trop de cyanure, la dorure est lente et le dépôt gris. L'anode doit plonger *entièrement* dans le bain, suspendue à des fils de platine et retirée dès que le bain ne fonctionne plus.

Dorure à chaud. — Pour le zinc, l'étain, le plomb, l'antimoine et les alliages de ces métaux, il vaut mieux les recouvrir d'un cuivrage préalable. Voici les formules pour les autres métaux. Pour 10 litres d'eau distillée :

	ARGENT, CUIVRE, BRONZE, MAILLECHORT, ALLIAGES RICHES EN CUIVRE. grammes.	FONTE, FER ET ACIER. grammes.
Phosphate de soude cristallisé...	600	500
Bisulfite de soude..............	100	125
Cyanure de potassium *pur*......	10	5
Or vierge transformé en chlorure.	10	10

Dissoudre à chaud le phosphate de soude dans 8 litres d'eau, laisser refroidir le chlorure d'or dans 1 litre d'eau, mélanger peu à peu la seconde solution à la première, dissoudre le cyanure et le bisulfite dans 1 litre d'eau et mélanger cette dernière solution aux deux autres.

La température du bain peut varier entre 50° et 80° C. Il suffit de quelques minutes pour produire la dorure et lui donner une épaisseur convenable. On emploie une anode en platine ; l'anode peu enfoncée dans le bain donne dorure pâle, très enfoncée, elle donne dorure rouge. On peut remonter le bain par additions successives de chlorure d'or et de cyanure de potassium, mais après long usage il fournit une dorure rouge ou verte suivant qu'il a servi à dorer beaucoup de cuivre ou beaucoup d'argent. Il est préférable de renouveler le bain au lieu de l'enrichir.

Rapidité du dépôt. — Dans un bain renfermant 1 gr. d'or par litre, on peut déposer environ 30 centigrammes par heure et par décimètre carré, mais ce chiffre moyen peut varier beaucoup sans inconvénient.

Argenture. — Pour les amateurs, il suffit de faire un bain renfermant 10 gr. d'argent par litre, en pesant 150 gr. d'azotate d'argent, ce qui correspond à 100 gr. d'argent vierge, en faisant dissoudre dans 10 litres d'eau et en ajoutant 250 gr. de cyanure de potassium *pur*. Agiter jusqu'à dissolution complète, et filtrer.

On argente *à froid*, en général, sauf les objets de petites dimensions. Le fer, l'acier, le zinc, le plomb et l'étain préalablement cuivrés, s'argentent mieux *à chaud*. Les objets décapés sont passés à l'azotate de bioxyde de mercure et agités constamment dans le bain. Lorsque le courant est trop intense, les pièces grisonnent, noircissent et laissent dégager des gaz. Employer anode de platine ou anode d'argent dans les bains à froid. Les bains vieux sont préférables aux bains neufs. On vieillit artificiellement les bains en ajoutant 1 à 2 millièmes d'ammoniaque liquide. On remonte les bains d'argent en ajoutant parties égales de sel d'argent et de cyanure de potassium. Si l'anode noircit, le bain est pauvre en cyanure, le dépôt est trop lent; si elle blanchit, il y a trop de cyanure, le dépôt est rapide mais n'adhère pas. La marche est normale et régulière lorsque l'anode grisonne par le passage du courant, et reblanchit lorsque celui-ci est interrompu.

Nickelage. — Le *nickel* est un métal blanc, peu oxydable, connu depuis longtemps et qui peut s'appliquer, en couches d'épaisseur variable, sur les autres métaux, principalement sur le fer et ses dérivés, et sur le cuivre.

C'est au physicien-chimiste Smée, puis à M. Becquerel, que l'on doit les premiers essais de la nickelure des métaux. Mais les essais de Smée et de Becquerel n'avaient donné que des résultats insuffisants, quand le Dʳ Isaac Adams, de Boston, fit connaître, le premier, des procédés pratiques et véritablement industriels pour nickeler les métaux. Ces procédés furent publiés en 1869, et, depuis cette époque, un grand nombre d'usines de nickelage fonctionnent aux États-Unis. La première usine de nickelage européenne fut établie à Paris par MM. Adams et Gaiffe, et ses premiers produits furent présentés à l'Académie des sciences par J.-B. Dumas, le 17 janvier 1870. Nous ferons connaître ici les procédés employés et indiqués par M. Gaiffe lui-même.

Le nickel s'emploie surtout pour recouvrir le cuivre et ses composés : le laiton, le bronze, le maillechort, le fer et ses dérivés, la fonte et l'acier. Ses applications sur les autres métaux sont peu importantes et nécessitent des opérations et des préparations aussi longues que minutieuses. Nous n'en parlerons donc pas, devant nous borner à indiquer les procédés de nickelure véritablement pratiques.

Pour nickeler, il faut une cuve et une pile : la cuve pour recevoir le bain et les objets à recouvrir; la pile pour décomposer ce bain.

La cuve. — La cuve, pour les appareils usuels des amateurs, doit être, de préférence, en verre; à défaut de verre, on peut prendre la porcelaine et le grès, ou une caisse revêtue intérieurement d'un mastic imperméable.

Le bain. — Le meilleur bain de nickel se prépare en faisant dissoudre à saturation, dans l'eau distillée chaude, du sulfate double de nickel et d'ammoniaque exempt d'oxydes de métaux alcalins et alcalino-terreux.

La proportion du sel à dissoudre est de : une partie en poids pour dix parties également en poids, d'eau. On filtre après refroidissement, et le bain se trouve prêt à fonctionner.

La pile. — La pile recommandée pour la décomposition, lorsqu'il s'agit d'une opération d'amateur et non plus d'une entreprise industrielle, est la pile-bouteille, pile à bichromate de potasse chargée, soit de dix parties d'eau contre une de sel Voisin, soit de vingt parties d'eau, une partie de bichromaté de potasse et deux parties d'acide sulfurique.

Les piles au bichromate de potasse à deux liquides et les piles de Lalande et Chaperon conviennent également bien à cette opération, ainsi que les accumulateurs électriques.

Mise au bain. — Le bain étant prêt et la pile montée, on relie les fils de celle-ci au moyen de serre-fils à deux barres métalliques reposant sur les bords de la cuve. La barre se rattachant au pôle positif de la pile est destinée à supporter, suspendue par un crochet de cuivre nickelé, une plaque de nickel devant constituer l'anode soluble qui restituera au bain le métal disparu par suite de l'action électrique. Au second barreau (pôle zinc) se suspendent les pièces à nickeler.

Préparation des pièces. — Mais avant de mettre les pièces au bain, elles doivent subir une série d'opérations nécessaires à la bonne réussite du nickelage : en outre, le nickel étant un métal très dur, difficile à brunir, il est bon que les pièces soient très bien polies avant leur mise au bain, si on veut être certain d'obtenir un très beau poli du métal déposé. :

Ces pièces doivent être dégraissées et décapées.

Dégraissage. — Le dégraissage s'opère en frottant les pièces au moyen d'une brosse préalablement trempée dans une bouillie chaude de blanc d'Espagne, d'eau et de carbonate de soude. On reconnaît que le dégraissage est parfait lorsque les pièces se mouillent facilement à l'eau ordinaire.

Décapage. — Le décapage a lieu, soit par action chimique, soit par action mécanique.

Le cuivre et ses alliages se décapent très bien en quelques secondes seulement, lorsqu'ils sont trempés dans un bain composé de dix parties d'eau (en poids) et d'une partie d'acide azotique. Les mêmes corps bruts se décapent dans un bain plus énergique formé de deux parties d'eau, une partie d'acide azotique et une partie d'acide sulfurique. Le fer, l'acier et la fonte polie se décapent dans un bain composé de cent parties d'eau et d'une partie d'acide sulfurique. Les pièces demeurent dans le bain de décapage jusqu'au moment où elles ont pris sur toute leur surface un ton gris uniforme. On les frotte ensuite avec de la poudre de pierre ponce mouillée. Cette dernière opération remet le métal à nu.

Le fer, l'acier, la fonte bruts exigent une série plus longue d'opérations. Ces métaux sont abandonnés pendant trois ou quatre heures dans le bain de décapage, puis frottés avec de la poudre de grès bien tamisée et mouillée. Les deux opérations sont continuées jusqu'à parfaite disparition de la couche d'oxyde, ou rouille étendue à la surface des objets.

Les pièces, préparées et prêtes à être mises au bain de nickel, sont plongées pendant quelques instants dans un liquide de même composition que celui qui a servi à les décaper, puis elles sont lavées rapidement dans l'eau ordinaire et ensuite dans l'eau distillée ou l'eau de pluie filtrée. Lorsqu'elles sortent de ce dernier bain, elles sont portées *rapidement* au bain de nickel, immergées et aussitôt accrochées.

Conduite du courant. — Il est prudent de surveiller la marche de l'opération et de bien régler l'intensité du courant de la pile. Sous l'influence d'un courant trop intense, le nickel se dépose sous forme de poudre grise ou même noire. Quand on fait usage de la pile de Grenet, il est aisé de modifier en *plus* ou en *moins* l'intensité du courant, en enfonçant *plus* ou *moins* le zinc dans le liquide excitateur de la pile.

Une heure ou deux suffisent pour que la couche de nickel déposée soit suffisamment épaisse et en état de supporter l'opération du polissage convenablement conduite ; mais on peut, sans inconvénient, laisser les pièces dans le bain pendant cinq ou six heures, si l'on veut obtenir une couche très épaisse.

Rapidité du dépôt. — Dans un bain renfermant 10 grammes de nickel par litre, il faut déposer environ 1,8 gramme de métal par heure et par décimètre carré pour obtenir un bon dépôt.

Au sortir du bain, les pièces sont lavées dans l'eau ordinaire et on les sèche dans de la sciure de bois chaude.

Polissage des pièces nickelées. — Le polissage achève les pièces, et leur donne ce brillant aspect de l'argent, recherché aujourd'hui pour nombre d'objets. Il est d'autant plus facile à obtenir et plus parfait que les objets ont été mieux polis avant leur mise au bain.

Pour polir les pièces, on les frotte par un rapide mouvement de va-et-vient sur une mèche de lisière de drap, accrochée solidement à un clou et tendue à l'aide de la main gauche. Cette mèche a été préalablement enduite d'une bouillie claire de poudre à polir et d'eau. Les parties creuses des pièces sont polies par le frottement au moyen de tampons de drap de diverses grandeurs, montés à l'extrémité de bâtonnets. Ces tampons doivent être, au moment de l'usage, imbibés de la bouillie à polir.

Les objets devenus bien brillants sont lavés à l'eau, pour enlever les traces de bouillie et les poils de laine, puis enfin séchés dans la sciure de bois.

LES RÉCRÉATIONS ÉLECTRIQUES

. Par son invisibilité, son instantanéité d'action, et les caractères tout particuliers de ses manifestations, l'électricité se prête
à une foule d'expériences et de phénomènes singuliers dont
nous présentons ici quelques-uns à titre de récréations électriques, estimant que parmi les nombreuses manières de s'instruire,
celle qui consiste à *s'instruire en s'amusant* doit être classée
au rang des meilleures.

C'est dans ce but que nous passerons successivement en revue
les curiosités téléphoniques, les mélographes, les bijoux, la prestidigitation et les jouets.

CURIOSITÉS TÉLÉPHONIQUES.

Nous réunissons sous ce titre quelques expériences téléphoniques remarquables par la nature du récepteur. On sait que le
transmetteur téléphonique, qu'il soit magnétique ou à pile, est
un appareil ayant pour effet final de créer sur la ligne de transmission un courant de forme ondulatoire synchronique avec les
vibrations qui l'ont influencé, et que cette onde électrique vient
agir sur un récepteur qui la transforme de nouveau en vibrations
sonores plus ou moins affaiblies, mais sensiblement de même
forme.

Ordinairement, on fait usage comme récepteur du téléphone
magnétique de Bell. En fait, aucun des organes qui composent ce
récepteur n'est indispensable pour une réception sinon parfaite,

du moins suffisante, et nous allons le montrer par quelques exemples.

Téléphones sans plaque vibrante. — La première simplification que peut recevoir le téléphone de Bell, dans cet ordre d'idées, consiste dans la suppression de la plaque vibrante. Dans ces conditions, la parole n'est plus transmise distinctement si le transmetteur est un téléphone magnétique, mais le récepteur articule en employant un transmetteur à charbon et les courants induits, comme dans le téléphone d'Édison. La parole est cependant très faible, mais Th. du Moncel, qui a fait un grand nombre d'expériences sur ce sujet, a constaté que l'effet est d'autant plus caractérisé que le noyau est plus fortement aimanté et que sa masse est plus petite.

En employant un ressort de montre bien aimanté et une petite bobine de fil fin à son extrémité, Th. du Moncel a même pu entendre la parole en employant un téléphone magnétique de Bell comme transmetteur.

Téléphone sans diaphragme et sans aimant. Expérience de M. Ader. — La présence d'un noyau aimanté dans le téléphone récepteur n'est pas non plus indispensable ; l'électrophone de M. Ader emploie de petits électro-aimants microscopiques en fer doux. En faisant des expériences sur ces appareils, M. Ader a été conduit à construire un récepteur composé d'une simple tige de fer de un millimètre de diamètre, enroulée d'une bobine de fil fin, et il a pu transmettre la parole dans ces conditions avec une très grande netteté. Le petit fil de fer était piqué sur une planche, et il constata qu'en appliquant contre le second bout libre de cette petite tige de fer une masse pesante, l'intensité des sons était plus que doublée.

Il construisit alors le simple téléphone récepteur représenté figure 120, formé d'un loquet de porte B, d'une tige de fer doux d'un millimètre de diamètre CC', plantée dans une planchette carrée de sapin de 5 centimètres de côté, et d'une petite bobine A roulée sur un tuyau de plume d'oie. Le transmetteur était un transmetteur à charbon quelconque. On peut avec ce petit instrument faire une expérience de *spiritisme* assez amusante en fichant le fil de fer CC′ dans une table, par-dessous, en dissimulant habilement les conducteurs et en faisant parler devant le transmetteur un compère placé dans une pièce un peu éloignée. Si l'expérience est faite dans le silence, à une heure avancée de la nuit, par exemple, toute la table parle, on peut l'entendre en se plaçant assez près tout autour, et cette expérience produit l'effet le plus singulier sur les personnes crédules ou impressionnables.

M. Ader, en continuant ses expériences, a construit un second téléphone encore plus simple : il est formé d'une planche AB

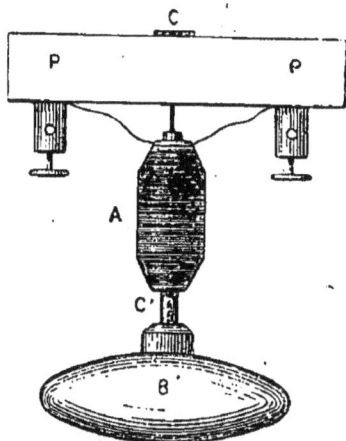

Fig. 120. — Téléphone sans plaque
de M. Ader.

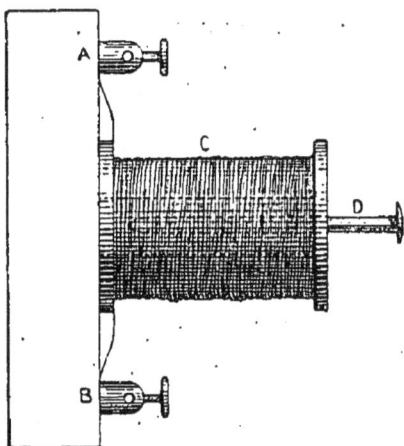

Fig. 121. — Téléphone récepteur sans
noyau aimanté.

(fig. 121) et d'une bobine C sur laquelle est roulé un fil fin avec des spires très peu serrées, collée sur la planchette. L'appareil parle dans ces conditions sous l'action d'un transmetteur à charbon et de trois piles Leclanché. Si les spires sont trop serrées ou noyées dans la gomme laque, le téléphone ne parle plus, mais en introduisant dans la bobine un clou D, un petit fil de fer ou une aiguille aimantée venant appuyer contre la planchette, aussitôt on perçoit très distinctement la parole. En retirant le clou, le téléphone redevient muet.

Téléphone sans diaphragme, sans aimant et sans bobine. — Le téléphone récepteur suivant est encore plus sim-

Fig. 122. — Transmission téléphonique sans appareils récepteurs.

ple. Il se compose d'une tige de fer doux A (fig. 123) et d'une
planchette de bois B. En appliquant la planchette B contre
l'oreille et une masse métallique pesante à l'autre extrémité du
fil A, M. Ader a pu reproduire la parole en employant un transmetteur à charbon. De la Rive,
en 1846, avait constaté les sons
produits dans des conditions
analogues avec des courants *interrompus*, mais M. Ader est le
premier qui ait reproduit les
sons *articulés* par des moyens
aussi simples.

**Condensateur parlant de
Dunand.** — Un condensateur
est un système composé de deux
séries de feuilles de papier d'é-
tain séparées par des feuilles de
papier paraffiné, ou du mica.

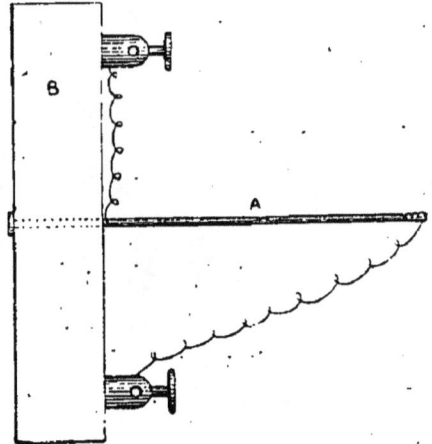

Fig. 123. — Téléphone récepteur sans
plaque et sans bobine de M. Ader.

Un semblable système constitue un excellent récepteur téléphonique. Voici par quel artifice M. Dunand arrive à le faire parler.
Au poste transmetteur un microphone M, une pile P et le fil in-

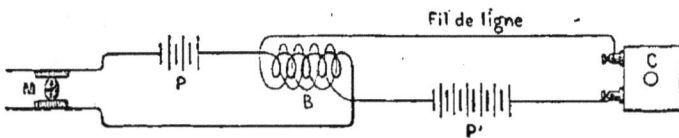

Fig. 124. — Montage d'un poste téléphonique avec condensateur parlant
de M. A. Dunand.

Le circuit local du transmetteur est composé du microphone M, de la pile P et du gros fil de la
bobine B. Le circuit du condensateur récepteur se compose du fil induit de la bobine B, d'une
pile P et du condensateur C.

ducteur d'une petite bobine B sans condensateur sont disposés
dans le même circuit : le fil induit de la bobine B communique
avec la ligne et une pile de quelques éléments P', les deux extrémités libres sont reliées aux armatures d'un petit condensateur C
qui constitue le récepteur. En parlant devant le microphone, on

fait varier ondulatoirement l'intensité du courant inducteur, il se développe dans le fil fin de la bobine des courants induits, qui font varier la charge du condensateur; ces charges et décharges ondulatoires du condensateur le font parler, sans qu'on soit parvenu à expliquer encore parfaitement la cause du phénomène.

La présence de la pile P est indispensable pour que le condensateur articule; les courants induits développés dans le fil induit s'ajoutent ou se retranchent au courant de la pile, la charge du condensateur change de valeur, mais conserve toujours le même sens. C'est là, jusqu'à présent, la condition *sine qua non* du condensateur parlant, et tous les montages dans lesquels elle est remplie donnent au condensateur cette faculté d'articulation dans une mesure plus ou moins grande.

La pile P se compose de quatre éléments Leclanché ordinaires montés deux en tension et deux en quantité.

La bobine B se compose d'un fil inducteur d'environ un demi-ohm de résistance et d'un fil induit de 250 à 300 ohms.

La pile P', qui sert à charger les condensateurs récepteurs, se compose d'un nombre variable d'éléments Leclanché, suivant le nombre de condensateurs récepteurs employés (8 à 20).

Transmission téléphonique sans appareil récepteur. — Nous venons de voir comment M. Dunand est parvenu à faire *parler* le condensateur; mais il est possible de simplifier beaucoup le condensateur, comme l'a fait M. Giltay, et même de le supprimer complètement, comme nous y sommes parvenu au mois d'avril 1884, dans des expériences faites à l'Observatoire de Paris pendant les séances de Pâques de la Société française de physique.

L'expérience de M. Giltay n'est autre chose que le condensateur parlant de M. Dunand sans condensateur. Un coup d'œil sur la figure 125 suffit pour se rendre compte du montage de l'expérience.

Le système de transmission comprend deux circuits distincts : le premier constitué par une pile P de 2 à 3 éléments Leclanché à surface, ou même encore d'un ou deux accumulateurs petit modèle, un transmetteur téléphonique Ader M et le *fil inducteur* d'une petite bobine d'induction B dont on a préalablement calé le trembleur. Le second circuit se compose du fil induit de la bobine B, d'une pile P′ formée de 10 à 12 éléments Leclanché, et d'une ligne dont les extrémités se terminent en R par deux poignées d'électro-médicaux ordinaires.

Une fois ce montage établi, voici en quoi consiste l'expérience de M. Giltay. Lorsqu'on parle ou qu'on chante devant le transmetteur M, et que deux personnes A et B, gantées d'une main, saisissent chacune une des poignées R avec la main non gantée, il suffit que A applique sa main gantée sur l'oreille de B, ou réciproquement, ou même simultanément, pour que A, ou B, ou A et B simultanément, entendent une voix sortir du gant.

Dans ces conditions, l'expérience de M. Giltay s'explique comme pour le condensateur parlant de Dunand : la main de A et l'oreille de B constituent les armatures d'un condensateur élémentaire dans lequel le gant joue le rôle de diélectrique.

En répétant l'expérience de M. Giltay au laboratoire de l'École de physique et de chimie industrielles de la ville de Paris, et en la variant dans ses dispositions, on a pu remplacer le gant par une simple feuille de papier ordinaire ou paraffiné ; puis deux personnes A et B, tenant en main les poignées R et appliquant l'oreille l'une contre l'autre en interposant une feuille de papier, ont pu entendre des airs et des paroles sortir de la feuille de papier. L'on est parvenu enfin à supprimer entièrement la feuille de papier, c'est-à-dire le diélectrique et à entendre *directement*, en se contentant d'intercaler l'auditeur ou les auditeurs dans le circuit (fig. 122). Une des formes les plus curieuses de l'expérience consiste à former une chaîne de trois personnes A, B et C. La troisième personne C *entend parler les mains* de A et de B lorsqu'on constitue un circuit à l'aide des trois personnes, A, B et C, A et B tenant chacune un des fils du circuit et appliquant la main restée libre sur l'oreille de l'auditeur C. On peut même, — mais l'expérience réclame beaucoup de silence et ne

pouvait être faite à l'Observatoire, — faire une sorte de chaîne
téléphonique dans laquelle cinq ou six personnes peuvent entendre à la fois, A mettant la main sur l'oreille de B, B mettant
la main sur l'oreille de C, et ainsi de suite jusqu'au dernier, qui
ferme le circuit en saisissant l'une des poignées, l'autre poignée
étant tenue par A.

Il est difficile, dans l'état actuel de la science, d'expliquer bien
nettement comment s'effectuent ces transmissions téléphoniques
sans récepteur. Tout ce qu'on en peut conclure jusqu'ici, c'est
que l'oreille est un instrument d'une incomparable délicatesse et
d'une exquise sensibilité, puisqu'elle perçoit les vibrations dans

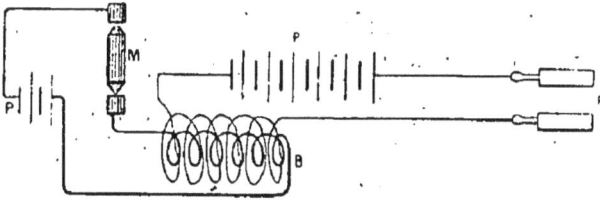

Fig. 125.. — Diagramme du montage de l'expérience de transmission téléphonique
sans appareils récepteurs.

lesquelles l'énergie mise en jeu, dans la chaîne téléphonique en
particulier, est d'une faiblesse excessive.

MÉLOGRAPHES

Le nom de mélographe s'applique indistinctement, et à tort
selon nous, aux appareils qui *enregistrent* la musique et à ceux
qui peuvent la *reproduire* mécaniquement. Nous en décrirons
deux systèmes dans lesquels l'électricité joue un rôle important.

**Le mélographe ou enregistreur des improvisations
musicales de M. Roncalli.** — La première question qui se
pose au sujet de ce problème est celle de savoir si les enregis-
treurs des improvisations musicales sont bien utiles et peuvent
rendre de réels services aux musiciens, en inscrivant automatiquement et instantanément, dans une écriture conventionnelle,
facile à lire et à transcrire ultérieurement, toutes les mélodies

qui traversent le cerveau de l'artiste au moment même de l'inspiration.

Les opinions à ce sujet sont très divergentes. Il semble cependant qu'un bon enregistreur des improvisations musicales, inutile d'après les uns, indispensable d'après les autres, pourrait rendre néanmoins certains services, et c'est pour cela que nous allons décrire aujourd'hui un système présenté à l'Exposition de Vienne en 1873 par M. l'ingénieur *Roncalli*, qui offre, sinon une solution parfaite, du moins un premier pas fort intéressant fait dans cette voie.

Le premier enregistreur musical électrique a été imaginé et construit par Th. du Moncel en 1856. Après quelques expériences, l'appareil fut abandonné, un peu prématurément peut-être, comme ne répondant pas d'une façon assez simple aux fonctions qu'il devait remplir et ne satisfaisant pas d'ailleurs à un véritable besoin. N'oublions pas qu'il y a vingt-huit ans, l'emploi des piles n'était pas aussi simple et aussi répandu qu'aujourd'hui. Un appareil obligé d'avoir recours à elles devait forcément se ressentir de cette sorte d'ostracisme qui frappait, à cette époque, la plupart des appareils électriques, surtout ceux qui, par destination, devaient fonctionner entre les mains de personnes peu habituées à leur manipulation.

Aujourd'hui la question peut être reprise et la solution poursuivie avec plus de chances de succès pratique.

L'appareil de M. Roncalli, comme celui de Th. du Moncel, est fondé sur les réactions chimiques produites par les courants électriques, ce qui réduit dans une certaine mesure l'importance de la partie purement mécanique de l'enregistreur.

On sait qu'en faisant glisser une pointe d'acier sur une feuille de papier imbibée d'une solution de cyanure jaune de potassium et d'azotate d'ammoniaque, il ne se produit aucune trace ; mais si un courant électrique traverse le papier et la pointe métallique, celle-ci est aussitôt attaquée ; il se forme un sel de protoxyde de fer qui, en présence du cyanure, donne un précipité noir laissant ainsi une trace qui dure autant que le passage du courant.

La couleur de la trace laissée sur le papier varie avec la nature de la pointe; ainsi, par exemple, le cuivre et tous ses alliages donnent une trace rouge, le cobalt une trace brune, le bismuth une trace invisible qui devient jaune serin dans un bain d'eau, le nickel et le chrome des traces vertes, l'argent une trace invisible qui brunit sous l'influence de la lumière.

Le mélographe de M. Roncalli est fondé sur ces propriétés. Il se compose en principe d'un peigne à dents métalliques, immobiles et très rapprochées, parcourues par le courant de la pile. Chaque dent est reliée par un fil conducteur à une touche du piano ou de l'harmonium.

Les dents correspondant aux tons naturels sont en acier, celles qui correspondent aux demi-tons sont en laiton (1).

Une bande de papier préparé entraînée par un mouvement d'horlogerie passe d'un mouvement uniforme sous le peigne métallique, reçoit la trace des dents dont les touches sont abaissées; la longueur des traits tracés sur la bande de papier est proportionnelle à la durée des sons correspondants, c'est-à-dire à la valeur de la note.

La figure 126 représente l'ensemble du système disposé sur un orgue, et la figure 127 donne les détails de l'enregistreur proprement dit, représenté sur la droite de la figure 126. La boîte de gauche est un mouvement d'horlogerie dont la vitesse est réglée par des ailettes et qui provoque le déroulement du papier; la caisse en forme de pyramide placée au milieu est un métronome dont nous allons voir la fonction tout à l'heure.

L'enregistreur (fig. 127) se compose d'un cylindre métallique A, relié au pôle zinc d'une pile suffisamment puissante pour pro-

(1) Nous ferons remarquer ici que l'appareil, pas plus que le musicien en jouant du piano, ne fait de distinction entre une note diézée et la note bémolisée du ton au-dessus. L'appareil marquera exactement le même trait pour un *ut dièze* que pour un *ré bémol*. En traduisant ensuite la musique écrite par le mélographe en musique ordinaire, il est nécessaire que le transcripteur connaisse à fond la science musicale pour éviter ces fautes d'orthographe musicale que commet l'exécutant, et que l'appareil reproduit exactement.

duire la décomposition de l'azotate d'ammoniaque (M. Roncalli
emploie trois ou quatre éléments au chlorure de sodium). En B
est un peigne mobile autour de l'axe C : ce peigne est composé
de 41 dents, dont chacune communique par un fil isolé E avec

Fig. 126. — Le mélographe enregistreur de M. Roncalli disposé sur un orgue.

une borne D, d'où part ensuite un second fil isolé G relié à chacune des touches du piano. La manette N permet de rapprocher
ou d'éloigner à volonté le peigne B du cylindre A.

- Le papier est entraîné par les deux cylindres F et L entre lesquels il passe. Le cylindre F est actionné par un mouvement

d'horlogerie (fig. 127) à l'aide de poulies et d'une petite corde. Sa surface porte neuf rainures recevant un nombre égal de

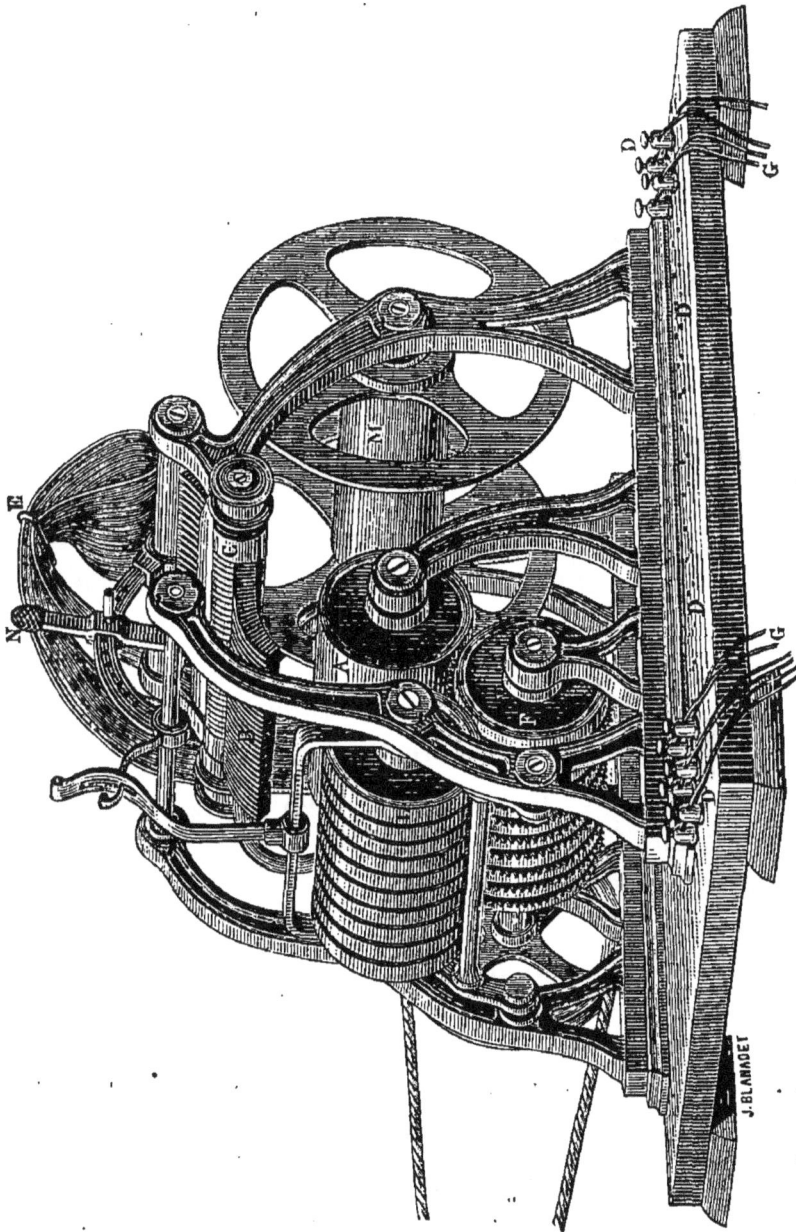

Fig. 127. — Détails du mécanisme enregistreur du mélographe de M. Roncalli.

cercles dentés, pressés par un ressort contre la surface du cylindre F. Le tambour M reçoit la provision de papier préparé qui passe entre le cylindre A et le peigne B et entre les deux cylindres F et L qui l'entraînent d'un mouvement uniforme.

Sur le clavier du piano ou de l'orgue, un ruban de laiton s'étend sous les touches tout le long du clavier et est relié au pôle positif de la pile. De petits ressorts placés sous chaque touche établissent la communication entre ce ruban et des pièces métalliques, auxquelles aboutissent les conducteurs G reliés aux bornes correspondantes D du récepteur.

Le jeu de l'appareil se devine aisément. En appuyant sur une ou plusieurs notes, le courant passe dans les dents correspondantes du peigne et imprime sur la bande de papier qui se déroule d'un mouvement uniforme une série de traits dont la position indique la hauteur, la durée et la longueur ; la ligne est noire pour un ton naturel, rouge pour un dièze ou un bémol.

Pour un orgue de cinq octaves, il faudrait un peigne de 61 pointes, et comme l'écartement des pointes est de 2 millimètres environ, il faudrait une largeur de 112 millimètres au moins.

Pour diminuer la largeur de cette bande, M. Roncalli redouble les deux octaves extrêmes, la première s'inscrit sur la seconde, la cinquième sur la quatrième ; pour distinguer ces octaves, une ligne d'une couleur particulière apparaît verticalement au-dessus ou au-dessous de la bande. Cette ligne est brune et tracée avec du cobalt.

Il suffit alors de 39 pointes et d'une bande de papier ayant 82 millimètres de largeur.

Reste maintenant à indiquer la mesure du morceau. Pour cela, M. Roncalli introduit dans le peigne deux dents nouvelles, formées d'un alliage de bismuth et de cuivre, qui fournit des traces *orangées*. Dans une première disposition, le musicien envoyait le courant à ces pointes en manœuvrant des pédales, et marquait ainsi deux points orangés au commencement de chaque mesure ; mais cette manœuvre gênait l'exécutant. Aujourd'hui M. Roncalli emploie un métronome dont l'action est automatique et parfaite, à la condition que le musicien se soumette lui-même au mouvement indiqué par le métronome. En pratique, cela pré-

sente un inconvénient au moins aussi grand que dans le premier
cas, plus grand peut-être, car, dans le même morceau, les mesures différentes se succèdent assez souvent, et le musicien ne
peut pas, au moment même du feu de son inspiration, s'arrêter
pour changer le mouvement du métronome et l'adapter au
rythme nouveau de la mélodie.

En fait, l'enregistrement de la mesure, ou, plus exactement,
de la *séparation* des mesures, ne nous paraît résolu dans aucun
des systèmes d'enregistrement actuellement connus.

L'emploi des papiers chimiques exige certaines précautions
auxquelles un artiste ne saurait facilement se plier ; l'oxydation
et l'usure inégale des pointes demandent aussi un certain entretien qui rend l'appareil assez délicat à manier, malgré sa
simplicité.

Le mélographe répétiteur de M. Carpentier. — Nous
ne saurions mieux faire, pour décrire cet instrument curieux et
original, que de donner la parole à M. Carpentier lui-même :

« Le désir de suppléer aux talents qu'on n'a pas peut être un
stimulant actif pour l'esprit d'invention. En ce qui me concerne,
je puis bien dire que mon goût prononcé pour la musique, joint
à ma complète ignorance du jeu d'aucun instrument, m'a toujours poussé à chercher dans les procédés mécaniques le moyen
de satisfaire mon penchant naturel. Les boîtes à musique, les
orgues de Barbarie, m'ont toujours fait plaisir, et, n'était la mo-
notonie qui résulte de la répétition des mêmes airs, je me résou-
drais volontiers à tourner pendant des heures une manivelle,
afin de me procurer, sans avoir besoin de personne, la jouissance
que me fait éprouver la sensation de la mesure et du rythme,
l'audition de la mélodie. Les pianos mécaniques, avec leur série
illimitée de bois piqués ou de cartons percés, seraient une belle
ressource pour des dilettanti de mon genre. Mais ils sont encombrants, très chers, et, au prix où se vendent les morceaux,
la constitution d'une bibliothèque musicale serait ruineuse.

« Toutes ces considérations, qui m'ont repassé mille fois dans
l'esprit, m'amenèrent, il y a quelques années, à imaginer et à

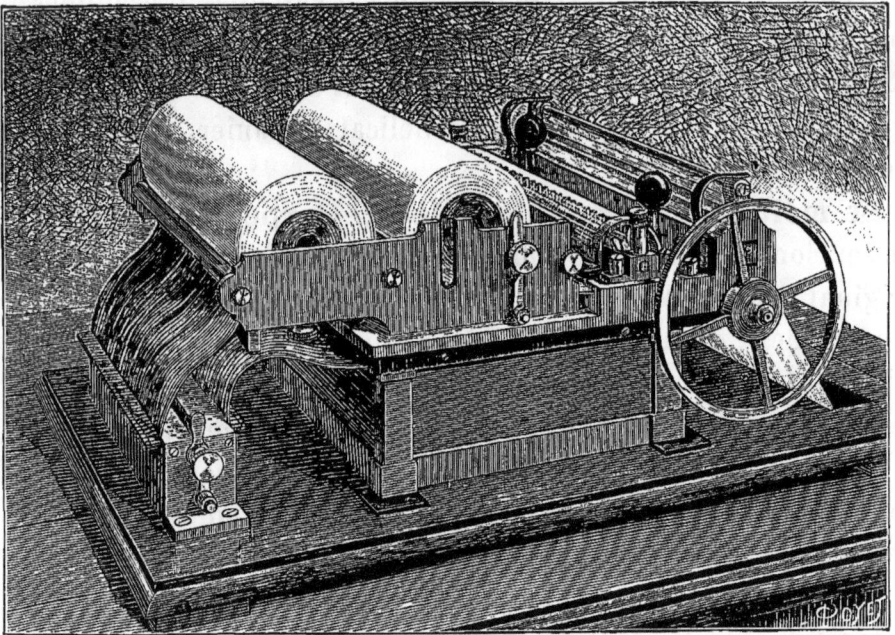

Fig. 128. — Le mélographe répétiteur de M. Carpentier, appareil enregistrant et reproduisant la musique.

réaliser un petit appareil que j'appelai.*le mélophone*, et qui était composé de la manière suivante :

« Une petite boîte parallélipipédique, fermée de toutes parts ; à l'intérieur, sous le couvercle, juxtaposées, trente petites anches d'harmonium, bien mignonnes, tenant peu de place et fixées à la manière ordinaire ; sous chaque anche, une mortaise pratiquée dans le sommier commun, et servant de chambre de vibration : au fond de chaque mortaise, un petit orifice débouchant à l'extérieur sur le couvercle. Sur un côté de la boîte, un tube permettant d'y pousser du vent à l'aide d'une soufflerie quelconque.

« Les trente petits trous bien alignés donnaient à l'instrument un air de flûte champêtre qui veut devenir quelque chose : un musicien, muni de trente doigts et de quelque habileté, en aurait peut-être tiré un certain parti. Moi je n'avais que dix doigts et pas d'habileté du tout, de sorte que j'avais recours à un subterfuge pour obtenir de mon mélophone ce que j'en attendais. Avec une manivelle, commandant des cylindres entraîneurs, je faisais glisser sur la face perforée de la caisse, dans une direction perpendiculaire à la ligne des orifices, une large bande de papier, que j'avais soin de maintenir bien appliquée contre le plan, par un moyen inutile à décrire. Le lecteur devine déjà que le papier était percé de trous longs et courts, dans un arrangement spécial ; que, dans sa progression, la bande amenait ces trous en coïncidence avec les diverses lumières donnant issue au vent à travers les anches, et que le mélophone jouait automatiquement le morceau préalablement inscrit.

« Les moyens étaient simples, l'instrument n'était pas parfait, tant s'en faut, mais il donnait quelque chose, et pour moi, c'était beaucoup. Depuis, j'ai eu connaissance d'instruments analogues faits en Amérique. J'ignore si leur conception est antérieure ou postérieure à la mienne.

« Quoi qu'il en soit, en possession de mon mélophone, je dus songer à la confection des bandes. La traduction de la musique ordinaire dans le langage de Jacquart devait occuper mes loisirs,

dans les soirées d'hiver. Je m'aperçus promptement que cet
exercice était long et fastidieux, et je me proposai aussitôt de
simplifier ma besogne, en chargeant les musiciens de ma connaissance de me préparer mes bandes, sans qu'ils pussent se
douter seulement du travail que je leur ferais exécuter. Je com-
binai un mélographe destiné à sténographier les morceaux joués
sur un instrument à clavier, mais employant les caractères que
savait lire mon mélophone, c'est-à-dire en perforant du papier.
J'ajouterai que mon mélophone lui-même fut transformé, je le
rendis propre à lire des bandes plus larges et à actionner l'instrument même, piano ou orgue, sur lequel on avait joué le morceau inscrit par le mélographe.

« Mes appareils ont figuré à l'Exposition internationale
d'Électricité. Avant de les décrire, qu'il me soit permis de
donner au lecteur un aperçu pittoresque des résultats que je
peux obtenir :

« 1° Un compositeur se met à mon clavier : il joue quelque im-
provisation, inspiration fugitive, inédite. Il se lève. Je tourne
trois boutons, et l'instrument, plus fort qu'aucun des auditeurs,
se met de suite à répéter automatiquement le morceau qu'il
vient d'entendre, ou plutôt de chanter une première fois, sous les
doigts de l'artiste.

« 2° A côté du mérite d'un auteur, celui de l'exécutant est bien
quelque chose aussi, et le même morceau, joué par deux personnes, produit des effets très différents. Mon instrument est très
docile, il conserve et reproduit la façon de chacun. Il va même
trop loin, il rejoue les fausses notes.

« 3° Maintenant, un tour de force. Plusieurs personnes se
réunissent chez moi pour jouer un concerto ; je leur procure
violon, violoncelle, flûte, haut-bois, piston (accommodés à ma
manière, bien entendu). Le concerto se joue, le concerto est joué.
Écoutez : Mon instrument, passé maître dans l'art de transcrire,
va jouer immédiatement sur un piano ou sur un orgue le concerto,
parfaitement réduit, et vous entendrez toutes ses parties, telles
qu'elles viennent d'être conduites.

« 4° Enfin, dernière application, fort utile : je fais passer ma bande dans un appareil imprimeur et le morceau, au lieu d'être joué, s'écrit en caractères ordinaires, sur portée. Cette presse musicale, j'en avertis le lecteur, n'est encore qu'à l'état de projet, mais enfin elle est réalisable.

« Passons maintenant à la description des appareils.

« On doit distinguer tout d'abord l'harmonium, d'une part, et le mélographe proprement dit, d'autre part. Cinquante fils, dissimulés sous le plancher, mettent en communication les deux instruments.

« *Inscription.* — Cinquante des touches de l'harmonium sont munies d'organes tels, que leur simple abaissement lance un courant électrique dans les fils correspondants.

« Chaque courant, recueilli dans le mélographe, met en jeu la série d'outils de perforation chargés d'inscrire les mouvements de la touche qui l'envoie sur une bande de papier, entraîné dans l'appareil d'un mouvement uniforme.

« *Répétition.* — Dans un second déroulement de la bande, préalablement ramenée en arrière, cinquante petits pinceaux en fil d'argent placés dans l'instrument cherchent à prendre contact, à travers les trous, sur une traverse métallique, contre laquelle ils pressent le papier. Dès qu'un trou permet à un pinceau de toucher la traverse, un courant circule dans un des fils de ligne, et, mettant en action le mécanisme d'abaissement de la touche correspondante, détermine l'émission du son, maintenu jusqu'à la substitution sous le pinceau d'un plein au vide.

« Cet exposé général, ayant établi le lien qui existe entre les différentes parties de l'appareil, je puis décrire séparément les organes principaux qui sont représentés figures 129 et 130.

« *Émission des courants.* — Au-dessous de chaque touche un ressort *a* (fig. 129) tend à se poser sur une bande d'argent *b*, régnant le long de la traverse *c*, qui couvre la partie postérieure du clavier. Un pilote *d*, glissant librement dans un petit conduit cylindrique, maintient le ressort soulevé, en s'appuyant sur la touche,

quand celle-ci est à la position de repos. Quand la touche s'a-
baisse, le pilote la suit dans son mouvement, et le ressort, devenu
libre, vient faire contact. Deux vis de réglage permettent de faire
varier la course et la tension du ressort. Le courant émis par une
touche est dirigé sur un fil de ligne, en passant par un commutateur e dont nous verrons plus loin le rôle.

« *Réception.* — Je n'entends point rentrer ici dans le détail du
mécanisme qui produit la progression uniforme du papier.

« Les courants, émis par l'harmonium et reçus dans le mélographe, y produisent le mouvement des pièces par l'intermédiaire d'électro-aimants *a* (fig. 130) de forme spéciale. L'espace
réservé dans l'appareil à une série d'organes élémentaires étant

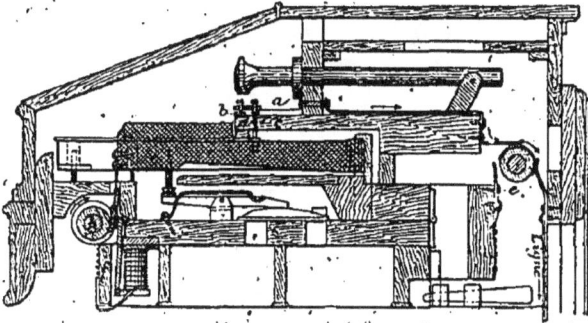

Fig. 129. — Diagramme de l'harmonium.

fort restreint (il est compris entre deux plans parallèles distants
de quatre millimètres seulement), les électros forment une batterie, sur quatre rangs, en lignes obliques. Le mouvement des
armatures *b* est transmis par des tiges *c* à des leviers coudés *d*,
et c'est à l'extrémité du bras horizontal de chaque levier que se
trouve un organe essentiel dans l'appareil, le *gaufroir e*. Le nom
seul de cet organe désigne sa fonction ; c'est lui qui vient appuyer
sur le papier et y marquer, pour ainsi dire, la trace de la
pression que le musicien exerce sur les touches de l'harmonium.

« Le gaufroir en déformant le papier l'oblige à pénétrer dans
l'une des mortaises pratiquées dans la platine *f*, sous laquelle cir-

cule la bande, et l'approche ainsi d'une fraise à deux dents,
animée d'un mouvement de rotation, extrêmement rapide. Les
régions du papier, qui sont ainsi présentées à l'action de cet
outil, se trouvent immédiatement découpées, et les gaufrages
sont convertis en perforations. Hâtons-nous de remarquer que,
pour éviter le double écueil ou bien de percer incomplètement
le papier, ou bien de provoquer la rencontre des gaufroirs et des
dents de la fraise, j'emploie deux bandes de papier superposées
l'une à l'autre ; la première est complètement traversée, et la
deuxième travaillée seulement sur une partie de son épaisseur.
Cette dernière joue donc uniquement le rôle d'un support, s'usant

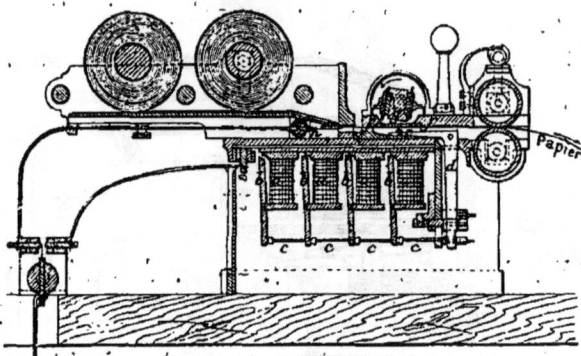

Fig. 130. — Diagramme du mélographe.

sans cesse, mais sans cesse renouvelé, et la bande supérieure est
seule conservée pour servir.

« Tel est, en gros, le fonctionnement de l'appareil inscripteur, il
va sans dire que la précision avec laquelle on est obligé d'opérer
a nécessité l'organisation d'un système complet de réglages. La
présente description ne comporte pas de développement sur ce
point, capital en pratique.

« *Répétition*. — Je n'insisterai pas non plus sur la série de pinceaux *h* en fils d'argent destinés à opérer la lecture des perforations. On trouverait ailleurs des exemples analogues. Je considère
du reste ce système comme défectueux, et je lui substitue actuellement un autre système.

« Dans la lecture des bandes, c'est le mélographe qui émet les courants et l'harmonium qui les reçoit. Le commutateur e, placé dans cet instrument, et dont nous avons parlé plus haut, permet de mettre les fils de lignes en relation, tantôt avec les ressorts d'émission, tantôt avec les organes de réception.

« Pour chaque note de l'harmonium, l'organe principal de réception des courants est un électro f, semblable à ceux du mélographe. Au-dessous du clavier, à toutes les touches sont suspendus par des liens flexibles de petits sabots de bois: ceux-ci s'engagent dans les rainures d'un cylindre h tournant d'un mouvement continu et assez rapide. Le rôle des électros est d'exercer, quand ils sont traversés par un courant, et par l'intermédiaire de petits galets i, une pression sur le dos du sabot, et déterminant ainsi un véritable embrayage, de provoquer le mouvement des touches et l'émission des sons. »

LES BIJOUX.

Bijoux électriques animés. — M. Trouvé a su tirer un ingénieux parti de l'électricité pour en obtenir des effets nouveaux et souvent imprévus. Voici de charmants bijoux électriques qu'il montrait il y a quelques années aux invités de la belle soirée du cinquantenaire de l'École centrale à l'Hôtel continental.

Ces bijoux forment toute une famille de petites figurines animées par une pile lilliputienne. Décrivons-en quelques-unes.

La tête de mort placée à droite de l'oiseau sur notre figure 131 est en or avec peinture sur émail, elle a des yeux en diamants et une mâchoire articulée. C'est un bijou qui se porte à la cravate.

Le lapin, aussi d'or, placé à la gauche de l'oiseau, est assis sur sa queue et tient dans ses pattes de devant deux petites baguettes, avec lesquelles il exécute un roulement sur un timbre microscopique d'or. Encore un bijou de cravate.

Un fil conducteur invisible relie l'objet avec la petite pile hermétique de la grosseur d'un cigare et qui se cache dans la poche du gilet (fig. 133). Supposez que vous portiez un de ces bi-

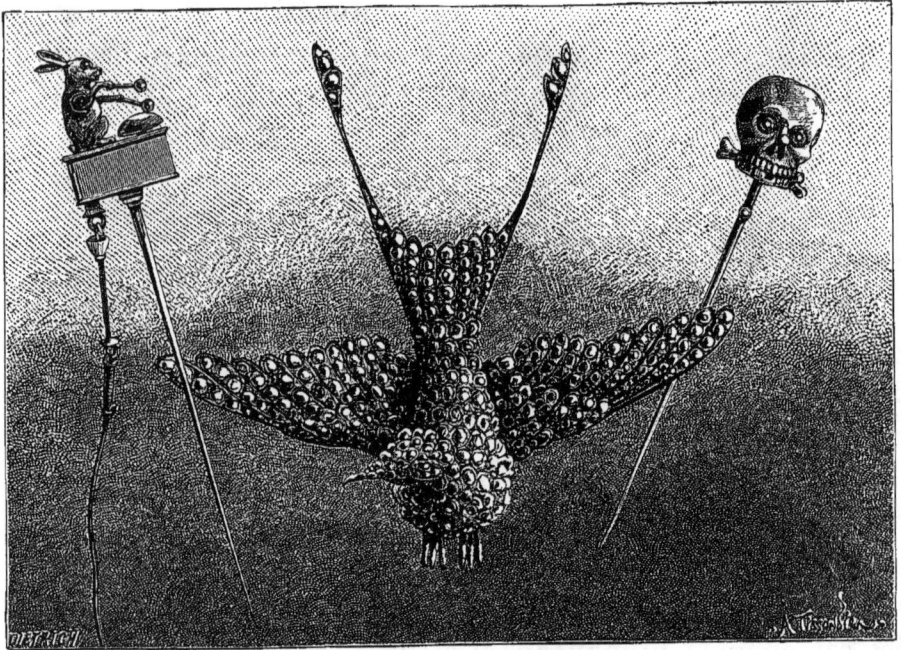

Fig. 131. — Bijoux électriques animés de M. Trouvé.

joux sous le menton, si quelqu'un y jette les yeux, vous glissez un doigt dans la poche de votre gilet, vous faites fonctionner la pile, aussitôt la tête de mort roule des yeux étincelants et grince des dents, ou bien le petit lapin se met à travailler comme un timbalier de l'Opéra.

La pièce capitale, l'oiseau en diamant que nous avons associé dans notre gravure avec la tête de mort et le lapin, n'est plus un bijou de cravate, mais une riche parure animée.

Quand une dame le porte dans sa chevelure, elle peut à volonté faire battre des ailes à l'oiseau de diamant, par l'intermédiaire d'un fil caché, que personne ne peut voir.

Pile hermétique de M. Trouvé. — Tous les bijoux électriques dont nous venons de parler fonctionnent avec une petite pile, de très petit modèle, qu'il est facile de dissimuler dans la poche d'un gilet ou dans la chevelure d'une dame. Cette pile est formée d'un couple de zinc et de charbon renfermé dans un étui de caoutchouc durci (ébonite) fermant hermétiquement. Le zinc et le charbon n'occupent que la moitié supérieure de l'étui, l'autre moitié contient le liquide excitateur.

Tant que l'étui conserve sa position naturelle, le couvercle en haut, le fond en bas, l'élément ne plonge pas dans le liquide, il

Fig. 132. — Coupe d'un bijou électrique et de la pile qui le met en mouvement.

n'y a pas production d'électricité, ni dépense par conséquent.

Mais dès que l'étui est renversé ou placé horizontalement, la réaction chimique qui engendre le courant a lieu, et se continue tant que l'étui conserve cette position ; au contraire, en redressant la pile, toute fonction cesse : la tête de mort fait la morte, elle ne roule plus des yeux étincelants ni ne grince plus des dents ; le lapin ne frappe plus sur son timbre, et on dirait que

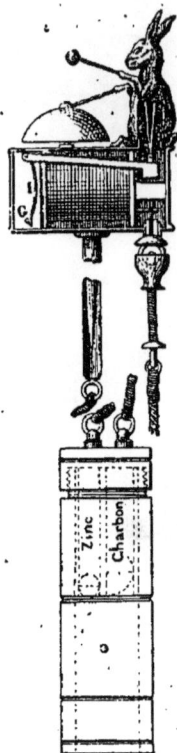

l'oiseau a été atteint par la balle meurtrière d'un chasseur impitoyable.

Bijoux lumineux. — L'apparition des petites lampes à incandescence n'exigeant que quelques volts et un ampère à peine a donné de divers côtés à la fois l'idée d'utiliser ces phares minuscules à la production de nouveaux effets curieux.

Dès 1882, on voyait, au Savoy-Théâtre, des danseuses munies de petites lampes à incandescence alimentées par de petits accumulateurs habilement dissimulés dans leur costume.

Depuis cette époque, ces applications curieuses se sont multipliées et nous ferons connaître celles adoptées aujourd'hui par MM. Trouvé, Scrivanow et Aboilard.

Fig. 133. — Pile hermétique Trouvé (grandeur d'exécution).

Bijoux électriques lumineux de M. Trouvé. — La figure 134 montre le mode de construction d'un bijou lumineux électrique. La lampe à incandescence est fixée au centre de l'appareil, et, comme le fait bien comprendre notre dessin, les verres taillés à facettes forment lentilles et amplifient l'intensité de la lumière. Les deux fils conducteurs du courant sont dissimulés entre les épingles qui servent de support. Ajoutons enfin que l'objet se démonte facilement, ce qui permet de renouveler la lampe à incandescence si elle vient à se détériorer.

Pile de poche de M. Trouvé. — La pile employée par M. Trouvé est constituée par trois couples zinc, charbons (deux charbons pour un zinc), ou un plus grand nombre, suivant les effets à obtenir, plongeant dans une solution de bichromate de potasse renfermée dans une auge en ébonite à compartiments.

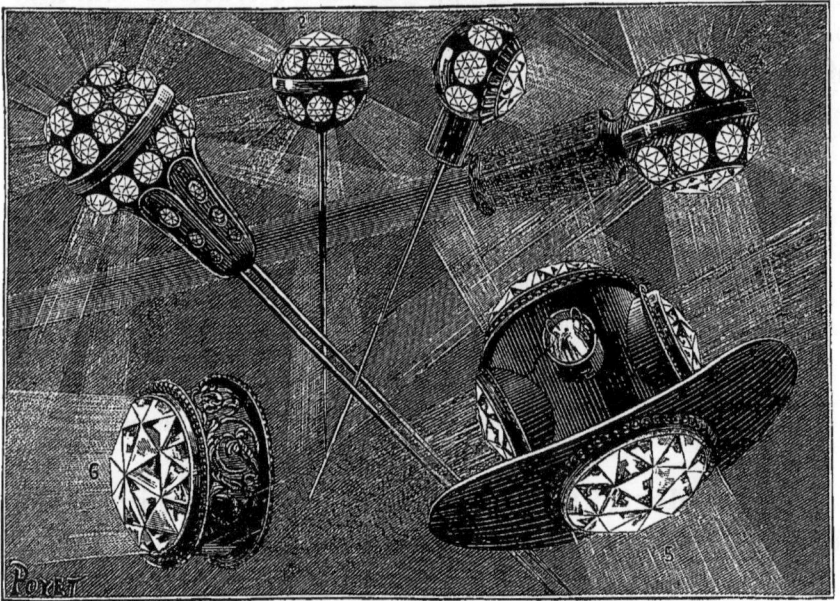

Fig. 134. — Bijoux lumineux électriques de M. C. Trouvé (grandeur d'exécution).

Nº 1. Épingle à cheveux. — Nºˢ 2 et 3. Épingles de cravate. — Nº 4. Pomme de canne. — Nºˢ 5 et 6. Diadème et gros diamant monté pour constituer un collier, pour les effets de théâtre.

Le couvercle qui porte les zincs et les charbons est également.
en ébonite : il est muni d'une feuille de caoutchouc, ce qui détermine une fermeture hermétique, sous la pression de deux
bagues en caoutchouc dont l'une est représentée en E. Malgré
ces précautions, des suintements du liquide acide peuvent se produire. M. Trouvé en évite les inconvénients en enfermant la pile
dans deux enveloppes de caoutchouc durci F et G qui pénètrent

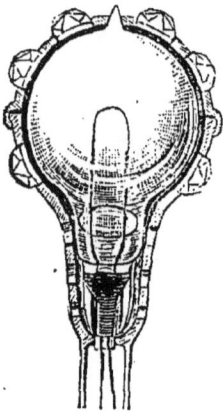

Fig. 135. — Coupe de
l'épingle à cheveux (grandeur d'exécution).

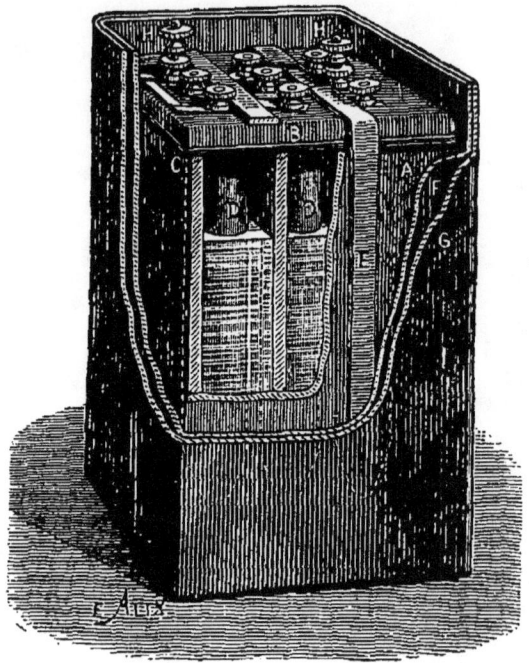

Fig. 136. — Pile de poche à trois éléments
(grandeur d'exécution).

l'une dans l'autre, à la façon des deux parties d'un porte-cigare.
Les fils conducteurs du courant sont adaptés aux deux boutons
HH'; un minuscule commutateur permet de fermer ou d'ouvrir
le circuit. La petite pile représentée en vraie grandeur (fig. 136)
ne pèse que 300 grammes, elle fonctionne 20 minutes environ
avec une lampe de 2 à 3 volts (petite épingle de cravate). La
pile de plus grand format pèse 800 grammes; elle peut être encore portée dans une poche un peu grande, surtout pendant une

durée limitée ; elle alimente dans de bonnes conditions une lampe de 4 à 5 volts pendant près d'une heure. Dans d'autres modèles, les éléments sont disposés *à plat* et peuvent être dissimulés dans une poche de côté, leurs dimensions ne dépassant pas celles d'un portefeuille de dimensions moyennes.

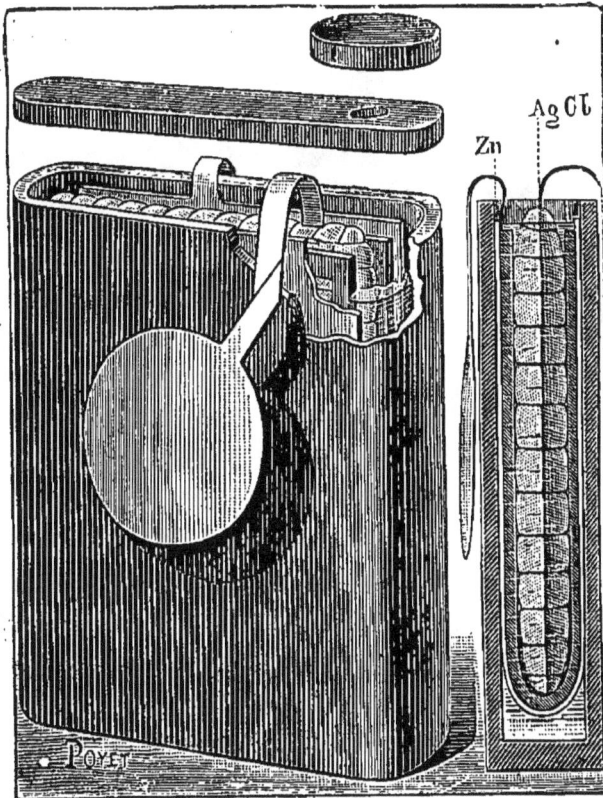

Fig. 137.— Pile au chlorure d'argent, de M. Scrivanow, faisant fonctionner un diadème électrique (grandeur naturelle)

Bijoux électriques de l'Opéra de Paris. — Ils sont dus à M. Scrivanow.

La pile, imaginée par M. Scrivanow, est représentée figure 137. Elle est contenue dans une auge de gutta-percha ; les deux électrodes sont constituées par une lame d'argent recouverte de chlorure d'argent, enfermé dans un sachet de papier parcheminé. Le sachet est entouré de la lame de zinc repliée sur elle-même, et de laquelle il se trouve isolé par une lame de gutta-percha ajourée. La coupe de la pile représentée à droite de la figure en montre la disposition ; la lame de zinc est figurée en Zn et le sachet de chlorure d'argent en Ag Cl. Le liquide contenu est une solution alcaline, formée de potasse très étendue. L'auge de gutta-percha, avec les électrodes qui passent en dehors à droite et à

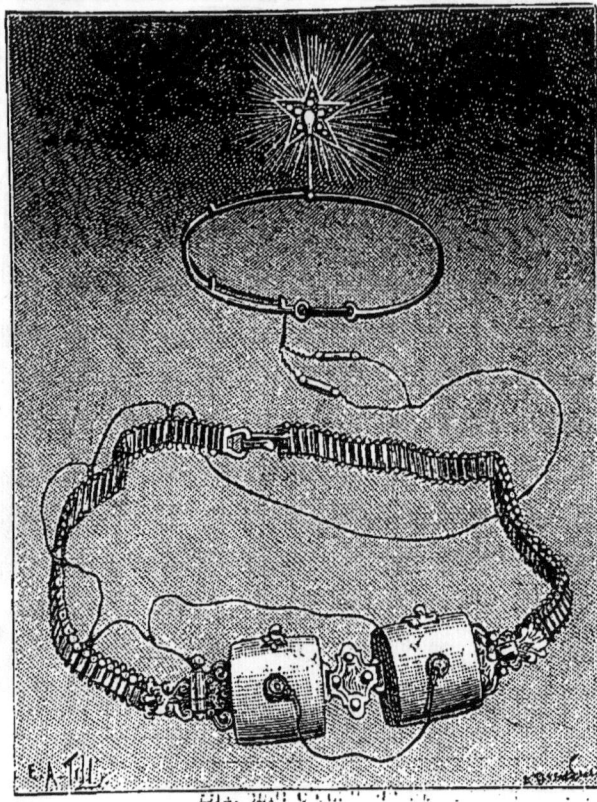

Fig. 138. — Diadème électrique et ceinture, avec deux éléments de pile, employés dans le ballet de l'Opéra : *la Farandole.*

gauche, est hermétiquement close par une lame supérieure de gutta-percha, dans laquelle un trou est ménagé pour introduire et renouveler le liquide. Ce trou est lui-même bouché par une rondelle. Nous avons supposé, dans notre dessin, que ces pièces avaient été enlevées, afin de mieux en faire comprendre les détails et les dispositions.

Voici comment sont équipées les *coryphées.* Elles passent autour de leur taille la ceinture en métal argenté, contenant les

deux piles enfermées dans des cassolettes (fig. 138), elles placent
leur diadème sur la tête, et quelques préparateurs de physique
attachent au milieu de leurs cheveux les fils conducteurs qui
relient les piles montées en tension, avec la lampe incandescente. Cela fait, des habilleuses aident chaque coryphée à ajus-
ter autour de la ceinture d'argent une écharpe de mousseline,

Fig. 139. — Bijoux lumineux électriques de M. Aboilard représentés en vraie grandeur
avec leur interrupteur sphérique.

qui cache presque entièrement l'appareil. La lampe à incandescence du diadème est montée devant une étoile métallique cou-
verte de pierres vertes imitant l'émeraude et formant réflecteur.
Sur la ceinture, à côté des piles, est fixé un petit commutateur
qui permet au coryphée de fermer ou d'ouvrir le circuit pour
allumer ou éteindre à volonté la lampe de son diadème ; ce commutateur est très simple, il est formé d'un petit cylindre de la

grosseur d'un crayon, que l'on abaisse ou que l'on relève dans
un étui où il glisse à frottement doux.

Tel est l'ingénieux système d'éclairage électrique adopté par
l'administration de l'Opéra. Le seul reproche que nous lui adres-
serons, c'est de laisser à désirer au point de vue de l'intensité
lumineuse, mais chaque pile au chlorure d'argent ne pèse que
90 grammes ; il serait possible d'en employer trois au lieu de
deux, et l'effet obtenu serait beaucoup plus remarquable.

Quoi qu'il en soit, il y a lieu de féliciter les organisateurs,
pour les soins apportés à cette heureuse application. L'appareil
considéré isolément est léger et portatif ; il pourra trouver son
emploi dans les *cotillons* et donner lieu à des figures nouvelles.

Bijoux électriques de M. Aboilard. — Nous terminerons cette énumération en parlant des ravissants bijoux électriques construits par M. Aboilard.

La figure 139 les représente en vraie grandeur, et montre
comme ils sont délicatement construits. A droite et à gauche du
dessin, on a figuré deux épingles de cravate pour hommes ; l'une
a la forme d'une petite lanterne, et l'autre représente une fleur
épanouie, formant réflecteur. Au milieu, on aperçoit deux jolis
bijoux de dames : un oiseau et un diadème au-dessous desquels
on voit un petit commutateur sphérique d'un maniement très
commode et qui peut fonctionner dans la poche.

LA PRESTIDIGITATION.

Tables parlantes et insectes électriques. — La facilité merveilleuse avec laquelle l'électricité se prête à la production à distance des effets mécaniques, caloriques et lumineux a
fait songer depuis longtemps à son application à certains effets
curieux et amusants, auxquels les esprits simples donnent volontiers le nom de *surnaturels*, à cause de l'impuissance dans
laquelle ils sont d'en trouver une explication satisfaisante.

Qui n'a vu, jadis, le coffret pesant de Robert Houdin et le
tambour magique de Robin ? On sait que ces deux expériences

curieuses sont fondées sur les propriétés des électro-aimants. Nous allons faire connaître aujourd'hui deux autres petits systèmes basés sur la même action et qui, présentant d'anciennes expériences sous une forme nouvelle, les rajeunissent en leur donnant un nouvel intérêt.

La première (fig. 140) est une table, présentant l'apparence

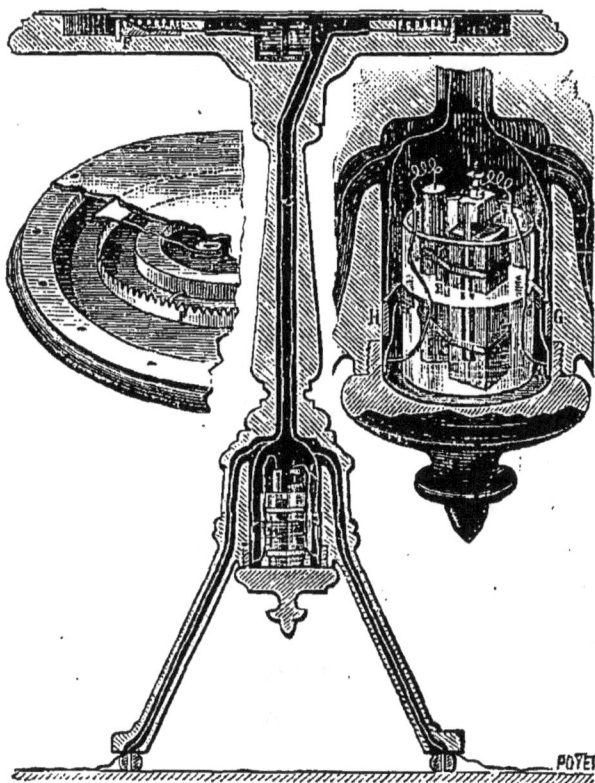

Fig. 140. — Table frappante et parlante.

d'un guéridon ordinaire, et qui permet de reproduire à volonté l'expérience des *esprits frappeurs* ou des *voix sépulcrales*.

Le pied de la table renferme un élément de pile Leclanché de formes ramassées soigneusement dissimulé dans la partie qui relie les trois pieds à la colonne unique. Le plateau de la table est en deux parties : la partie inférieure est évidée, la partie supérieure est un couvercle mince dont l'épaisseur ne dépasse pas trois à quatre millimètres.

Dans le milieu de la table, au-dessous du plateau, est placé un électro-aimant à deux branches disposé verticalement.

Un des bouts du fil de cet électro-aimant communique avec l'un des pôles de la pile, l'autre bout du fil avec un cercle métallique plat collé contre la partie supérieure de la table formant couvercle; au-dessous de ce cercle métallique et à une petite distance, se trouve un cercle dentelé F relié à l'autre pôle de la pile. Lorsqu'on appuie légèrement sur la table, le couvercle fléchit, le cercle plat vient toucher le cercle dentelé, ferme le circuit de la pile sur l'électro-aimant qui attire son armature et produit un coup sec; en soulevant la main, le couvercle reprend sa position initiale, rompt de nouveau le circuit et produit un autre coup sec.

En faisant glisser légèrement la main sur la table, on fait fléchir successivement le couvercle sur une certaine partie de la circonférence; les contacts et les ruptures de circuit se produisent sur un certain nombre de dents, et le coup sec est remplacé par un roulement plus ou moins énergique, plus ou moins serré, etc., suivant l'habileté du médium chargé d'interroger les esprits. La table portant avec elle tout le mécanisme qui l'actionne peut être déplacée sans que rien puisse faire soupçonner l'artifice.

On peut aussi actionner la table à distance en se servant des conducteurs passant dans les pieds, sous les tapis de la salle, et communiquant avec une pile dont un compère placé dans une salle voisine vient fermer opportunément le circuit.

Enfin, substituons à l'électro-aimant un petit récepteur téléphonique et à la pile ordinaire un système micro-téléphonique, nous transformerons les esprits frappeurs en esprits parleurs. Avec un peu d'exercice et d'habitude, il sera facile au compère de transmettre les paroles des esprits en prenant une voix sépulcrale qui complètera l'illusion.

La figure 141 montre une expérience disposée plus spécialement pour la décoration des salons: elle représente des insectes posés sur une plante à laquelle on ne peut toucher sans les voir aussitôt battre des ailes comme s'ils voulaient s'envoler. Ces insectes sont animés par une pile Leclanché dissimulée dans le vase qui supporte la plante. L'insecte lui-même n'est pas autre chose qu'un mécanisme analogue à celui d'une sonnerie ordinaire. Le corps de l'insecte forme le noyau d'un électro-aimant droit C, portant un léger retour d'équerre à sa partie supérieure, et

Fig. 141. — Insectes électriques.

devant lequel est placé un petit disque de fer b formant la tête de l'animal. Cette tête est fixée sur un ressort, comme l'armature des sonneries ordinaires, et elle entraîne les ailes dans son mouvement de va-et-vient, lorsqu'elle est attirée et relâchée successivement par l'électro-aimant : les interruptions de courant se font à l'aide d'un petit système à trembleur dont on peut saisir facilement le fonctionnement sur la coupe représentée à gauche de la figure 141. Le courant arrive à l'électro-aimant par un fil de cuivre fin dissimulé dans les feuilles, et relié au pôle positif de la pile dont le pôle négatif est en relation avec le fond du vase.

Le fil venant du trembleur de chaque insecte arrive jusqu'au fond du vase, mais *sans le toucher*. Une goutte de mercure occupe le fond du vase et peut s'y déplacer librement. Il en résulte que si on prend le vase à la main, la goutte de mercure excessivement mobile roulera sur le fond en fermant le circuit successivement sur les différents insectes et les mettra en mou-

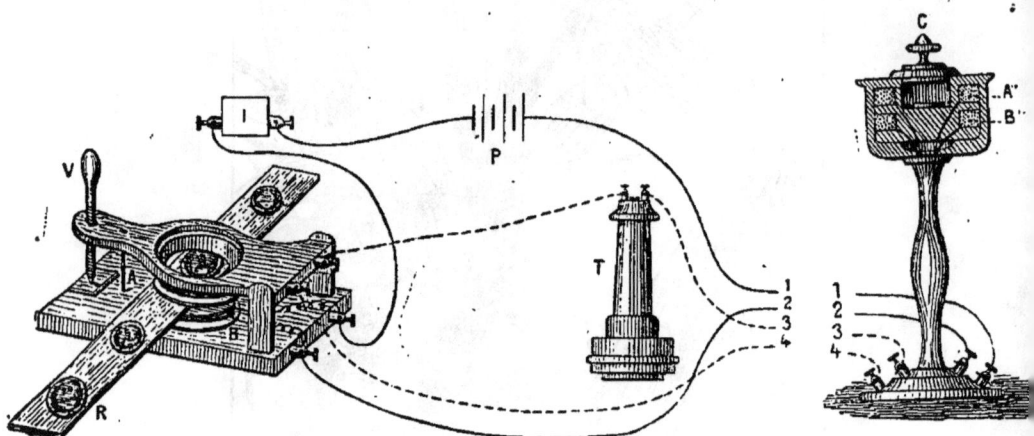

Fig. 142. — Balance d'induction de M. Hughes appliquée à la prestidigitation.

vement jusqu'à ce que le vase soit remis en place et que la goutte de mercure se soit de nouveau immobilisée.

Expérience de physique amusante faite au moyen de la balance d'induction. — Il serait facile d'être très bon prestidigitateur si l'on était bon électricien, en mettant au service de l'art les nombreuses ressources de la science. En voici encore un exemple tiré d'un des appareils les plus remarquables de ces dernières années : *la balance d'induction* de M. Hughes. Cet appareil se prête à un tour fort curieux et amusant que nous avons imaginé et qui sera de nature à intéresser nos lecteurs.

L'expérience consiste à deviner la valeur et la nature d'une

pièce de monnaie, placée à distance dans une boîte en bois
fermée par un couvercle, sans toucher à la boîte et sans même
s'en approcher.

L'appareil se compose de deux parties, l'une dissimulée dans
la coulisse, représentée sur la gauche de la figure, l'autre d'une
sorte de boîte en bois, en forme de saint-ciboire, dans laquelle
on met les pièces de monnaie dont il faut deviner la nature.
Quatre fils conducteurs tressés ensemble relient les deux parties. Il va sans dire que si l'on voulait faire le tour d'une façon
complète et saisissante, il faudrait dissimuler les conducteurs
électriques, ce qui est toujours facile, et supprimer les bornes
de la boîte en les remplaçant par des contacts placés au-dessous
du socle, de façon à rendre la boîte mobile. On pourrait encore
suspendre cette boîte au plafond d'une salle comme dans l'expérience bien connue du *tambour magique*.

Dans son essence, l'appareil se compose (fig. 142) de quatre bobines, A, A', B, B'; les deux bobines B, B' sont placées dans le
même circuit par les conducteurs 1, 2 ; ce circuit est complété
par une pile P et un appareil interrupteur quelconque I, par
exemple un mouvement d'horlogerie envoyant dans les deux
bobines B, B', d'une façon interrompue, le courant de la pile P ;
les deux bobines A, A' sont aussi reliées entre elles par les conducteurs 3, 4, et l'on intercale un téléphone T dans le circuit.
La pile envoie donc des courants interrompus dans les bobines
B, B', qui développent des courants induits dans les bobines A, A',
mais l'enroulement est tel que l'action de A sur B équilibre
l'action de B' sur A', si les bobines sont bien égales, et placées à
égale distance. Comme il est impossible de réaliser ces conditions
en pratique, la bobine A est placée sur un support mobile, et l'on
règle la distance à l'aide de la vis V. Lorsque les courants induits
s'équilibrent bien, le téléphone T, placé dans le circuit de A'A,
reste muet.

Si, maintenant que l'expérience est prête, on introduit une
pièce de monnaie dans la boîte C, l'équilibre sera rompu, à
cause de l'*écran d'induction* formé par la pièce de monnaie, et

l'on entendra dans le téléphone le tic-tac des interruptions produites par le mouvement d'horlogerie dans le circuit conducteur.

Il faudra, pour rétablir le silence, introduire entre les bobines A et B une pièce *identique*. Pratiquement, on doit coller la collection des monnaies françaises sur une, deux ou trois règles de bois que l'on fait glisser rapidement en arrêtant un instant chaque pièce au milieu des bobines ; en continuant la manœuvre jusqu'à ce que le silence soit établi dans le téléphone, la pièce placée à ce moment au milieu des bobines est la même que celle qui se trouve dans la boîte. Si aucune pièce de la collection ne rend le téléphone muet, c'est que la pièce qui se trouve dans la boîte est une pièce étrangère ou une pièce fausse.

Tel est, dans ses détails, le tour curieux auquel se prête la balance d'induction, appareil qui, par sa nature, touche aux théories les plus élevées de la physique moléculaire.

LES JOUETS ÉLECTRIQUES.

L'électricité se prête à une foule d'expériences curieuses, instructives et amusantes, et un volume entier ne suffirait pas si l'on voulait les passer toutes en revue. Nous nous contenterons d'en indiquer quelques-unes parmi les plus simples et les plus faciles à répéter ; on nous pardonnera de les exposer à peu près sans ordre et sans suite, eu égard à la diversité des formes sous lesquelles elles peuvent s'effectuer et à la variété des jouets auxquels l'électricité a donné naissance.

Une machine électrique simple. — Nous allons d'abord construire à peu de frais une machine électrique capable de donner des étincelles de deux centimètres de longueur.

On prend pour cela une feuille de papier fort et de grand format. On la frotte avec la main bien sèche ou une étoffe de laine jusqu'à ce qu'elle adhère à la table. Puis on pose un trousseau de clefs au milieu de la feuille que l'on soulève en la saisissant par les deux angles. Si, à ce moment, quelqu'un approche le doigt du trousseau de clefs, il en tire une étincelle brillante, d'autant plus belle et plus longue que le temps est bien sec et que le papier aura été bien chauffé à plusieurs reprises.

Le papier ordinaire, le papier écolier par exemple, bien chauffé et séché, acquiert des propriétés électriques dès qu'il est vivement brossé; on le sent crépiter à la main, sous l'influence d'une multitude de petites décharges un peu lumineuses dans l'obscurité. Le papier électrisé adhère aux murs. M. Wideman a reconnu que l'on pouvait exagérer considérablement les propriétés électriques du papier en lui faisant subir un traitement préalable; il suffit de plonger du papier ordinaire non collé, et de préférence le papier à filtre suédois ou le papier de soie qui garnit les copies de lettres, dans un mélange à volume égal d'acide nitrique et d'acide sulfurique; on lave à grande eau et on sèche. Ce papier, imparfaitement transformé en pyroxile, est extrêmement électrique. Si on le place sur une table en bois, ou mieux sur une toile cirée, et qu'on le frotte avec la main, il attire aussitôt tous les corps légers, barbes de plumes, petits morceaux de papier, pantins de sureau, etc. Dans l'obscurité, au moment où l'on détache le papier de la toile cirée, toute la surface brille comme du phosphore; en approchant le doigt, on voit jaillir une étincelle électrique. On peut charger une bouteille de Leyde avec ce papier, constituer un véritable électrophore, faire en un mot les expériences ordinaires sur l'étincelle et la décharge électrique. Ce papier dégage, quand il a été frotté, l'odeur caractéristique de l'ozone. Ce papier conservera très longtemps ses propriétés curieuses; il suffit, dit M. Wideman, si elles s'affaiblissaient, de le chauffer légèrement pour lui rendre toute son énergie. On voit que pour quelques centimes on peut ainsi posséder une machine électrique pouvant aider à la démonstration de tous les phénomènes électriques.

Un électrophore économique. — On prend un plateau à thé en fer blanc laqué de 30 à 40 centimètres de longueur; on découpe une feuille de papier d'emballage épais et solide, de telle façon qu'elle s'applique facilement sur la partie plane du plateau.

On fixe, à l'aide de cire à cacheter, deux bandelettes de papier à chaque extrémité de la feuille, de manière à pouvoir la soulever sans difficulté quand elle est posée à plat. Le plateau à thé est placé sur deux verres à boire qui lui servent de support. Voilà l'électrophore confectionné. Voyons maintenant comment on arrive à le faire fonctionner.

Fig. 143. — Un électrophore confectionné au moyen d'un plateau à thé et d'une feuille de papier.

On chauffe la feuille de papier d'emballage au-dessus d'un feu très ardent, d'un poêle ou d'un fourneau bien allumé ; il faut chauffer longtemps, à plusieurs reprises, de telle façon que le papier soit bien sec, et que sa température soit aussi élevée que possible. Cela fait, on le pose rapidement, afin d'éviter son refroidissement, sur une table de bois, et on le frotte très énergiquement à l'aide d'une brosse à habit assez dure et bien sèche.

On pose le papier sur le plateau ; on touche le plateau avec le
doigt et on soulève le papier par ses poignées. Si à ce moment
une personne approche le doigt du bord du plateau, elle fera
jaillir une étincelle visible (fig. 143). On peut remettre alors le
papier sur le plateau, en toucher le bord une seconde fois, et

Fig. 144. — Une bouteille de Leyde faite avec un verre, du plomb de chasse
et une cuiller.

soulever à nouveau le papier ; une seconde étincelle jaillira, et
ainsi de suite, à sept ou huit reprises différentes.

Une bouteille de Leyde. — Nous voilà pourvus d'une véritable machine électrique. Comment arriverons-nous à fabriquer
une bouteille de Leyde ? Rien de plus facile : nous prendrons un
gobelet de verre rempli de plomb de chasse ; nous planterons au
milieu de ce plomb de chasse une cuiller à café, et si tous ces objets sont bien secs, nous aurons une excellente bouteille de Leyde.

Pour la charger, nous ferons fonctionner notre électrophore comme nous l'avons indiqué précédemment. Pendant qu'un opérateur touchera le bord du plateau et soulèvera la feuille de papier, une autre personne tenant le gobelet de verre par le fond, l'approchera du plateau, de telle façon que la petite étincelle jaillisse à l'extrémité du manche de la cuiller. On chargera ainsi la bouteille de Leyde au moyen de plusieurs étincelles successives ; on pourra alors en obtenir une petite décharge, soit en l'ap-

Fig. 145. — Les pantins de sureau de l'électrophore Pfeiffer.

prochant du plateau, soit en la présentant devant la main (fig. 144).

L'électrophore Pfeiffer. — Voici encore une forme amusante de l'électrophore, avec lequel on peut répéter une foule d'expériences instructives et amusantes. Il se compose en principe (fig. 145) d'une plaque mince d'ébonite de 1 millimètre d'épaisseur, de 15 centimètres de largeur et de 20 centimètres de longueur. Le disque de bois recouvert d'étain de l'électrophore classique est remplacé par une petite feuille d'étain de la dimension d'une carte à jouer, et collé sur une des faces de la plaque d'ébonite.

L'électrophore d'ébonite produit l'électricité avec une remarquable facilité. Vous le posez à plat sur une table de bois, vous le frottez successivement sur ses deux faces avec la main bien ouverte; si vous le soulevez en le tenant de la main gauche, et si vous approchez la main droite de la feuille d'étain collée sur une de ses faces, vous en ferez jaillir une étincelle de 1 à 2 centimètres de long.

L'électrophore d'ébonite est complété par une série de petits accessoires construits avec beaucoup de goût. Ce sont des petits pantins de sureau, qui permettent de manifester d'une façon très amusante les phénomènes d'attraction ou de répulsion électriques. Électrisez le plateau d'ébonite, placez sur sa feuille d'étain les trois petits pantins de sureau qui se joignent à l'appareil, soulevez le plateau pour l'isoler de son appui. Voici un petit personnage qui lève les bras vers le ciel, en voici un second dont les cheveux de soie se hérissent, en voilà un troisième plus léger que les autres qui s'élance comme un clown et qui s'échappe en voltigeant, avec les deux petites balles de sureau qui ont été également placées à côté de lui. Nous avons groupé en une seule figure les trois petits personnages, mais on les fait habituellement fonctionner isolément.

M. Pfeiffer a réuni dans une boîte tous les accessoires connus d'une machine électrique : une petite bouteille de Leyde en miniature, un carillon électrique, le pistolet de Volta, le carreau étincelant, un tube de Geissler, etc.; toutes ces expériences sont réduites à leur plus simple expression, et les appareils qu'elles nécessitent tiennent dans une petite boîte de carton ; ils sont rangés à côté de l'électrophore d'ébonite qui se trouve ainsi remplacer une machine électrique encombrante et d'un fonctionnement délicat.

Un jouet magnétique. — Le magnétisme se prête aussi à un grand nombre d'expériences amusantes en vertu de son action à distance et au travers de la plupart des corps. Chacun s'est exercé

dans son enfance à faire tenir une aiguille sur la pointe à l'aide
d'un aimant placé au-dessus à une distance assez grande pour que
l'aimant la maintienne verticale, mais ne puisse l'attirer, ou à
faire courir une plume sur une table, sans action apparente, en
manœuvrant un aimant placé sous la table. C'est cette expérience

Fig. 146. — Un jouet magnétique. — Le petit cirque magique.
(1/2 grandeur d'exécution.)

rajeunie et mise sous une forme élégante que représente la
figure 146.

La scène représente un cirque dont le décor est gentiment
peint; autour de la piste formée d'un carton circulaire jaune, on
a planté des petits sapins alpestres en papier peint.

On place au milieu de la piste des petits personnages posés sur
des socles de bois. Ce sont, comme le montre la figure, trois

musiciens et un écuyer. — Vers la circonférence du cirque, on pose d'autres petits personnages qui représentent un cheval monté par une écuyère, un char traîné par un alezan, un cheval en liberté, etc. On tourne la manivelle qui se trouve adaptée au socle du jouet, une musique se fait entendre; mais en même temps, ô miracle! voilà le cheval qui se meut de lui-même et qui parcourt la piste circulaire. Le cheval est enlevé et remplacé par le char attelé; on tourne la manivelle; en même temps que les sons produisent leurs accords, le char s'anime comme l'avait fait le cheval, et on le voit tourner autour de l'écuyer et des musiciens, qui restent immobiles.

L'explication du mécanisme est très simple : la manivelle mise en rotation entraîne un aimant caché dans la boîte qui sert de support au petit cirque; cette manivelle, tout en actionnant le mécanisme de musique, fait tourner en même temps l'aimant autour d'un axe situé au centre du cirque. Extérieurement le petit personnage qui circule autour de la piste est monté sur un petit socle de fer doux très léger, et, la surface du cirque étant bien polie, l'aimant est assez puissant pour entraîner avec lui le léger objet, et vaincre la résistance de frottement. Il est impossible de voir un jouet automatique plus charmant, plus ingénieux et plus amusant. — La pièce la plus curieuse parmi les petits personnages est un clown ; non seulement ce clown circule autour de la piste quand l'aimant est mis en mouvement, mais il tourne sur lui-même à la façon d'un danseur. Le petit socle de fer doux auquel il est adapté est légèrement bombé, et, par suite de la tendance à s'incliner vers ses rebords par une attraction oblique, il pivote ainsi autour de son axe.

Nous ne citons que pour mémoire, comme jouet du même genre et beaucoup trop connu, le jeu des canards et des poissons fondés sur l'attraction des pôles de noms contraires et l'attraction des pôles de même nom.

Une boussole économique. — Veut-on mettre en relief l'action directrice du magnétisme terrestre? Voici comment on peut arriver, en suivant les indications données par le *Magasin*

Fig. 147. — Poisson vivant rendu lumineux et transparent au moyen du polyscope électrique.

pittoresque, à construire une boussole simple et économique.

Prenons, dit-il, un petit bouchon (figure 148) et passons au travers une aiguille à tricoter ordinaire que nous aurons aimantée en la frottant doucement et toujours dans le même sens au moyen d'un de ces petits aimants en fer à cheval de 60 centimes dont s'amusent les enfants. Une fois l'aiguille E traversant le bouchon, vous implantez dans ce bouchon une aiguille à coudre, ou mieux une épingle dont la pointe posera dans l'un des trous couvrant la partie supérieure d'un dé à coudre. Pour faire tenir l'aiguille aimantée en équilibre, vous enfoncerez une allumette C dans le bouchon, de chaque côté, comme le montre la figure, et vous ferez adhérer à l'extrémité de chacune des allumettes une bou-

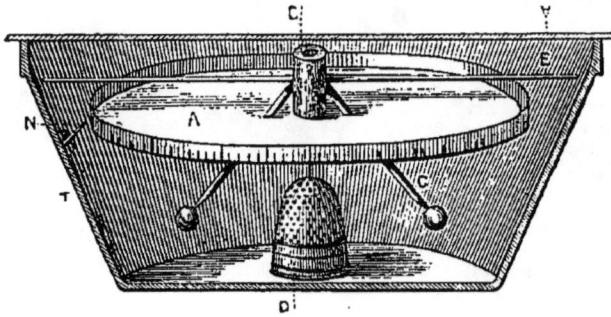

Fig. 148. — Une boussole économique.

lette de cire. Vous équilibrerez tout ensemble l'aiguille, les balles, l'épingle, de manière que tout tienne bien, ainsi que le dessin l'indique. Comme il est très important qu'avec un instrument aussi sensible l'agitation de l'air soit évitée, vous placerez votre dé au fond d'une terrine vulgaire de terre cuite BDT que vous fermerez avec une vitre V. Pour graduer la boussole, à l'aide d'un compas on décrit un cercle sur un papier un peu résistant. Sur ce cadran, on trace des divisions suffisamment rapprochées, seulement aux extrémités nord de l'aiguille, puis on fixe le papier au-dessous comme l'indique la figure. Ensuite, on colle avec une boulette de cire un bout d'allumette appointie N, vis-à-vis l'extrémité nord de l'aiguille, dans l'intérieur de la cuvette. On a de la sorte une excellente boussole à peu de frais.

On peut encore aimanter une fine aiguille à coudre, et la graisser en la frottant avec un peu de suif. Dans ces conditions, elle devient capable de flotter à la surface de l'eau contenue dans un verre et s'oriente en tournant son pôle Nord vers le pôle Nord de la terre.

Expérience du poisson lumineux avec le polyscope électrique. — Lors de la soirée donnée en 1881 à l'Observatoire de Paris par M. le contre-amiral Mouchez, M. G. Trouvé a fait fonctionner quelques appareils électriques, devant un auditoire d'élite qui semblait prendre un grand intérêt à ce genre de démonstration expérimentale. Parmi les expériences exécutées, celle du poisson lumineux offre un très grand intérêt ; c'est assurément l'une des plus curieuses que l'on puisse citer.

Cette expérience a pour but de faire comprendre l'importance que peut offrir le polyscope électrique au point de vue chirurgical. Le polyscope se compose d'une série de réflecteurs, au foyer desquels un courant électrique obtenu à l'aide d'un accumulateur Planté, fait rougir un fil de platine. Ces réflecteurs affectent des formes variées. L'un d'eux peut être placé dans la bouche, et quand on le fait fonctionner, la bouche s'éclaire à tel point que les dents deviennent complètement transparentes, et que l'on ne perd aucun détail de leur état. Ce réflecteur placé à l'extrémité d'une sonde œsophagienne, éclaire l'estomac par transparence. Les appareils sont variés pour subvenir de la sorte à tous les besoins d'investigation du dentiste, du médecin ou du chirurgien.

Dans ce mode d'éclairage, la production de chaleur est diminuée autant que possible par l'emploi de fils très fins de platine iridié. La chaleur rayonnante est insignifiante, et l'expérience a démontré que le réflecteur éclairé tenu dans la bouche fermée pendant 30 ou 40 secondes, n'en élève pas la température au-dessus de celle des muqueuses, c'est-à-dire 36 à 38 degrés.

Arrivons à l'expérience du poisson lumineux.

M. Trouvé fait avaler à un poisson vivant placé dans un aquarium, un petit réflecteur microscopique, relié par des fils conducteurs au manche de l'appareil qu'il tient à la main. On éteint les lumières, et dès que le réflecteur est éclairé sous l'action du courant, le corps entier du poisson devient transparent et lumineux, à tel point que l'on peut compter ses vertèbres et examiner tous les détails de son organisme.

Cette expérience vraiment remarquable a obtenu un grand succès. Elle permet de se rendre compte très exactement des effets lumineux obtenus par le polyscope électrique. Avec les nouvelles petites lampes à incandescence, elle est devenue aujourd'hui très facile à répéter.

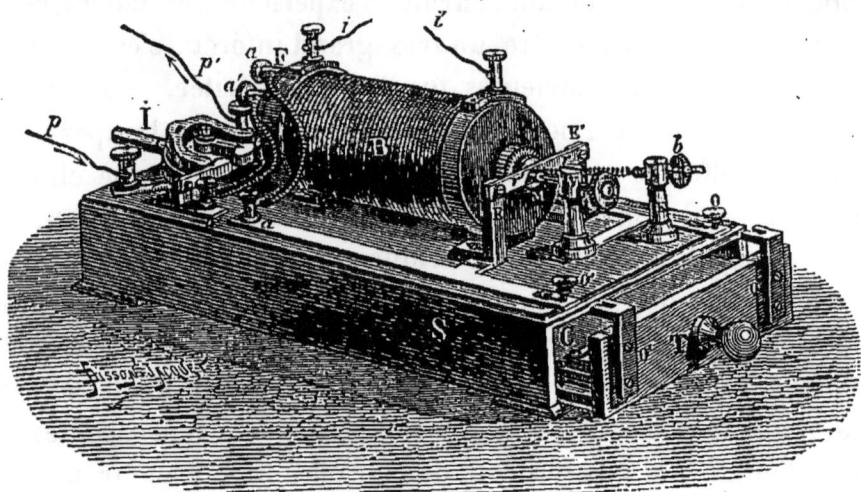

Fig. 149. — Bobine d'induction, modèle de M. Ducretet.

Bobine d'induction. — On sait que la bobine d'induction a pour effet de modifier les qualités du courant électrique; le plus généralement, on s'en sert pour augmenter la tension ou force électromotrice aux dépens de l'intensité, ou, comme on le dit encore à tort, pour transformer l'électricité *dynamique* en électricité *statique*. Nous protestons énergiquement contre cette définition qui a, selon nous, le tort de laisser croire à deux électricités différentes, alors qu'on se trouve seulement en présence de modifications d'un seul et même phénomène.

Quoi qu'il en soit, la bobine de Ruhmkorff se prête à une foule d'expériences des plus intéressantes, et à côté des services qu'elle rend chaque jour dans le laboratoire du savant, il convient de la signaler comme une récréation électrique des plus amusantes et des plus instructives.

L'une des formes les plus avantageuses, sinon comme puissance, du moins au point de vue de l'instruction et de la variété des expériences auxquelles elle donne lieu, est le modèle de démonstration construit par M. Ducretet et que nous représentons figure 149.

Dans ce modèle, le commutateur inverseur de Bertin et les communications, toutes apparentes, permettent de suivre la marche des courants ; la bobine inductrice est mobile et permet de faire varier à volonté la puissance des courants induits ; enfin le condensateur lui-même peut se fixer ou s'enlever en un instant, ce qui permet aussi d'étudier son action sur la nature et la puissance de l'étincelle.

Quant aux expériences que la bobine d'induction permet de répéter, elles sont si nombreuses et si variées que nous préférons ne pas les citer et renvoyer le lecteur à une intéressante petite *Notice*, publiée par M. Loiseau, *sur les expériences curieuses et amusantes que l'on peut répéter avec la bobine de Ruhmkorff*.

Les caricatures électriques. — Nous ne saurions mieux terminer le chapitre consacré aux récréations électriques qu'en disant un mot des caricatures électriques, et en en reproduisant deux qui nous paraissent typiques.

Il n'y a pas qu'en France où tout se traduise par des chansons... ou des caricatures.

Il s'est trouvé, de tous temps et en tous lieux, des esprits assez philosophes pour prendre les choses par le bon côté, nous entendons par le côté gai, et prêts, comme Beaumarchais, à rire de tout pour n'être pas obligés d'en pleurer.

A combien de caricatures l'admirable découverte des Montgolfier n'a-t-elle pas servi de prétexte? Les privilégiés qui, comme nous, ont eu la bonne fortune de feuilleter la collection unique d'*images à ballon* de notre directeur, M. Gaston Tissandier, peuvent seuls le dire. Toutes les inventions ont plus ou moins passé par là.

On pourrait même ajouter, sans être taxé d'exagération, que
la caricature est, en quelque sorte, la sanction du succès, aussi
n'est-il pas étonnant de voir que les merveilles de l'électricité ont
payé leur tribut à l'esprit satirique de nos contemporains, et que

Fig. 150. — What will he grow to ? — Un géant en germe. Caricature publiée par
Punch ou *The London Charivari*, le 25 juin 1881.

les premières caricatures relatives aux applications industrielles
de l'électricité nous viennent du pays qui avait le plus fait jusqu'ici pour ses progrès.

L'espèce de *fureur* électrique qui sévit à Londres en 1881
et 1882, à la suite des brillants résultats obtenus par les premières tentatives d'éclairage électrique public et industriel sur

une grande échelle, donna l'occasion aux caricaturistes anglais
d'exercer leur verve sur un sujet qui était encore de l'inédit à ce
point de vue.

Parmi les nombreuses caricatures parues à cette époque,
nous en reproduisons deux qui présentent encore un certain
caractère d'actualité.

La première parut dans le journal satirique *Punch* du 25 juin
1881, au moment où les accumulateurs Faure, lancés avec le
fracas que l'on sait par M. Philippart, parurent en Angleterre.
Disons en passant que pour un pays aussi avancé dans les ques-
tions électriques, la surprise causée par cette apparition indi-
quait une ignorance par trop grande des travaux de M. Gaston
Planté. Le roi *charbon* et le roi *vapeur* regardent avec inquiétude
ce nouveau venu et se demandent ce qu'il en sortira (fig. 150)
(WHAT WILL HE GROW TO?) Le roi charbon est particulièrement in-
trigué et jette à l'enfant un regard qui ne présage rien de bon. On
sait combien cette inquiétude est vaine et mal placée, puisque,
pour emmagasiner de l'énergie électrique, il faut, le plus souvent, consommer du charbon, soit directement dans les chaudières de la machine motrice, soit indirectement, pour réduire les
minerais et amener le zinc à l'état métallique, avant de pouvoir
l'employer dans la pile destinée à la charge des accumulateurs.

La seconde caricature que nous reproduisons (fig. 151) est em-
pruntée au journal *The City* du 4 novembre 1882 et représente
Le rêve d'un gazier. L'artiste a cherché à figurer les cauchemars
qui hantent le cerveau d'un directeur d'usine à gaz à la pensée
des nouvelles inventions de l'éclairage électrique qui, à cette époque, s'introduisait rapidement en Angleterre sous forme d'une multitude de sociétés dont plusieurs n'ont été d'ailleurs qu'éphémères.

Notre directeur d'usine est censé avoir lu le journal *The City*
avant de s'endormir, et, au lieu de trouver le repos si désiré,
l'éclairage électrique et les diverses phases de son développement
et de ses rapides progrès passent devant ses yeux comme une
vision sous forme de ses promoteurs et inventeurs, tandis que le
gazomètre disparaît au loin dans la nuit sombre.

Fig. 151. — Caricature électrique anglaise. — Le rêve d'un gazier.

On trouvera, en s'aidant de la légende ci-dessous, le nom
et le portrait assez réussi en général de la plupart de ceux
qui ont contribué au progrès de l'éclairage électrique depuis
quelques années..... en Angleterre. Tout en signalant cet exclu-
sivisme, nous le trouvons très naturel dans un journal purement
local et cherchant surtout à faire ressortir les inquiétudes d'un
gazier dans son propre pays.

1. Sir HENRY WHATLEY TYLER, promoteur en Angleterre du système Brush. —
2. GEORGES OFFOR, ingénieur en chef de la South Eastern Brush Electric Cᵒ.
— 3. ROBERT HAMMOND, promoteur de la Hammond Electric Ligt and Power
Supply Cᵒ. — 4. JOHN SCUDAMORE SELLON, inventeur d'un perfectionnement
à l'accumulateur Faure. — 5. ERNEST WOLCKMAR, Même titre industriel. —
6 et 7. WERNER et WILLIAM SIEMENS. — 8. JOSEPH WILSON SWAN, inventeur
de la lampe qui porte son nom. — 9. B. E. CROMPTON, constructeur et inventeur d'une lampe à arc. — 10. BROCKIE, inventeur d'une lampe à arc.
— 12. THOMAS ALVA EDISON. — 13. STEWENS HIRAM MAXIM. — 14. ROBERT
J. GULCHER, inventeur de lampes et machines électriques. — 15. Dʳ STE-
PHEN H. EMMENS, directeur d'une Compagnie d'éclairage électrique. — 16.
HENRI FRANCIS JOEL (Lampe). — 18. PAUL JABLOCHKOFF. — 19. GEORGES HAW-
KES (Lampe). — 20. CAMILLE FAURE. — 21. W. T. HENLEY, premier constructeur des machines de l'Alliance. — 23. JOHN BANTING ROGERS (Système
d'éclairage). — 24 et 25. LOUIS CLERC et A. BUREAU, inventeurs de la lampe-
soleil. — 26. GEORGE GUILLAUME ANDRÉ (lampe et machines électriques.

C'est aussi parmi les caricatures qu'il conviendrait de classer
certains dessins pittoresques parus dans des publications récentes,
et *qui ont la prétention* de reproduire les faits principaux de l'histoire de l'électricité; mais c'est chose triste à penser qu'on écrit
et qu'on dessine ainsi l'histoire, et nous nous abstiendrons d'en
parler davantage, puisque le titre de ce chapitre nous impose de
ne parler que de choses *récréatives.*

L'électricité a aussi inspiré les poètes, et nous croyons utile de
rappeler ici que l'illustre savant anglais Clerk-Maxwell se repo-
sait de ses études de mathématiques transcendantes en compo-
sant des petits poèmes électro-fantaisistes dont il n'est malheureusement parvenu qu'une partie jusqu'à nous.

En voici un échantillon que nous traduisons à titre de cu-
riosité, ne fût-ce que pour montrer que les sciences exactes
ne sont pas exclusives d'un esprit poétique et sentimental :

Télégraphiste A à télégraphiste B.

« Les spires de mon âme sont entrelacées avec les tiennes, bien que plusieurs milles nous séparent; et les tiennes sont enroulées en circuits serrés autour de l'aimant de mon cœur.

« Constant comme un Daniell, puissant comme un Grove, bouillant partout comme un Smée, mon cœur répand ses flots d'amitiés, et tous ses circuits sont fermés sur toi.

« O dis-moi, lorsque sur la ligne, passe le message qui s'épanche de mon cœur trop plein, quel courant induit-il dans le tien? Un battement de ton cœur mettrait fin à mon malheur.

« A travers plusieurs ohms, le weber coule et transmet *au son* derrière moi cette réponse :

« *Je suis le Farad fidèle et sur chargé à un Volt d'amitié pour toi.* »

Les mouvements perpétuels électriques. — Comme il fallait s'y attendre, l'électricité a servi de prétexte a l'invention d'un certain nombre de mouvements perpétuels.

Un inventeur est venu nous soumettre, il y a quelques années, la vraie, seule et unique solution de l'éclairage électrique domestique. Un simple mouvement d'horlogerie, un vulgaire tourne-broche de grandes dimensions, actionnait une machine dynamo-électrique, produisant un courant électrique puissant, dont il suffisait de distraire une partie... pour remonter le tourne-broche. Ce n'est pas plus difficile que cela!

Un autre est venu nous proposer un moyen non moins infaillible de faire marcher les tramways en utilisant l'excès de force produit pendant la rotation (?) pour charger des accumulateurs employés seulement pour les démarrages.

Enfin, tout récemment, un ingénieur, rédacteur en chef d'une publication industrielle, n'a-t-il pas sérieusement proposé un moteur à acide carbonique, dans lequel on s'opposerait au refroidissement produit par la détente, au moyen de spirales de platine portées au rouge par un courant électrique, fourni par une petite dynamo mue par le moteur lui-même (*sic*)?

On croit rêver en lisant, en 1884, de semblables inepties; elles seraient mieux à leur place dans un chapitre consacré aux tristesses de l'électricité, sans le mot de Beaumarchais cité plus haut qui nous dispense de créer cette nouvelle rubrique.

Fig. 152. — Cheval lancé au galop, instantanément arrêté par l'action d'un mors électrique. (D'après nature.)

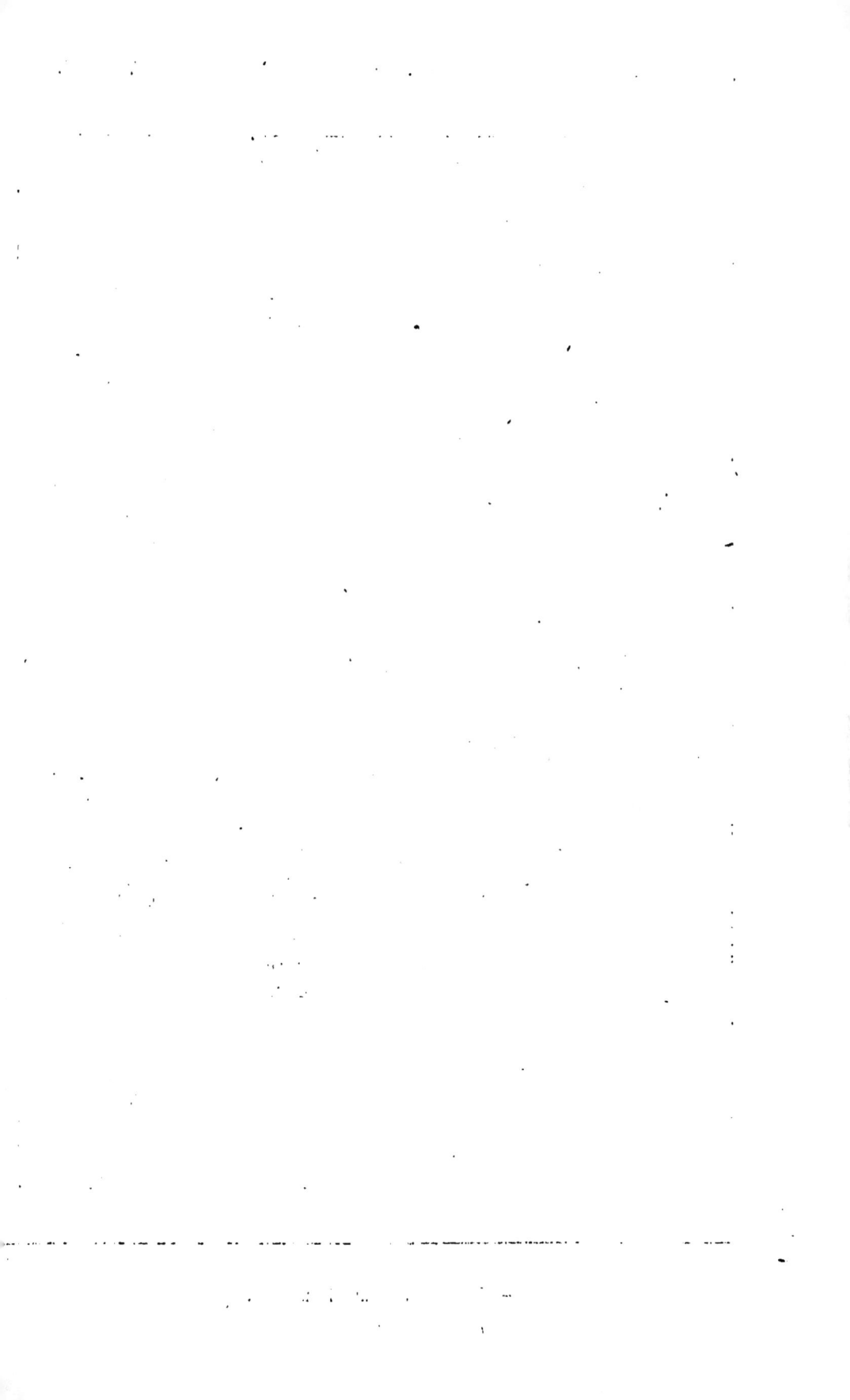

APPLICATIONS DIVERSES. — L'OUTILLAGE DE L'ÉLECTRICIEN.

Il faudrait tout un livre pour passer en revue d'une façon complète toutes les applications diverses dont l'électricité est susceptible, sans sortir du cas spécial où nous nous sommes placé, c'est-à-dire en nous restreignant aux services domestiques qu'elle peut rendre d'une façon directe et relativement simple, et qui, par leur nature, ne pouvaient pas trouver place sous les rubriques précédentes. Nous en indiquerons ici quelques-unes prises en quelque sorte au hasard dans le nombre.

Actions physiologiques du courant. — Applications médicales. — L'électrothérapie devient chaque jour plus importante en médecine, et malgré les opinions si divergentes qui divisent encore les praticiens, on peut espérer qu'avant peu, grâce à l'introduction des méthodes et des appareils de mesure dans la pratique médicale, le *dosage* de l'électricité cessera d'être empirique pour devenir scientifique et rationnel. Quoi qu'il en soit, les résultats déjà obtenus sont assez importants pour justifier son introduction *dans la maison*, et c'est pour le service qu'elle y rend que nous croyons utile d'en dire quelques mots, renvoyant pour plus de détails au *Guide pratique d'électrothérapie* du Dr Onimus.

L'électricité s'emploie en médecine de deux façons :
1° A courant continu ;
2° A courants alternatifs ou induits.

Les courants continus sont toujours produits à l'aide de piles de petit modèle facilement transportables et renouvelables ; les piles au sulfate de cuivre conviennent très bien pour cette application. On les couple en tension et, à l'aide d'un commutateur disposé sur la boîte qui les renferme, on peut en prendre un nombre variable à volonté suivant les effets à obtenir, la nature de la maladie, les parties à électriser, etc.

Les courants alternatifs s'obtiennent, soit à l'aide d'une petite machine de Clarke, soit à l'aide d'une bobine d'induction. Avec la première, on modifie la puissance, en changeant la vitesse ou en armant plus ou moins l'aimant. Avec la bobine d'induction on peut agir, soit sur le nombre d'éléments couplés sur le courant inducteur, soit sur le nombre de courants induits produits par unité de temps, en réglant la vitesse du trembleur, soit enfin sur la quantité d'électricité développée dans chaque décharge, en changeant la distance du système inducteur et induit.

On conçoit combien, étant donné un si grand nombre de facteurs variables, l'application logique et rationnelle de l'électricité à la thérapeutique devient une question complexe, délicate et difficile, et il ne faut rien moins que l'intervention d'un praticien exercé pour l'appliquer judicieusement et en toute connaissance de cause. Notre incompétence absolue en matière médicale suffit à expliquer nos réserves amplement justifiées d'ailleurs par les considérations qui précèdent.

A côté de l'emploi *direct* du courant, l'électricité sert d'une façon *indirecte* dans un grand nombre de cas ; recherche des projectiles, éclairage des cavités obscures, cautérisation, etc., mais l'étude de ces applications ne saurait trouver place ici.

Le dressage des chevaux par l'électricité. — On a souvent proposé des moyens divers pour arrêter et maîtriser les chevaux emportés ou rétifs ; il n'en est pas de plus ingénieux et de plus efficace que celui qui a été imaginé jadis par M. Defoy, et dont M. Bella, administrateur de la Compagnie des Omnibus, a eu l'occasion d'apprécier les avantages. Cette question ne manquera pas d'intéresser les amateurs de chevaux.

Disons d'abord en quoi consiste le système employé. C'est

simplement un petit appareil de Clarke renfermé dans une boîte qui peut facilement être placée sous la main du cocher ou du cavalier. Les rênes du cheval contiennent intérieurement un fil métallique conducteur qui aboutit au mors d'une part, et à l'appareil magnéto-électrique d'autre part. En tournant la manivelle de l'électro-aimant, on détermine la formation d'un courant électrique qui agit dans la bouche du cheval, et lui cause une telle surprise qu'il s'arrête et reste immobile. En joignant à l'action de l'électricité la douceur et les caresses, le cheval le plus dangereux est rapidement maîtrisé.

M. Bella rapporte que M. Defoy a expérimenté son appareil sous ses yeux, au dépôt de la Compagnie générale des Omnibus, où se trouvent réunis les chevaux les plus méchants et les plus dangereux. Un cheval hongre très difficile à ferrer fut amené à la forge où il se montra extrêmement méchant, on le munit de la guide conductrice du courant ; au bout de quelques minutes d'expérimentation, le cheval se laisse caresser l'encolure et le dos, puis toucher les jambes, et finalement relever les pieds de derrière, toujours les plus difficiles à aborder et à relever. « On frappa sur le fer sans qu'il se révoltât, dit M. Bella, et on lui changea ses fers sans qu'il fût entravé et sans qu'il recommençât ses dangereuses défenses. »

Le directeur de la Compagnie parisienne des Petites-Voitures a aussi constaté l'efficacité de ce procédé. « L'expérimentation, dit M. Camille dans un rapport que nous avons sous les yeux, a eu lieu sur plusieurs chevaux qu'il avait été jusqu'alors impossible de ferrer : tous sans exception ont cédé à l'influence de l'appareil. Un cheval qu'il s'agissait de ferrer allait jusqu'à se rouler à terre, se défendant et luttant contre tout, rien ne pouvait le dompter. J'eus recours à l'appareil de M. Defoy ; à la première expérience, on leva, à mon grand étonnement, sans de grandes difficultés, les pieds du cheval rétif ; à la seconde expérience, il fut aussi facile de le ferrer que s'il n'avait jamais opposé la moindre résistance ; l'animal était vaincu. »

M. Defoy a conduit devant nous un cheval dangereux qu'il

arrêtait instantanément après l'avoir lancé au galop, en tournant
la manivelle de l'appareil de Clarke installé sur le siège de
la voiture (Voy. fig. 152). Il est important de faire remarquer que le résultat n'est pas obtenu par une commotion
violente ; le courant électrique n'est pas assez intense pour gal-
vaniser ou stupéfier l'animal ; il produit plutôt chez lui l'étonnement, et la sensation désagréable mais non douloureuse du pi-
cotement électrique. Nous avons pu supporter nous-même très
facilement le courant de l'appareil magnéto-électrique employé
par M. Defoy. Il n'y a donc rien dans ce procédé qui rappelle
les méthodes barbares que l'on emploie parfois pour dompter les
chevaux par la force ou par la violence, qui les brisent de fatigue,
les surexcitent et les rendent farouches et vindicatifs.

Nous ajouterons que M. Defoy a complété le *mors électrique*
par un *stick électrique* non moins ingénieux que le premier appareil. C'est une cravache contenant deux fils métalliques conducteurs du courant, isolés l'un de l'autre par du cuir. Ils se
terminent par deux pointes placées perpendiculairement à l'extrémité du stick et sont mis en relation, comme précédemment,
avec un appareil magnéto-électrique. Si un cheval a l'habitude
de se cabrer, il suffit, au moment où il forme son temps d'arrêt, de
lui donner l'impulsion au moyen des jambes et de lui appliquer
en même temps les pointes du stick électrique sur le sommet de
l'encolure. Sous l'influence du courant électrique il se porte immédiatement en avant la tête basse. On réussira de même sur un
cheval faisant des volte-face ; il suffira de lui appliquer le courant sur la joue, du côté où il voudra faire son demi-tour, et on
l'arrêtera aussitôt.

A l'aide d'un stick électrique, M. Defoy fait en peu d'instants
obéir un cheval à toutes ses volontés, d'une façon vraiment merveilleuse.

La plume électrique d'Edison. — La plume électrique
est un appareil au moyen duquel on trace sur du papier ordinaire, non pas un trait continu en couleur comme avec les
plumes ordinaires et les crayons, mais un trait discontinu formé

d'un très grand nombre de petits trous percés dans le papier.
Ces trous sont faits par une pointe d'acier très fine, qui, alternativement, sort et rentre dans un tube qu'on tient à la main, et
qui ressemble extrêmement à un porte-crayon de métal. Cette
pointe est animée d'un mouvement de va-et-vient très rapide ;
elle fait 180 battements par seconde quand l'appareil tourne à
vide. Elle ne dépasse chaque fois sa gaîne que d'une longueur à
peine visible, juste assez pour percer le papier. Grâce à ces conditions de rapidité très grande et de mouvements très peu

Fig. 153. — Plume électrique d'Edison, avec sa pile.

étendus, la plume peut être promenée sur le papier avec une
certaine vitesse. On n'écrit pas aussi vite qu'avec les plumes
ordinaires, mais on écrit à peu près comme un calligraphe qui
s'appliquerait beaucoup et voudrait faire de belles grandes lettres moulées.

Le mouvement alternatif est donné à la plume par un petit
moteur électrique fort ingénieux et simple, qui est placé au haut
du porte-plume ; la figure 153 le représente dans sa physiono-
mie générale.

La pointe est au bout inférieur d'une tige qui traverse le

porte-plume et qui se termine à son extrémité supérieure en une fourchette embrassant un excentrique monté sur l'axe du moteur. Cet excentrique est à trois cames, et il suffit de 60 révolutions de l'axe par seconde pour produire les 180 battements dont nous avons parlé tout à l'heure. Cet axe porte une plaquette de fer doux, fonctionnant comme armature mobile d'un électro-aimant fixe devant laquelle elle tourne avec rapidité par l'action d'un commutateur très simple, qui interrompt le courant deux fois par révolution. Un volant annulaire, relativement lourd, embrasse cette armature qui en occupe un diamètre ; il sert à donner une grande régularité et continuité au mouvement de l'axe.

Le courant électrique qui donne la vie à ce petit appareil est fourni par une pile de deux éléments au bichromate de potasse d'une heureuse disposition. Les couvercles des deux éléments sont formés de plateaux d'ébonite (caoutchouc durci) reliés à une pièce métallique centrale qui glisse sur une tige verticale. Les couvercles portent les deux électrodes, charbon et zinc. Quand on emploie la plume, on plonge les électrodes dans les liquides. Quand on cesse d'écrire, on relève la pièce centrale, on l'accroche à la partie supérieure de la tige qui lui sert de guide et on préserve ainsi les électrodes du contact des liquides et par suite le zinc de l'usure inutile.

Grâce à cette précaution, la pile peut fonctionner quatre jours sans entretien aucun, c'est-à-dire sans renouvellement de liquide, et les zincs peuvent suffire à un travail de plusieurs semaines. Nous n'avons pas besoin de dire que ces durées n'ont rien d'absolu et qu'elles dépendent de l'activité plus ou moins grande du travail imposé à la pile.

Tel est l'appareil dans sa simplicité ; venons maintenant à son objet et à son utilité.

Au moyen de la plume électrique, on obtient sur le papier une écriture formée d'un grand nombre de petits trous voisins les uns des autres. Cette écriture n'est que difficilement lisible par réflexion, c'est-à-dire de la manière habituelle pour l'écriture ordinaire. Elle est un peu plus lisible par transparence ;

mais sous ces deux formes elle serait fort pénible, sans présenter
d'ailleurs aucun avantage en compensation. Mais il faut considérer ce papier perforé comme un *négatif* au moyen duquel on
peut obtenir un grand nombre d'*épreuves positives* ou de copies
du texte ou dessin tracé à la pointe. Pour obtenir ces épreuves,
on fait usage d'une presse que représente la figure 154. Dans le
couvercle, qui est indiqué à gauche, on place le *négatif ;* il est
maintenu tout autour par des ressorts très faciles à manœuvrer.

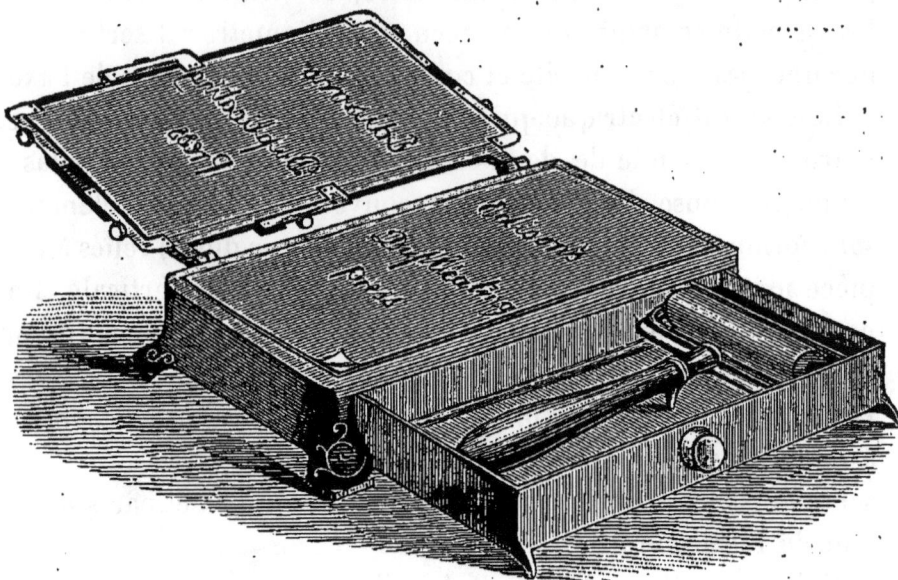

Fig. 154. — Presse destinée au tirage des épreuves obtenues avec la plume Edison.

Sur le corps de la presse on place une feuille de papier blanc,
on rabat le couvercle ; le négatif s'applique sur le papier blanc.
Au moyen du rouleau à manche représenté à droite, on étale du
noir sur le négatif, l'encre pénètre au travers de tous les trous
jusqu'à la feuille blanche qui est dessous. On relève le couvercle
et l'épreuve est obtenue.

Cette copie a un aspect particulier ; l'écriture n'a ni traits ni
déliés. Pour qu'elle soit bien lisible il faut qu'on ait écrit un peu
gros. Cependant, avec un peu d'habitude et quelques artifices
fort simples, on obtient toute espèce de dessins, on copie de la

musique avec les blanches et les noires parfaitement repro-
duites.

Le même négatif peut servir à produire successivement un
grand nombre d'épreuves ; on assure qu'on peut aller jusqu'à
mille et au delà. Des personnes habituées à ce travail peuvent,
dit-on, faire jusqu'à six épreuves par minute. Il va sans dire que
cette opération, comme tous les travaux manuels, ne se réussit
complètement qu'après un peu d'étude et quelques tâtonnements, mais elle ne présente aucune difficulté.

Crayon voltaïque de MM. Bellet et Hallez d'Arros.
— Cet appareil a été imaginé dans le but d'obtenir les mêmes
résultats et de satisfaire aux mêmes besoins que la plume électrique d'Edison, mais il en diffère essentiellement par les moyens
employés. On en trouve l'origine dans l'expérience classique du
perce-carte, modifiée pour en rendre l'emploi pratique.

On sait que l'étincelle de la machine électrique ou de la bobine d'induction, jaillissant entre deux pointes métalliques ou
entre une pointe métallique et un corps conducteur, est susceptible de percer le carton et, à plus forte raison, le papier.
Imaginons que, entre une semblable pointe et un conducteur,
jaillissent presque sans discontinuer une série d'étincelles électriques, pendant qu'entre ces corps on fait mouvoir une feuille
de papier. Celle-ci sera percée de trous d'autant plus rapprochés
que les étincelles seront plus nombreuses et que le papier aura
marché plus lentement. Le même effet se produira si la feuille
de papier immobile repose sur une plaque métallique et si l'on
déplace la pointe, celle-ci et la plaque communiquant chacune
avec un pôle d'une bobine d'induction. On aura donc ainsi la
reproduction à l'aide d'une série de trous très rapprochés des
traits quels qu'ils soient que l'on aura tracés sur le papier : ces
trous formeront même, par leur réunion, un trait continu si le
mouvement a été assez lent, ou les étincelles assez rapides, assez
fréquentes. Ce tracé pourra être utilisé, comme tous les poncis,
de diverses manières, ainsi que nous l'indiquerons tout à l'heure.
Le principe était simple et connu ; mais, ainsi qu'il arrive sou-

vent, la réalisation pratique n'a pas été sans présenter des difficultés dont les principales ont été les suivantes :

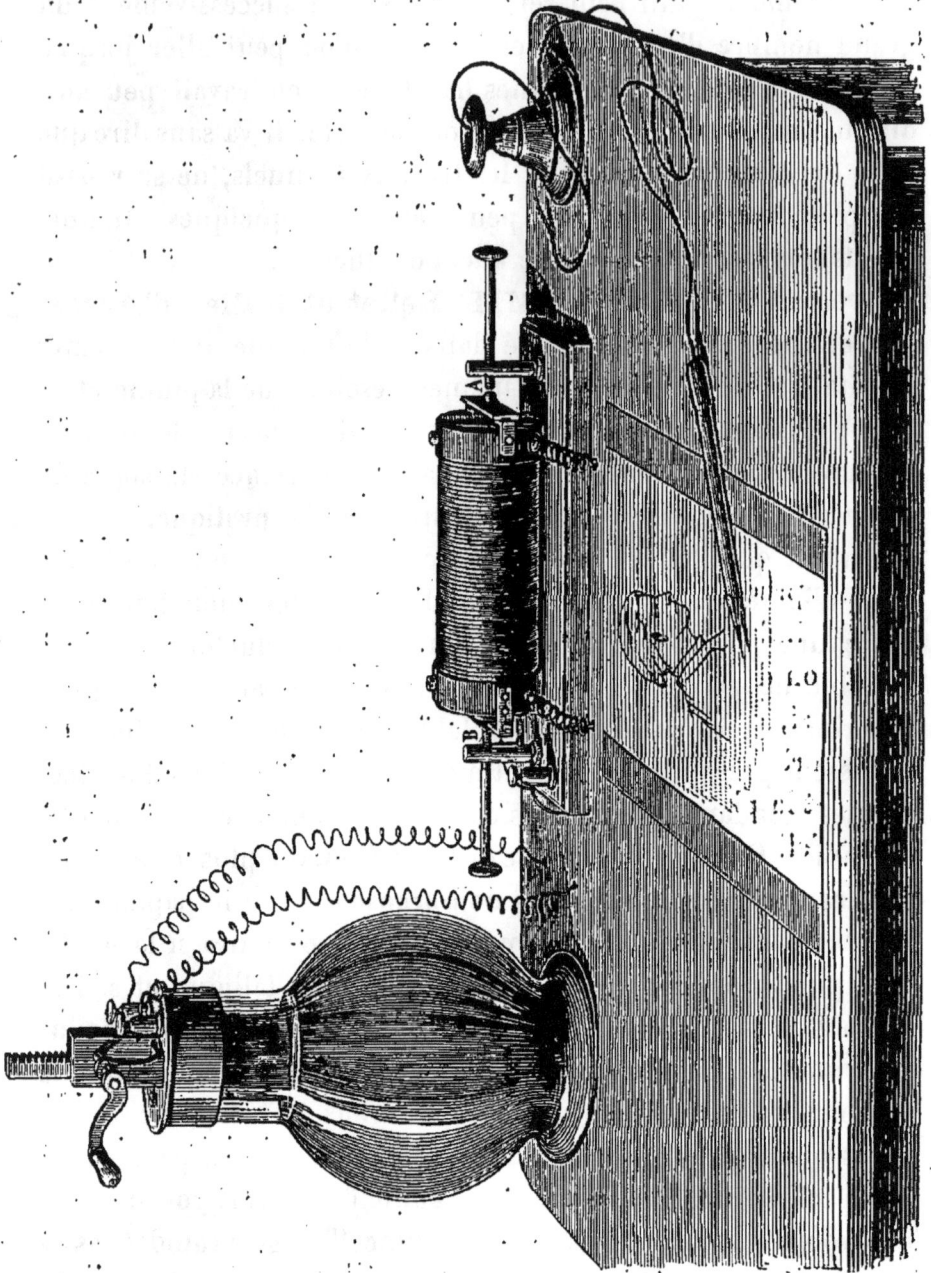

Fig. 155. — Crayon voltaïque de MM. Belet et Hallez d'Arros.

Au moment où le dessinateur approchait la pointe du papier,
une étincelle de plusieurs millimètres de longueur éclatait, con-

séquence de la tension que possédait la forme de l'énergie électrique employée. Cette étincelle était la source, pour la personne qui tenait la pointe, d'une secousse qui, répétée à chaque instant, avait pour effet de rendre impossible le tracé d'une ligne régulière, droite ou courbe.

L'étincelle partait d'ailleurs rarement isolée, plusieurs étincelles prenaient naissance en même temps, perçant le papier en plusieurs points autour de celui que l'on voulait obtenir. Il en résultait qu'aucun trait net et précis ne pouvait être obtenu.

Enfin, pour que, sans être obligé de trop ralentir le trait, on n'obtînt pas des points trop espacés, pour que même l'on pût obtenir des traits continus, il fallait que les étincelles fussent nombreuses et multipliées, plus que ne les donnent d'ordinaire les bobines d'induction auxquelles on a naturellement recours de préférence aux sources d'électricité à haute tension.

MM. Bellet et d'Arros sont parvenus à vaincre ces difficultés, et voici les procédés qu'ils ont employés dans ce but. D'une part le courant induit passe en même temps par la pointe et par une dérivation dans laquelle il donne une série d'étincelles, affaiblissant ainsi, dans telle mesure qu'il convient et dans des limites que l'on règle à volonté, les étincelles qui doivent jaillir entre la pointe et la plaque métallique et que l'on restreint à une valeur telle qu'elles suffisent pour percer, couper, détruire le papier là où elles se produisent sans donner de secousses appréciables.

D'autre part, le papier dont on se sert et qui doit être assez fin est, au préalable, trempé dans une dissolution de sel marin, puis séché. Cette simple opération suffit pour éviter les étincelles multiples et pour permettre d'obtenir des traits absolument nets.

Enfin l'interrupteur, le trembleur de la bobine, a été modifié dans sa forme : c'est un ressort pincé à ses extrémités et vibrant en son milieu sous l'influence de l'aimantation du noyau, produite par le courant inducteur. Les interruptions sont devenues ainsi plus courtes et plus nombreuses et les résultats complètement satisfaisants.

La figure 155 montre les principales dispositions du crayon

voltaïque; le crayon est un crayon ordinaire en graphite, dont le bois sert d'isolant et la mine de conducteur; un fil souple recouvert de soie établit la communication entre le crayon et le fil induit de la bobine.

Le pupitre supporte la plaque métallique sur laquelle se place la feuille de papier et renferme à l'intérieur le système d'impression analogue d'ailleurs à celui de la plume d'Edison.

Fig. 136. — Timbreur électrique. — Vue, perspective et coupe.

Timbreur électrique. — Cet appareil est destiné à remplacer le timbre humide ordinairement employé pour oblitérer d'une façon sûre les timbres d'affranchissement, chèques, factures, etc.

A la partie inférieure de l'appareil se trouve un mince fil de platine, contourné de manière à former un dessin ou une initiale. C'est cette partie du système qui doit être appliquée à la surface du timbre à annuler. Le fil de platine est en communication avec une pile électrique. On ferme le circuit en pressant un ressort à l'aide du doigt, comme le montre la figure 156. Le platine rougit, le papier contre lequel il est appliqué est carbonisé par la chaleur et porte la trace d'une empreinte absolument ineffaçable. Ce système ingénieux peut être utilisé non seulement par les employés de la poste, mais aussi par les négociants qui ont à annuler un grand nombre de timbres de factures. Grâce aux accumulateurs, son emploi devient plus pratique qu'au moment où il fit son apparition, vers 1880.

Expériences photophoniques. — Le sélénium jouit de la singulière et curieuse propriété de changer de résistance avec l'intensité de la lumière qui tombe à sa surface ; le photophone de M. Graham Bell est basé sur cette action. Sans vouloir donner aux amateurs d'électricité les moyens de construire eux-mêmes un photophone, nous croyons devoir cependant leur indiquer un moyen de répéter l'expérience fondamentale en construisant une *pile à sélénium* suivant les indications de M. Mercadier.

Cette pile est analogue, en principe et comme but, à l'élément de sélénium employé par M. Graham Bell dans son photophone ; c'est un appareil à résistance variable, sous l'influence d'un rayon lumineux plus ou moins intense qui le frappe. Il en diffère cependant sous certains points par sa construction beaucoup plus simple, plus rapide et plus facile.

La figure 157 représente un de ces éléments à sélénium en grandeur naturelle. Il a été construit sous cette forme par MM. Mercadier et Humblot pour pouvoir être établi à peu de frais et remis rapidement en bon état s'il venait à se détériorer.

Pour construire cet élément, on prend deux rubans de laiton *a* et *b* d'un dixième de millimètre d'épaisseur environ et d'un centimètre de largeur. On les sépare par deux rubans de papier parchemin qui sert d'isolant et l'on enroule les quatre rubans en spirale, comme l'indique la figure ci-contre dans laquelle l'un des rubans de laiton est représenté par un trait plein, le second par un trait ponctué et le papier par l'intervalle blanc qui les sépare. Le bloc ainsi formé est pris entre deux lames de laiton *c* et *d*, en contact respectivement avec les extrémités *a'* et *b'* des rubans métalliques : le tout est fortement serré entre deux morceaux de bois dur maintenus par deux entretoises M et N. Deux bornes A et B, en communication métallique avec les lames c et d, servent à relier l'élément au circuit dans lequel on doit l'intercaler. On lime alors une des faces et on la polit avec soin au papier émeri. Après avoir ainsi poli le bloc et constaté avec un galvanomètre sensible l'absence de communications métalliques, on recouvre la face polie de sélénium de la manière suivante :

On chauffe l'appareil dans un bain de sable ou en le posant à plat sur une plaque épaisse de cuivre chauffée par la flamme d'un

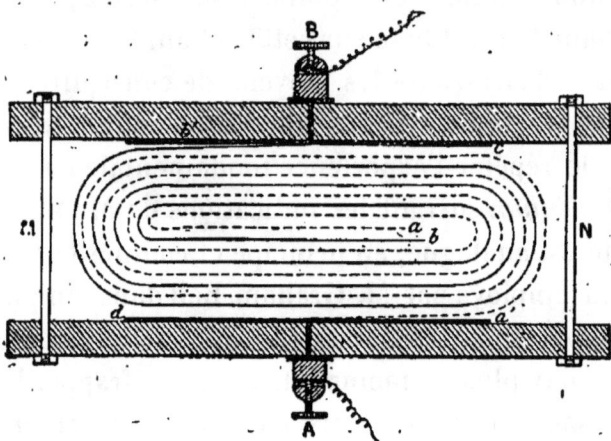

Fig. 157. — Pile au sélénium de M. Mercadier.

bec Bunsen jusqu'au moment précis où un crayon de sélénium appuyé dessus commence à fondre; on promène alors le crayon le long de la surface de façon à la recouvrir d'une couche aussi mince que possible. En ne laissant pas la température s'élever au-dessus de ce point, le sélénium prend la teinte ardoisée qui caractérise l'état où il est le plus sensible à la lumière. Il est inutile de le recuire; en laissant refroidir l'appareil il est prêt à fonctionner. Pour préserver la surface on peut la protéger par une lame mince de mica ou la recouvrir d'une couche de vernis à la gomme laque déposé à chaud. Si l'appareil vient à être détérioré, il suffit de relimer la surface, de la repolir et de la sélénier de nouveau pour le remettre en état. Les résistances de ces éléments varient dans de très grandes proportions avec les dimensions, la nature du sélénium, le mode de préparation, etc.

Pour obtenir de bons résultats, il faut environ dix éléments Leclanché en tension et des téléphones très résistants, c'est-à-dire dont le fil très fin ait un grand nombre de tours sur le noyau aimanté.

Les laboratoires d'électricité privés. — Suivant ses goûts, sa fortune et les sommes qu'il peut y consacrer, l'électricité dans la maison prend, pour l'amateur d'électricité, une importance plus ou moins grande. Chez quelques-uns, l'électricité est partout, chez d'autres elle n'est nulle part. Il faut savoir se tenir sagement à distance de ces deux extrêmes et ne devenir ni *Électromane* ni *Électrophobe*. Dans la gravure qui occupe le frontispice de cet ouvrage, notre dessinateur a reproduit les principales applications électriques, qu'on pourrait facilement introduire et réunir dès à présent dans une maison moderne.

Certains savants ont fait plus, et sans parler du magnifique laboratoire de M. Warren de la Rüe, qui représente une fortune, nous signalerons l'installation de M. *Gaston Planié*. La figure 158 reproduit une partie du laboratoire privé de notre savant et modeste compatriote, celle dans laquelle se trouvent réunis les 800 éléments secondaires servant à ses magnifiques expériences sur l'électricité de haute tension. Il faut voir là des installations de recherches et d'études plutôt que des *laboratoires d'amateurs* proprement dits.

Saluons respectueusement les savants qui consacrent leur santé, leur temps et leur fortune à la recherche de la vérité scientifique; et revenons aux installations plus modestes, à celles qui rentrent mieux dans notre cadre et répondent littéralement à notre titre.

L'outillage de l'amateur. — Au premier rang des outils nécessaires à l'électricien figurent ceux qui lui permettent de travailler le bois et le fer; il doit acquérir une certaine adresse manuelle qui lui permette de construire lui-même, d'une façon plus ou moins grossière, les parties rudimentaires des appareils.

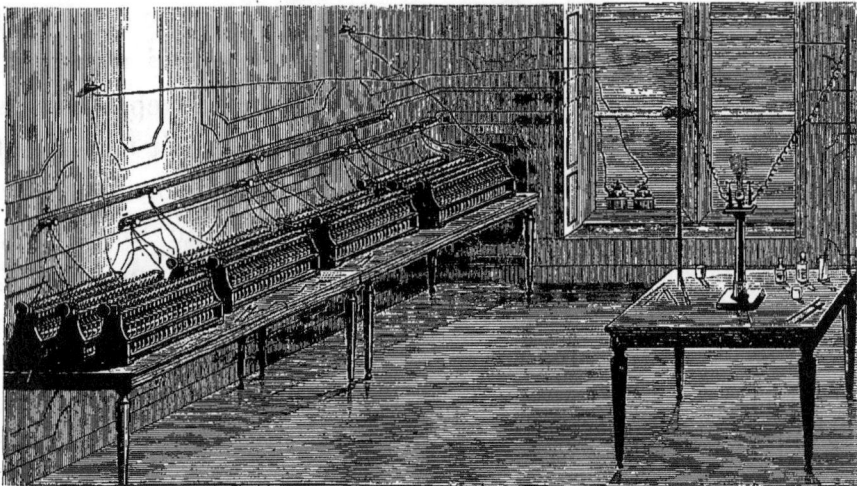

Fig. 158. — Installation de 800 couples secondaires dans le laboratoire de M. Gaston Planté.

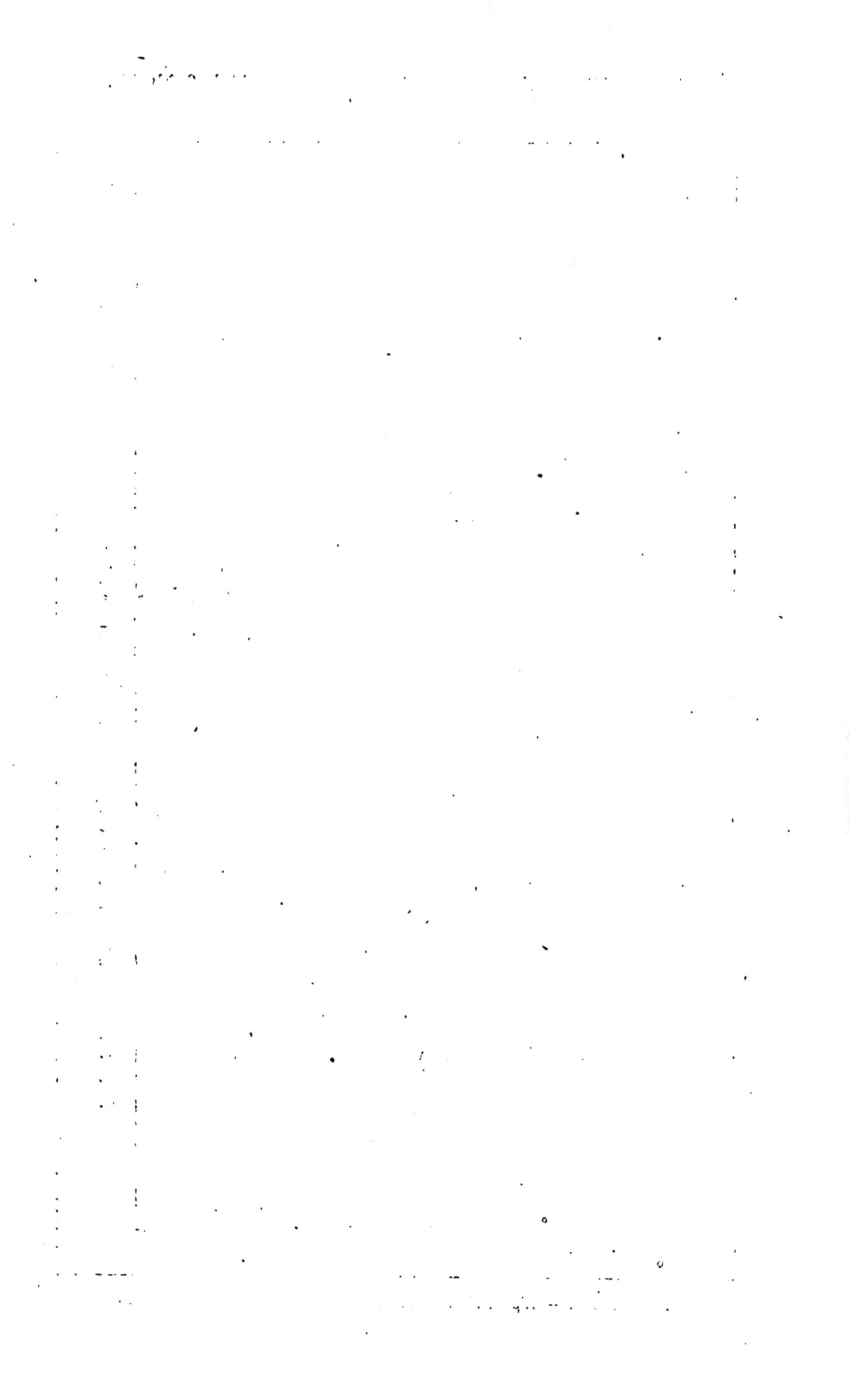

Il trouvera chez les constructeurs spécialistes des pièces toutes faites qui lui éviteront bien des pertes de temps. Quel que soit l'outillage dont on dispose, il serait, par exemple, tout à fait inutile de chercher à construire soi-même ses bornes ou à recouvrir son fil. Il peut être avantageux au contraire de rouler soi-même le fil des électro-aimants pour être sûr de sa longueur et de sa résistance. Les moins fortunés devront se contenter d'une boîte d'outils plus ou moins complète, mais renfermant cependant les éléments essentiels pour le travail du bois et du fer : ils remplaceront ce qui manque par de l'habileté et de la patience. Les plus heureux sont ceux qui peuvent disposer d'un petit atelier comprenant un établi de menuisier, un étau et un petit tour à pédales et les outils correspondants.

Nous n'avons pas l'intention d'enseigner à nos lecteurs la construction des appareils électriques; ils trouveront d'utiles indications sur ce sujet dans un ouvrage de M. *Oudinet* sur les *Principes de la construction des appareils de précision.*

Mais comme tous, quels que soient les moyens d'action dont ils disposent, auront besoin de certains objets communs, nous avons réuni dans la figure 159 les principales dispositions actuellement employées, pour effectuer des liaisons conductrices convenables entre les différents appareils électriques ; chacune d'elles est appropriée à un besoin spécial, et si le tableau est incomplet, il est cependant suffisant pour résoudre la plupart des cas de la pratique courante.

1 est la borne à trou classique ordinaire fixée sur un socle d'appareil; 2 est une modification de cette borne permettant de fixer le fil, soit dans le trou lorsqu'il est assez gros, soit entre deux parties plates lorsqu'il est fin ou qu'il a une forme aplatie; 3 est une borne maintenue par une *queue de cochon*, elle se fixe sur les appareils dont le dessous n'est pas accessible et ne permet pas d'employer les bornes 1 ou 2.

4 et 5 sont des bornes destinées à permettre un serrage énergique obtenu par l'allongement du bras de levier; ce levier consiste, soit en une barre transversale fixée à demeure sur la tête

de la borne (n° 4), soit en un clou qu'on vient introduire dans les trous de la.tête de la borne (n° 5) ; cette disposition convient surtout dans les endroits où la place est restreinte et où l'on n'a pas : besoin de changer souvent les attaches des fils. On voit en 0 au-dessous des n°ˢ 3 et 4, une tête de borne permettant un serrage énergique à l'aide de pinces plates.

6 est une borne avec serrage plat employée surtout dans les appareils télégraphiques et les appareils de mesure ; elle se fixe sur le socle à l'aide d'une vis inférieure, comme les bornes 1 et 2 ; un ergot ménagé sur la partie inférieure empêche la borne de tourner sous l'action du serrage.

Lorsqu'on a à relier deux fils entre eux, l'on fait usage du serre-fil n° 7 qui se compose d'un simple cylindre en laiton percé d'un trou dans toute sa longueur ; les deux fils à réunir entre eux s'engagent chacun par une des extrémités et sont très facilement maintenus en place par deux vis de serrage.

8 et 11 sont les pinces classiques employées dans le montage des piles Bunsen pour relier les charbons aux lames de cuivre ; 11 est une pince ordinaire ; 8 est une borne *terminus* sur laquelle vient se fixer le fil conducteur ; 9 est une borne terminus pour une lame de zinc ; 10 est la pince double employée par M. G. Trouvé dans ses piles au bichromate pour monter simplement et rapidement les éléments.

On a besoin, dans certains cas, de substituer souvent un appareil à un autre et d'établir *deux fils fixes* de communication.

A cet effet, les deux fils fixes sont reliés, une fois pour toutes, à deux bornes disposées sur une petite planchette en chêne paraffiné ou en ébonite (n° 12) ; cette planchette se fixe elle-même contre un mur ou sur une table à portée de l'expérimentateur, et c'est aux deux bornes ainsi fixées qu'on attache successivement les fils qui, dans chaque cas, doivent être reliés à l'appareil à titre provisoire.

Les liaisons entre un appareil mobile et des bornes fixes s'effectuent à l'aide de cordons souples ou cordons de liaison, dont les numéros 13, 14 et 15 de la figure 159, montrent quelques disposi-

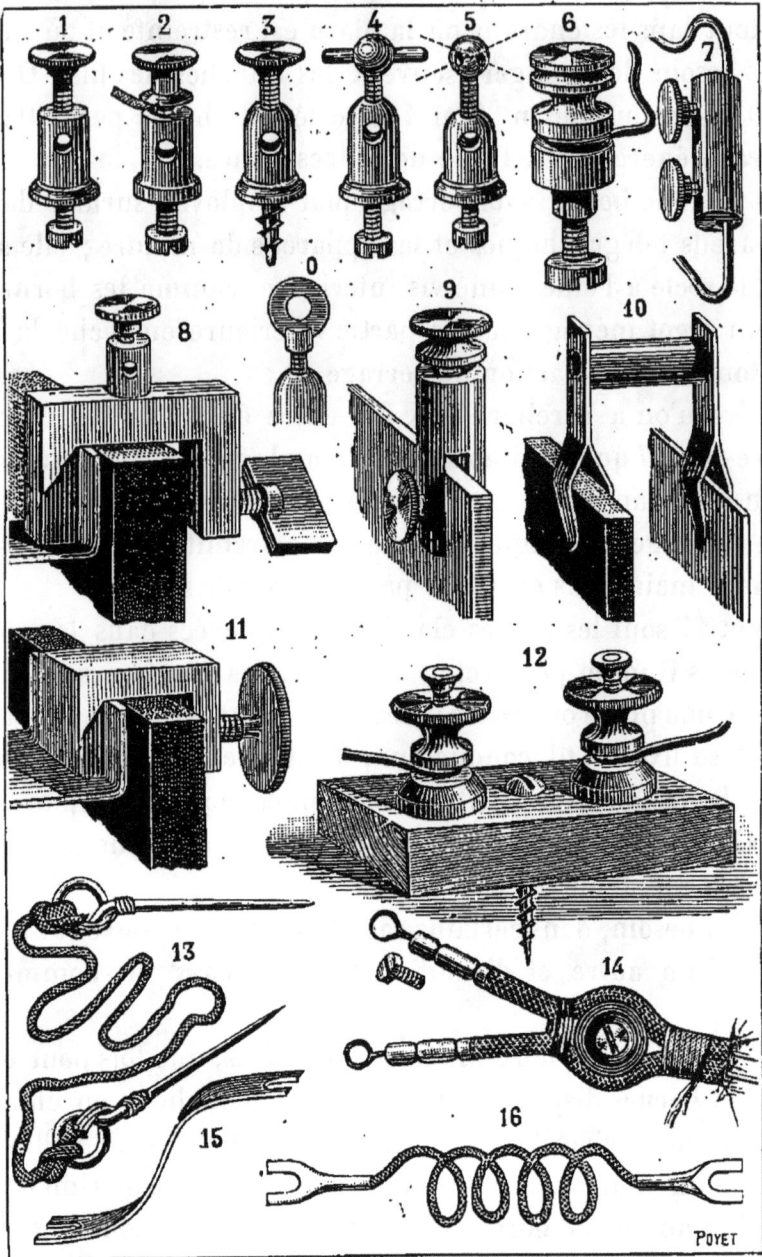

Fig. 159. — Bornes, attaches, serre-fils et cordons de liaison.

tions. Le n° 13 est un fil souple dont les extrémités sont reliées à des broches lorsqu'on a des bornes à trous (n°ˢ 1, 3, 4, 5).

Le n° 16 est l'attache Radiguet, qui convient surtout pour les serrages plats (n°s 2, 6 et 9).

Le n° 14 représente le mode de fixation des cordons de télé-phone : les tractions accidentelles qui seraient exercées sur le fil n'agissent pas sur les œillets de communication, mais sur une rondelle en bois prise entre les deux cordons et maintenue sur la planchette à l'aide d'une vis.

Lorsqu'on doit établir des communications de faible résistance on fait usage de lames (n° 15) munies d'encoches et sur lesquelles on peut exercer un serrage énergique.

Ce que nous venons de faire pour les bornes pourrait se répé-ter pour les électro-aimants, les armatures, les conducteurs, etc., mais il faut savoir se limiter; aussi bien n'avons-nous pas eu la prétention d'écrire un traité d'électricité domestique, mais seulement le désir de fournir quelques indications élémentaires indispensables à connaître pour aborder les applications d'un caractère plus général et d'une importance plus grande, mais d'un usage moins direct.

TABLE DES MATIÈRES

1279-84. — CORBEIL. Typ. et stér. CRÉTÉ.

www.ingramcontent.com/pod-product-compliance
Lightning Source LLC
Chambersburg PA
CBHW060419200326
41518CB00009B/1412